雨水径流污染调查

赵乐军　主　编

宋现财　李铁龙　邱春生
金星龙　王　芬　副主编

中国建筑工业出版社

图书在版编目（CIP）数据

雨水径流污染调查 / 赵乐军主编；宋现财等副主编.
北京：中国建筑工业出版社，2024.9. -- ISBN 978-7
-112-30278-9

Ⅰ. X517

中国国家版本馆 CIP 数据核字第 2024VM6335 号

责任编辑：于 莉
文字编辑：李鹏达
责任校对：姜小莲

雨水径流污染调查

赵乐军 主 编

宋现财 李铁龙 邱春生 金星龙 王 芬 副主编

*

中国建筑工业出版社出版、发行（北京海淀三里河路 9 号）

各地新华书店、建筑书店经销

北京红光制版公司制版

建工社（河北）印刷有限公司印刷

*

开本：787 毫米×1092 毫米 1/16 印张：16¾ 字数：418 千字
2024 年 7 月第一版 2024 年 7 月第一次印刷
定价：**80.00** 元
ISBN 978-7-112-30278-9
（43035）

编 委 会

前　言

　　雨水径流污染是指降雨产生的雨水径流冲刷城市下垫面，裹挟、溶解下垫面上的污染物，使得雨水径流中携带大量的悬浮物、营养盐、重金属、有机物等污染物。目前，雨水径流污染是我国城镇河道黑臭、水体富营养化和微生物污染的主要污染源之一。

　　美国、德国、法国、英国、荷兰等发达国家自 20 世纪六七十年代起即开始对城镇雨水径流污染开展调查工作，取得了宝贵的检测数据和研究成果，为从根本上改善水环境质量提供了基础数据。

　　与发达国家相比，我国对雨水径流污染的调查研究起步较晚，20 世纪 80 年代～2010 年前，国内部分学者认识到单纯控制点源，即使达到"零排放"水平，仍然不能保证受纳水体水质达标，前瞻性地开展了个别城市的雨水径流污染调查，对雨水径流污染的危害性有了初步认识。但遗憾的是，目前我国开展系统雨水径流污染调查的城市非常有限，不能够为目前全国正在开展的黑臭水体治理和水环境质量改善提供有效的基础数据支撑。

　　未来一段时期，面对水环境质量进一步改善的需求，我们需要在雨水径流污染治理技术路线、管控流程、排放标准方面开展卓有成效的工作，上述工作均基于对雨水径流污染开展调查的成果。

　　全书共包括 23 篇调查报告，涉及华北、华东、华南、西南、西北 5 大地区，涉及的城市包括北京、上海、天津、石家庄、济南、苏州、镇江、澳门、重庆、昆明、西安等，涉及的降雨事件共 204 场次，检测的污染物和水质指标包括：pH、SS、COD、总磷、氨氮、总氮、铁、锰、铅、锌、钙、镁、铜、镉等。除了常规检测外，在部分调查工作中，也尝试对雨水径流中颗粒物粒径、发光菌急性毒性等指标开展了调查，为今后选择雨水回用处理工艺、开展雨水回用风险评估奠定了基础。

　　全书由赵乐军提出编写方案、组织汇编并撰写前言和第 1 章，由宋现财、李铁龙、邱春生、金星龙、王芬协助组织汇编，周抒宇完成书稿通稿工作。雨水径流污染调查工作难度大，需要的人力、物力、财力投入大，受益者是社会公众，属于公益性研究工作。感谢"十一五""十三五""水体污染控制与治理科技重大专项"课题（2008ZX07314-004，2017ZX07106001）、"天津市科技计划项目"（16YDLJSF00030，17ZYYFSF00010）等基金的资助。

　　在汇编过程中，我们力求尊重原报告、全书格式统一、写作规范，便于相关管理、研究、工程技术人员参考使用，但由于汇编工作量大，且作者水平有限，书中难免有不足之处，请多批评指正。

目　录

第1章　雨水径流污染调查概况 ……………………………………………………… 1

第2章　天津市典型下垫面雨水径流污染调查 ……………………………………… 5
　2.1　调查目的 ……………………………………………………………………… 5
　2.2　实施调查单位/人员及调查时间 …………………………………………… 5
　2.3　调查方法 ……………………………………………………………………… 5
　2.4　调查数据及分析 ……………………………………………………………… 7
　2.5　分析与讨论 …………………………………………………………………… 15

第3章　天津城区道路雨水径流污染调查 ………………………………………… 16
　3.1　调查目的 ……………………………………………………………………… 16
　3.2　实施调查单位/人员及调查时间 …………………………………………… 16
　3.3　调查方法 ……………………………………………………………………… 16
　3.4　调查数据及分析 ……………………………………………………………… 18
　3.5　分析与讨论 …………………………………………………………………… 21

第4章　天津市解放南路海绵城市试点区老旧小区雨水径流污染调查 ………… 23
　4.1　调查目的 ……………………………………………………………………… 23
　4.2　实施调查单位/人员及调查时间 …………………………………………… 23
　4.3　调查方法 ……………………………………………………………………… 23
　4.4　调查数据及分析 ……………………………………………………………… 25
　4.5　雨水径流污染特性与降雨强度的关系 …………………………………… 40

第5章　天津海绵城市建设试点区居住区不同下垫面雨水径流污染调查 ……… 43
　5.1　调查目的 ……………………………………………………………………… 43
　5.2　实施调查单位/人员及调查时间 …………………………………………… 43
　5.3　调查方法 ……………………………………………………………………… 43
　5.4　调查数据及分析 ……………………………………………………………… 45
　5.5　分析与讨论 …………………………………………………………………… 67

第6章　天津市某高校内不同下垫面及周边路面雨水径流污染调查 …………… 68
　6.1　调查目的 ……………………………………………………………………… 68
　6.2　实施调查单位/人员及调查时间 …………………………………………… 68
　6.3　调查方法 ……………………………………………………………………… 68
　6.4　调查数据及分析 ……………………………………………………………… 71
　6.5　分析与讨论 …………………………………………………………………… 95

第7章 北京市屋面和路面雨水径流污染调查 ················· 96
  7.1 调查目的 ················· 96
  7.2 实施调查单位/人员及调查时间 ················· 96
  7.3 调查方法 ················· 96
  7.4 调查数据及分析 ················· 98
  7.5 分析与讨论 ················· 103

第8章 石家庄市道路路面雨水径流污染调查 ················· 104
  8.1 调查目的 ················· 104
  8.2 实施调查单位/人员及调查时间 ················· 104
  8.3 调查方法 ················· 104
  8.4 调查数据及分析 ················· 105
  8.5 分析与讨论 ················· 107

第9章 上海市某高地下水位地区透水铺装雨水径流污染调查 ················· 110
  9.1 调查目的 ················· 110
  9.2 实施调查单位/人员及调查时间 ················· 110
  9.3 调查方法 ················· 110
  9.4 调查数据及分析 ················· 112
  9.5 分析与讨论 ················· 116

第10章 苏州市枫桥工业园区雨水径流污染调查 ················· 117
  10.1 调查目的 ················· 117
  10.2 实施调查单位/人员及调查时间 ················· 117
  10.3 调查方法 ················· 117
  10.4 调查数据及分析 ················· 118
  10.5 分析与讨论 ················· 121

第11章 镇江城市雨水径流污染特征研究 ················· 122
  11.1 调查目的 ················· 122
  11.2 实施调查单位/人员及调查时间 ················· 122
  11.3 调查方法 ················· 122
  11.4 调查数据及分析 ················· 123
  11.5 分析与讨论 ················· 129

第12章 济南市不同下垫面雨水径流污染调查 ················· 130
  12.1 调查目的 ················· 130
  12.2 实施调查单位/人员及调查时间 ················· 130
  12.3 调查方法 ················· 130
  12.4 调查数据及分析 ················· 131
  12.5 分析与讨论 ················· 143

第 13 章　澳门城市雨水径流污染调查 ·· 145
　13.1　调查目的 ·· 145
　13.2　实施调查单位/人员及调查时间 ··· 145
　13.3　调查方法 ·· 145
　13.4　调查数据及分析 ·· 147
　13.5　分析与讨论 ·· 151

第 14 章　重庆市城市雨水口地面雨水径流污染浓度模型研究 ·············· 152
　14.1　调查目的 ·· 152
　14.2　实施调查单位/人员及调查时间 ··· 152
　14.3　调查方法 ·· 152
　14.4　调查数据及分析 ·· 153
　14.5　分析与讨论 ·· 157

第 15 章　滇池北岸面源污染的时空特征与初期冲刷效应调查 ·············· 158
　15.1　调查目的 ·· 158
　15.2　实施调查单位/人员及调查时间 ··· 158
　15.3　调查方法 ·· 158
　15.4　调查数据及分析 ·· 159
　15.5　分析与讨论 ·· 162

第 16 章　滇池流域城市雨水径流污染调查 ································· 163
　16.1　调查目的 ·· 163
　16.2　实施调查单位/人员及调查时间 ··· 163
　16.3　调查方法 ·· 163
　16.4　调查数据及分析 ·· 165
　16.5　分析与讨论 ·· 169

第 17 章　西安市城市道路路面雨水径流水质特性及排污规律调查 ········ 170
　17.1　调查目的 ·· 170
　17.2　实施调查单位/人员及调查时间 ··· 170
　17.3　调查方法 ·· 170
　17.4　调查数据及分析 ·· 171
　17.5　分析与讨论 ·· 173

第 18 章　西安市高速公路路面雨水径流水质特性及排污规律调查 ········ 174
　18.1　调查目的 ·· 174
　18.2　实施调查单位/人员及调查时间 ··· 174
　18.3　调查方法 ·· 174
　18.4　调查数据及分析 ·· 175
　18.5　分析与讨论 ·· 179

第 19 章　西安市城市主干道路面雨水径流污染特征研究 ················· 180

19.1　调查目的 ··············· 180

19.2　实施调查单位/人员及调查时间 ··············· 180

19.3　调查方法 ··············· 180

19.4　调查数据及分析 ··············· 182

19.5　分析与讨论 ··············· 186

第 20 章　西安市南二环路太白立交高架段路面雨水径流污染调查与研究 ········ 188

20.1　调查目的 ··············· 188

20.2　实施调查单位/人员及调查时间 ··············· 188

20.3　调查方法 ··············· 188

20.4　调查数据及分析 ··············· 189

20.5　分析与讨论 ··············· 198

第 21 章　西安市某文教区典型下垫面雨水径流污染特征调查 ··············· 199

21.1　调查目的 ··············· 199

21.2　实施调查单位/人员及调查时间 ··············· 199

21.3　调查方法 ··············· 199

21.4　调查数据及分析 ··············· 201

21.5　分析与讨论 ··············· 207

第 22 章　天津市第二新华中学海绵城市设施雨水控制效果调查与评估 ········ 208

22.1　项目背景 ··············· 208

22.2　实施调查单位/人员及调查时间 ··············· 209

22.3　调查方法 ··············· 210

22.4　降雨强度影响调查及分析 ··············· 216

22.5　降雨历时影响调查及分析 ··············· 224

第 23 章　天津市解放南路海绵城市试点区雨水泵站污染调查 ··············· 237

23.1　调查目的 ··············· 237

23.2　实施调查单位/人员及调查时间 ··············· 237

23.3　调查方法 ··············· 237

23.4　调查数据及分析 ··············· 240

23.5　小结 ··············· 257

附录　主要成果来源 ··············· 258

参考文献 ··············· 260

第1章　雨水径流污染调查概况

雨水径流污染是指降雨产生的雨水径流冲刷城市下垫面，裹挟、溶解下垫面上的污染物，使得雨水径流中携带大量的悬浮物、营养盐、重金属、有机物等污染物。目前，雨水径流污染是河道黑臭、水体富营养化和微生物污染的主要来源之一。

雨水径流污染物浓度是开展水环境规划、确定雨水径流污染治理技术方案及开展雨水工程评估的基础数据。

20世纪60年代之前，人们一直认为点源污染是造成水体污染的主要原因。20世纪60年代中期，美国政府有关机构确定雨水径流是水体的主要污染源，并开始组织研究项目调查雨水径流污染。如在1964年，美国公共卫生署即开始关注雨水径流中的污染物；1973年美国环境质量委员会出版了一个题为"城市污染物总负荷"的报告，报告指出："大量污染物来自城市雨水径流，除非雨水径流污染得到有效治理，清洁水法确定的目标不可能实现[1-2]。"

美国国家环境保护局（EPA）在1978年～1983年实施了全国城镇雨水径流计划（National Urban Runoff Program，NURP）。EPA开展这项调查的目的主要包括：（1）调查雨水径流污染特性；（2）调查雨水径流污染对全国水体水质问题的影响程度；（3）调查雨水管理措施对控制污染的有效性[2]。NURP项目在美国选择28个都市区的81个城市站点，共计开展了2300多次独立降雨事件的雨水径流污染调查。这是当时最全面的雨水径流污染调查项目，主要调查了雨水径流中总悬浮物（TSS）、生化需氧量（BOD）、化学需氧量（COD）、总磷（TP）、总溶解性磷（TSP）、总凯氏氮（TKN）、氮（硝酸盐氮＋亚硝酸盐氮）、总铜、总铅、总锌10种污染物指标浓度，NURP同时检测了溶解性和粒子污染物的浓度。调查中发现了77种优先污染物，包括14种无机物和63种有机物[2-3]。

自20世纪80年代初NURP研究完成以后，美国地质调查局（USGS）继续开展全国性的雨水径流监测，形成的USGS城市雨水径流数据库包括21个都市区超过97个城市站点收集的1100次降雨事件的数据，其中5个站点与NURP数据集相同。此外，美国许多城市在实施国家污染物排放削减许可证制度（National Pollutant Discharge Elimination System，NPDES），雨水排放许可过程中收集了城镇雨水水质数据，在此基础上，Smullen J T[3]等人于1999年完成了对以上3个（USGS＋NPDES＋NURP）数据库数据合并分析，并将合并数据库中10个水质指标参数与NURP数据库进行了对比，结果表明：合并数据库中TSS、COD、TP、氮（亚硝酸盐氮＋硝酸盐氮）、铜、铅和锌等7个参数比NURP数据库中污染负荷低，其中铜平均值比原NURP数据库低79%，TSS平均值比原NURP数据库低70%；3个参数BOD、TSP、TKN的污染负荷高于NURP数据库中的数据，其中BOD高36%[3]。

美国 1990 年关于水体污染的调查结果表明，约 30% 的水体水质超标是由面源污染所造成的，在一些点源污水已做二级处理的城市，受纳水体中 BOD 年负荷的 40%～80% 来自路面雨水径流。1996 年 EPA 提交国会的全国水质清单报告中提出：城镇雨水径流是人类活动引起海洋岸线水域水质退化的主要原因和河口水质退化的第二原因，也是河流和湖泊水质退化的主要污染源。

除美国之外，德国、法国、英国、荷兰等发达国家自 20 世纪 70 年代起也开始对城镇雨水径流污染开展了大量调查工作，取得了宝贵的检测数据和研究成果。

德国 Stotz G. 等人于 1978～1981 年选择三条交通量大的联邦高速检测降雨量和径流水质，共对 145 场雨水径流的 850 个水样进行了分析，分析项目有重金属（Cd、Cr、Cu、Fe、Pb、Zn 等）、矿物油类、氯化物、氮、磷、COD、多环芳烃（PAHs）等[4]。

Dannecker 等人在 1986～1987 年对德国汉堡市某一个工业区街道、主干道、居住区街道雨水径流中 25 种污染物进行了调查，工业区和主干道的雨水径流污染水平相似，工业区雨水径流中含有更高浓度的 As，主干道雨水径流中含有更高浓度的 Pb、Sb 和 Zn，雨水径流中 Sb、Pb、Cu、Ba 和 Zn 等污染物的浓度与交通强度相关，住宅区雨水径流中污染物浓度低。对污染物形态分析表明：As、Co、Cr、Ni、Pb、Sb、V 等元素主要吸附在颗粒物上，Cd、Cu、Se 和 Zn 主要以可溶态存在于径流中[5]。

1996 年 7 月～1997 年 5 月间，作为合流制污水溢流（Combined Sewer Overflow，CSO）起源和特征研究项目的一部分，Gromaire 等人对巴黎中部玛莱区（Le Marais）4 座屋顶、3 座庭院、6 个街道 16 场降雨事件的雨水径流中 SS、VSS、COD、BOD_5、烃类、溶解态和颗粒态重金属进行检测，结果表明：道路雨水径流中 SS、COD 和烃类污染负荷较高，屋顶雨水径流中重金属污染浓度较高，直接排放会对水体产生严重污染。使用锌、铅、铜等作为屋顶覆盖物和排水沟对径流水质有不利影响[6]。

与发达国家相比，我国对雨水径流污染的调查研究起步稍晚，20 世纪 80 年代至 2010 年之前，国内部分学者认识到单纯控制点源，即使达到"零排放"水平，仍然不能保证受纳水体水质不进一步恶化，为此前瞻性地开展了雨水径流污染的调查。20 世纪 80 年代开始在北京、长沙等城市开始进行雨水径流污染调查，主要开展了不同下垫面、不同功能区（商业区、工业区、居住区、公园和绿地）雨水径流污染调查、合流制溢流污染特性调查，为我国认识雨水径流污染危害及提出治理方案提供了宝贵的资料。

夏青等人于 1980 年检测了北京市某工业区、居民区、交通繁华区地表物累积量，研究发现：（1）径流冲刷率仅与总降雨量有关，而与降雨强度的变化关系甚微；（2）总径流强度约为 12mm/h 时，会产生大于或等于 90% 的冲刷率；（3）地表物中粒径大于 2mm 的固体物，不因降雨而冲刷移动；（4）径流污染负荷较高，但由于当时北京市 90% 以上的生活污水和工业废水直排，其余废水仅进行简单的一级处理，因此研究提出需要待点污染源治理达到一定水平时，控制和管理城市径流的要求才会突出[7]。

罗声远等人于 1981 年 4 月～9 月选择长沙市七公沟区、城东新建区入湘江排水口进行调查，分别在晴天、中雨和大雨情况下采样，检测 BOD_5、COD、SS、PO_4^{3-}、油类、酚、Zn、Pb 等 11 种污染物浓度，根据实测的污染物浓度和流量，计算排入湘江的主要污染物量。结果表明：雨水径流污染占总污染物的比例在 34%～100% 之间，其中 BOD$_5$ 占 42%，COD 占 83%，SS 占 93%。研究结果表明，城市雨水径流是受纳水体主要污染源之一[8]。

温灼如等人于 1984 年 6 月～9 月间对苏州市内城雨水径流所产生的非点源污染，即从内城河各出口输出到外城河的流量及其对应的有机污染负荷总量进行了调查，在主要进出口处设立 7 个检测断面，检测流量和水质，共检测暴雨 17 场，化验雨水水质 4 场，利用径流量和检测水质推求雨水径流污染负荷[9]。

赵剑强等人于 1998 年 7 月～8 月对西安市南二环路某机动车道雨水径流进行检测分析，主要分析了 pH、COD$_{Cr}$、BOD$_5$、SS、石油类、Pb、Zn 等，结果表明：(1) 城市道路路面雨水径流污染物浓度变化范围为：COD$_{Cr}$＝375～1230mg/L，SS＝420～2288mg/L，Pb＝0.08～0.12mg/L；(2) 城市道路路面雨水径流雨水的生物降解性较差，BOD$_5$：COD$_{Cr}$＝0.167；(3) 城市道路路面雨水径流雨水中 BOD$_5$ 与 COD$_{Cr}$、SS 与 COD$_{Cr}$ 之间存在着较好的线性相关关系[10]。

车武等人于 2001 年对北京某城区屋面雨水水质做了分析测定，发现屋面雨水径流尤其是初期径流污染很严重，分析了屋面材料、气温、降雨量、降雨强度、降雨时间及空气污染等因素对水质的影响。研究结果表明：城区屋面雨水径流尤其是初期径流的污染比较严重，主要污染物为 COD 和 SS，沥青油毡屋面初期雨水中的 COD 浓度可高达上千，屋面雨水径流的可生化性 (BOD$_5$/COD) 一般在 0.1～0.2[11]。

任玉芬等人于 2004 年对某文教区屋面、路面、草坪的径流水质进行了检测，检测指标包括 pH、SS、COD、TN、TP 和 BOD$_5$ 等，结果表明：3 种下垫面类型的径流水质均较差，COD、TN、TP 和 BOD$_5$ 平均浓度超过地表水环境质量 V 级标准，COD、TN、TP 浓度与 SS 浓度之间相关性较好，相关系数可达 0.85 以上。降雨量和降雨强度是影响径流中污染物浓度的两个重要因素[11]。

值得一提的是，《建筑与小区雨水利用工程技术规范》GB 50400—2006 提出：初期径流弃流量应按照下垫面实测收集雨水的 COD、SS、色度等污染物浓度确定。当无资料时，屋面弃流可采用 2～3mm 径流厚度，地面弃流可采用 3～5mm 径流厚度。这可能是我国最早的雨水径流污染控制标准，为今后其他雨水径流污染标准的制定提供了借鉴。

2010 年以后，在国家"水体污染控制与治理科技重大专项"的资助下以及后续海绵城市试点城市建设过程中，多个城市开展了雨水径流污染调查，对雨水径流中污染物种类、浓度及治理雨水径流污染的必要性有了更深刻的认识。《室外排水设计规范》GB 50014—2006 (2014 年版) 分别提出了用于合流制和分流制排水系统径流污染控制调蓄池的容积计算方法，提出分流制径流污染的调蓄标准为 4～8mm，为我国雨水径流污染治理工程设计提供了标准依据。

目前越来越多的管理者和技术人员认识到：要建设清洁、优美的水生态环境，雨水径流污染是一个无法回避的问题。通过两批海绵城市试点城市建设以及系统化全域推进海绵城市建设示范，不少雨水径流污染治理工程得以实施运行，标志着我国的雨水径流污染治理工作开始起步，将会为未来我国雨水径流污染设施的建设和运行提供借鉴。

总体来讲，目前我国的雨水径流污染治理处于起步阶段，尚未形成相对成熟的管理政策和技术路线，主要体现在：

（1）治理收费来源不明确。雨水和污水不同，污水主要产生于居民生活和企业生产，目前主要通过征收污水处理费来保障污水处理设施的建设和运行。而雨水没有明确的污染主体，雨水径流污染治理受益者是水环境和公众，没有明确的可以缴纳处理费用的受益主体，因此雨水处理设施建设投资和运行费没有稳定的来源。

（2）缺乏针对雨水处理的排放标准。降雨时将受污染的雨水贮存在调蓄池内，雨后一定时间内排放进入污水处理厂，雨水和污水混合后采用污水处理的排放标准，这是目前采用的技术路线之一，其缺点是增大了污水处理厂处理规模。由于我国多数地区年降雨天数较少，造成处理能力闲置。采用将雨水单独处理然后排放的技术路线时，雨水 BOD/COD 比值较低，采用生化处理单元效果不好，不采用生化处理单元则很难达到排放标准。未来数年，提出投资和排放标准相平衡的技术路线，尽可能地降低雨水径流污染对城镇水环境的影响可能是个务实的选择。

（3）管控流程尚未明确。在过去 5~10 年中，以推进海绵城市试点城市建设和系统化全域推进海绵城市建设示范为抓手，部分城市开展了雨水径流流量和径流污染控制的实践，初步探索了从规划设计到施工验收的管控流程，但在其他未开展试点的城市，多数尚未形成有效的管控流程。以上三个问题可能会在未来较长一段时期，影响我国雨水径流污染治理的成效。

2008 年以来，天津市政工程设计研究总院有限公司、南开大学、天津大学、天津城建大学、天津理工大学等单位依托"十一五""水体污染控制与治理科技重大专项"课题"天津中心城区景观水体功能恢复与水质改善技术开发与工程示范"（2008ZX07314-004）开展了城市不同下垫面雨水径流污染特性调查，并对天津中心城区雨水径流污染特性、雨水径流污染控制措施、雨水径流控制技术及雨水不同利用途径进行了系统研究，形成了雨水径流控制技术方案、北方缺水城市雨水调蓄与净化技术指南等成果。依托"十三五""水体污染控制与治理科技重大专项"课题"天津中心城区海绵城市建设运行管理技术体系构建与示范"（2017ZX07106001）开展了城市不同下垫面雨水径流污染特性调查、雨水泵站汇水区雨水径流污染特性调查、海绵城市低影响开发设施建设对雨水径流污染控制效果检测，依托天津市科技计划项目"海绵城市建设与黑臭水体治理关键技术研究与综合示范"（16YDLJSF00030、17ZYYFSF00010）开展了合流制管道溢流污染特征及初期雨水污染特征调查，雨污混流地区泵站雨水水质调查，初步掌握了天津市雨水径流污染情况及部分海绵城市低影响开发设施对雨水径流污染的去除效果。

鉴于目前全国雨水径流污染调查的成果较少且分散，尚不足以支撑我国雨水径流污染和合流制溢流污染治理的需求，我们决定在本团队雨水径流污染调查研究成果的基础上，选取国内代表性地区的代表性雨水径流污染调查成果进行汇编，以便为我国正在大力推进的雨水径流污染治理工作提供基础数据支撑。

第2章 天津市典型下垫面雨水径流污染调查

2.1 调 查 目 的

针对天津市降雨量少、降雨集中、径流污染严重的特点及地表径流污染的不同形成机制,对地表径流面源污染进行调查,为城市地表径流污染控制及雨水综合利用政策的实施提供科技支撑。

本次研究选择天津市南开区赤龙河雨水泵站和清化祠雨水泵站为示范性研究泵站,对其汇水范围内代表性功能区和下垫面进行布点、采样、检测,分析研究了雨水径流污染特征,通过建立模型表达雨水径流量、污染负荷及径流水化学变化,预测天津市区降雨产生的水量、雨水污染状况及对景观河道的影响,为雨水径流污染控制和雨水利用方案制定提供理论根据和数据参考。

2.2 实施调查单位/人员及调查时间

实施调查单位/人员:

南开大学: 金朝晖 、李铁龙;

天津市政工程设计研究总院有限公司:王秀朵、赵乐军、潘留明;

实施调查时间:2009 年 6 月~2011 年 9 月。

2.3 调 查 方 法

2.3.1 样品采集概况

1. 采样区域及具体地点

具体检测点位与下垫面类型见表 2.3-1。

具体检测点位与下垫面类型 表 2.3-1

点位类型	位置	功能区	环境特征	收集雨水面积(m²)
路面	南开一纬路服装街	商业区	平均人流量为 2000~3000 人/h,商业活动密集	560
	张家窝工业园丰泽路	工业区	交通量为 500 辆/d,以电子产业、生物医药和家具钢铁等企业为主	3900

续表

点位类型	位置	功能区	环境特征	收集雨水面积（m²）
路面	青年路、广开四马路、清化祠大街	居民区	在居民区附近，人流量在400人/h，周围分布着5~7家足疗店、洗衣店	3980
	第二南开中学操场	文教区	以教学活动为主，平均人流量158人/h	42000
屋顶	桦林园8号楼沥青屋顶	居民区	居民区靠青年路、清化祠大街、西关大街，常住人口在1000人左右	98
	桦林园4号楼油毡屋顶			42
	桦林园1号楼瓦面屋顶			66
草坪	南开大学行政楼前侧	文教区	草坪土质属于壤土，植被覆盖率在75%以上；靠近一条校园主干道	133

2. 采样时间及降雨情况

采样时间与降雨情况见表2.3-2。

采样时间与降雨情况统计表　　　　表2.3-2

降雨日期（年-月-日）	降雨量（mm）	降雨历时（h）	平均降雨强度（mm/h）	前期晴天数（d）
2009-6-16	77.4	9	7.74	25
2009-6-18	33.5	13	2.26	2
2009-7-6	9.91	2	4.95	18
2009-7-17	22.3	23	1.00	9
2009-7-23	101.0	7	14.4	6
2010-6-10	5.8	5	1.16	9
2010-6-17	12.5	5	2.5	7
2010-7-9	23.3	17	1.37	8
2010-9-21	17.4	12	1.45	25
2011-5-9	7	4	1.75	17
2011-6-16	46.8	3	15.6	15
2011-6-24	15.8	6	2.63	5
2011-7-15	40.9	3	13.63	16
2011-7-24	64.8	5	12.96	9

2.3.2 样品采集方式

1. 路面雨水径流

在路面开始形成径流时，用样品桶（2.5L）直接在雨水井口收集第1个水样，然后在10min、20min、30min、40min、50min、60min、90min、120min分别以同样方法采样；记录采样起止时间、采样地点等，以备实验室分析使用。

2. 屋面采样

屋面开始形成径流时，在建筑物的雨落管出水口用样品桶（2.5L）收集第 1 个水样，然后在 3min、6min、9min、12min、15min、20min、25min、30min、35min、40min、60min、90min、120min 分别采样；记录采样起止时间、采样地点等，以备实验室分析使用。

3. 草坪采样

在草坪开始形成径流时，用自制草坪径流收集器在采样点收集第 1 个水样，然后在 30min、60min、90min、120min 分别用同样方法采集水样。记录采样起止时间、采样地点等，以备实验室分析使用。

2.3.3 检测方法

指标检测方法见表 2.3-3。

指标检测方法 表 2.3-3

序号	基本项目	分析方法	最低检出限（mg/L）	方法来源
1	pH	多项水质监测仪（HACH HQ30d）		
2	温度	多项水质监测仪（HACH HQ30d）		
3	溶解氧	多项水质监测仪（HACH HQ30d）		
4	电导率	多项水质监测仪（HACH HQ30d）		
5	SS	重量法	0.1	《水质 悬浮物的测定 重量法》GB 11901—1989
6	COD	COD 测定仪		
7	BOD$_5$	稀释与接种法	2	《水质 五日生化需氧量（BOD$_5$）的测定稀释与接种法》GB/T 7488—1987
8	总氮	碱性过硫酸钾消解紫外分光光度法	0.05	《水质 总氮的测定 碱性过硫酸钾消解紫外分光光度法》GB/T 11894—1989
9	氨氮	纳氏试剂分光光度法	0.025	《水质 铵的测定 纳氏试剂比色法》GB/T 7479—1987
10	总磷	钼酸铵分光光度法	0.01	《水质 总磷的测定 钼酸铵分光光度法》GB/T 11893—1989

注：引自《水和废水监测分析方法（第四版）》，中国环境科学出版社，2002。

2.4 调查数据及分析

2.4.1 不同下垫面污染物分布

1. 不同屋面材料污染物分布

本课题研究了瓦面、油毡屋面、沥青屋面径流水质的变化。图 2.4-1 表明，沥青屋面、油毡屋面雨水径流 SS 初始浓度非常高，最高值分别达到 2217 mg/L、1126mg/L，在降雨后期稳定在 90mg/L、31mg/L；而瓦面径流 SS 初始浓度最高值为 520mg/L，远低于沥青屋面、油毡屋面，降雨后稳定浓度为 47mg/L。COD 和 SS 变化过程相似，沥青屋面、油毡屋面径流初始浓度和稳定浓度均高于瓦面径流浓度（图 2.4-2）。研究表明，同一场降雨，沥青、油毡屋面污染物浓度是瓦面径流的 2～4 倍。可见，沥青屋面、油毡屋面雨水径流比瓦面径流污染严重，是屋面雨水径流污染的主要污染源。这是因为，沥青屋面、油毡屋面雨水径流的污染物除屋面沉积物外，还有屋面材料的渗出物。沥青、油毡多为石油副产品，成分复杂，尤其黑色沥青在高温下吸热软化，容易老化分解，释放出有毒、有机污染物质进入雨水径流。

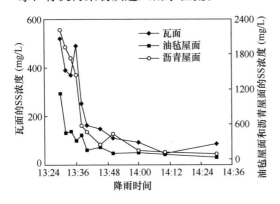

图 2.4-1　三种材料屋面雨水径流 SS 变化过程

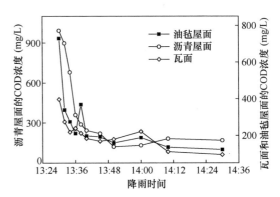

图 2.4-2　三种材料屋面雨水径流 COD 变化过程

2. 不同汇水面的污染物分布

对多场降雨的雨水径流污染指标进行超标指标的统计分析，结果见表 2.4-1、表 2.4-2。由表可知，色度、浊度、SS、COD_{Cr}、BOD_5、TN、溶解性铁、粪大肠菌群、汞、阴离子表面活性剂等指标存在超标现象。粪大肠菌群、汞指标超标现象严重，最高超标约 20000 倍和 4268 倍，平均超标 5000 倍、850 倍，其中路面雨水径流产生的粪大肠菌群以及屋面雨水径流产生的汞最多，大量超标的汞由雨水管道排入河道后可能引起河道底泥汞指标超标，建议控制屋面材料的汞含量以及企业烟气中汞蒸气的释放。另外，SS、浊度超标现象明显，最高超标约 92 倍和 25 倍，平均超标 37 倍、10 倍，其中路面雨水径流、屋面雨水径流产生的 SS 较高，路面雨水径流、草坪径流产生的浊度较高。相对于其他径流，草坪径流产生的色度、路面雨水径流和草坪径流产生的 COD、路面雨水径流产生的 BOD_5、路面雨水径流产生的 TN、屋面雨水径流产生的溶解性铁、路面雨水径流产生的阴离子表面活性剂都存在较高的超标倍数。草坪径流的色度较高，是地表水 V 类标准的 2.2 倍，可能是受草坪叶绿素和土壤腐殖质的综合影响。路面雨水径流的 BOD_5 和粪大肠菌群平均浓度分别超过地表水 V 类标准的 8 倍、4900 倍，可能是由商业区路面雨水径流和污水管道中的生产生活污水混流引起的。对比汇水面主要污染指标可知，污染物浓度大小顺序为：路面径流 > 屋面径流 > 草坪径流。

雨水径流主要污染指标浓度范围（mg/L）　　　　　　表 2.4-1

径流主要污染指标	路面雨水径流	屋面雨水径流	草坪径流	《地表水环境质量标准》GB 3838—2002 V 类标准值	最高超标
色度	15～64	12～75	27～126	30①	约 4 倍
浊度（NTU）	27～117	3～63	24～250	10①	约 25 倍
SS	140.42～918.81	66.05～670.33	53.5～249.5	10①	约 92 倍
COD_{Cr}	48～508	17～105	39～105	40	约 12 倍
BOD_5	2.39～338.04	1.41～7.10	3.0～8.87	10	约 34 倍
TN	2.9361～5.0933	2.5007～5.518	0.8220～4.7926	2.0	约 2.5 倍
溶解性铁	0.0398～1.042	0.02～3.025	0.164～1.462	0.4②	约 7.5 倍
粪大肠菌群（个）	3.69×10^5～8.75×10^8	1.29×10^3～1.97×10^5	3.05×10^4～6.97×10^5	4.00×10^4	约 20000 倍
汞	0.00063～1.1513	0.00047～4.2684	0.00049～0.0069	0.001	约 4268 倍
阴离子表面活性剂	1.088～8.957	0.293～1.116	0.4707～1.16	0.3	约 30 倍

① 表示采用《城市污水再生利用　景观环境用水水质》GB/T 18921—2002 标准；
② 表示采用《城市污水再生利用　城市杂用水水质》GB/T 18920—2002 标准。

雨水径流主要污染指标平均浓度（mg/L）　　　　　　表 2.4-2

径流主要污染指标	路面雨水径流	屋面雨水径流	草坪径流	《地表水环境质量标准》GB 3838—2002 V 类标准值	平均超标
色度	29	31	65	30①	约 2 倍
浊度（NTU）	60	22	99	10①	约 10 倍
SS	369.26	201.26	127.57	10①	约 37 倍
COD_{Cr}	174	56	70	40	约 4.5 倍
BOD_5	85.01	3.83	7.33	10	约 8.5 倍
TN	4.3698	3.8795	2.4568	2.0	约 2 倍
溶解性铁	0.6299	1.2203	0.6775	0.4②	约 3 倍
粪大肠菌群（个）	1.96×10^8	2.14×10^5	2.47×10^4	4.00×10^4	约 5000 倍
汞	0.2318	0.8542	0.0033	0.001	约 850 倍
阴离子表面活性剂	3.4478	0.6779	0.7631	0.3	约 11 倍

① 表示采用《城市污水再生利用　景观环境用水水质》GB/T 18921—2002 标准；
② 表示采用《城市污水再生利用　城市杂用水水质》GB/T 18920—2002 标准。

2.4.2 不同降雨历时污染物分布

1. 同一场降雨

地表径流污染物浓度在径流初期达到最高值，之后随着降雨时间的延续，污染物浓度呈波浪形锯齿状降低，至降雨结束，污染物浓度最终趋于稳定，在整个径流污染过程中整体表现为初期径流中污染物浓度高于后期径流中污染物浓度，具有明显的初期冲刷效应。图 2.4-3～图 2.4-6 为屋面、路面雨水径流主要污染物 SS、COD、NH_3-N、TN 浓度随降雨时间的变化。图中可以看出，在雨水径流的 10～20min 污染物浓度变化最大，即为初期径流。初期径流污染严重，可通过排入市政污水管进行弃流。

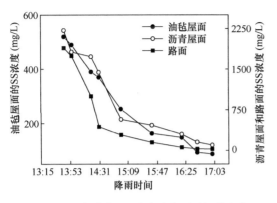

图 2.4-3 径流的 SS 浓度随降雨时间的变化

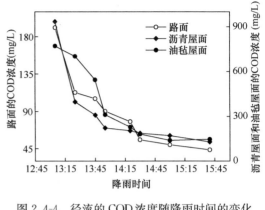

图 2.4-4 径流的 COD 浓度随降雨时间的变化

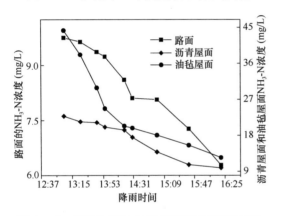

图 2.4-5 径流的 NH₃-N 浓度随降雨时间的变化

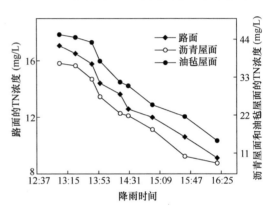

图 2.4-6 径流的 TN 浓度随降雨时间的变化

2. 晴天累计数的影响

城市径流污染具有晴天累积、雨天排放的特征，随着晴天累积天数的增加，城市地表可被降雨冲刷的污染物增加，增加了雨水径流的污染潜力，因此，前期晴天时间同雨水径流污染存在一定的关系。图 2.4-7 是天津市屋面 5 次雨水径流初期 SS、COD 浓度和晴天积累数的关系。由图 2.4-7 可以看出，屋面雨水径流污染受晴天积累影响显著，随着晴天累积天数增加，径流初期污染物 SS、COD 浓度也增大，晴天累积天数对屋面雨水径流水质具有直接的影响。这是因为，屋面沉积污染物主要来源于大气干、湿沉降，在晴天，污染物在屋面沉积，并且随着晴天数累加，沉积量也增加，导致了在雨天进入径

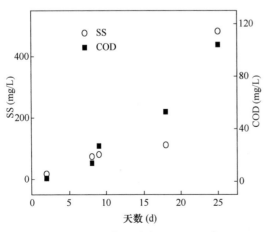

图 2.4-7 初期径流中 SS、COD 与晴天累积天数的关系

流的污染物量也随之增加，径流污染物浓度随累积晴天数呈上升趋势。所以，可以利用晴天累积天数表征天津市屋面污染物积累程度，来预测径流水质污染状况。

3. 降雨强度的影响

径流污染物的出流过程随降雨量、降雨强度等降雨特性不同有较大的变化。图 2.4-8 给出了同一种屋面在两种典型降雨特征下的污染物出流过程。图 2.4-8 为 2010 年 6 月 17 日的降雨事件，降雨量为 12.5mm，平均降雨强度为 2.5mm/h。由图 2.4-8 可以看出，径流初期污染物 SS、COD 浓度较高，分别达到 771mg/L、520mg/L，随着降雨时间的延续，屋面雨水径流水质明显改善，污染物浓度大幅度降低并趋于平缓，此时浓度分别为 130 mg/L、87mg/L，污染物出流过程具有明显的初期效应。这是因为此次降雨属于强降雨事件，初期降雨强度较大，最大达到 0.26mm/min，降雨对屋面冲刷强烈，径流污染物浓度高；随着降雨量增加，屋面沉积污染物减少，径流中污染物浓度也随之降低并趋于稳定。这种类型的径流水质变化多发生在降雨量大、初期降雨强度大的降雨事件中。

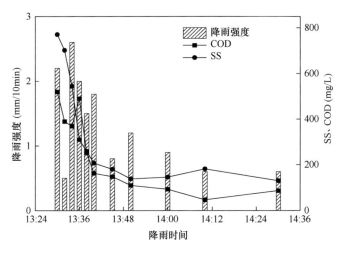

图 2.4-8　油毡屋面污染物出流浓度和降雨强度随降雨
时间的变化（2010 年 6 月 17 日）

图 2.4-9 为 2010 年 7 月 19 日的降雨事件，降雨量 23.3mm，平均降雨强度 1.37mm/h。由图 2.4-9 可知，径流初期 SS、COD 浓度较低，分别为 49mg/L、43mg/L，随着降雨时间的延续，污染物没有大幅度降低，浓度在一定范围内波动，降低趋势缓慢，最终浓度分别为 13mg/L、29mg/L。这主要是因为此次降雨平均降雨强度较小，初期降雨强度最大为 0.06mm/min，降雨对屋面冲刷作用较弱，径流污染物浓度低；后期污染物浓度的降低主要是累积降雨量的稀释作用。这种类型的径流水质变化多发生在平均降雨强度较小的降雨事件中。

4. 各月份径流水质变化

图 2.4-10 为 6、7、9 月份污染物 SS、COD、NH$_3$-N、TN 的浓度变化。6 月份路面 SS、COD、BOD$_5$ 浓度明显高于其他月份，差异达显著水平。NH$_3$-N 浓度在 7 月份最高，与其他月份存在显著差异。屋面、草坪 6、7 月份污染物浓度明显高于 9 月份，屋面 SS、COD、NH$_3$-N、BOD$_5$ 在 6 月份最高，草坪 SS 在 7 月份最高，与其他月份有很大差异。

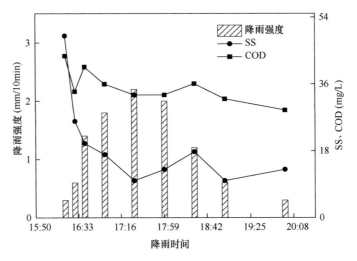

图 2.4-9 油毡屋面污染物出流浓度和降雨强度随降雨
时间的变化（2010 年 7 月 9 日）

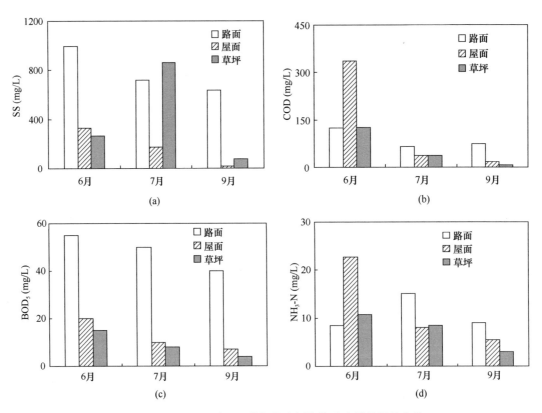

图 2.4-10 屋面、路面和草坪径流污染物浓度随月份的变化

2.4.3 不同指标相关性分析

对路面雨水径流污染物浓度进行分析，SS 和 COD_{Cr}、BOD_5、TN 之间具有较好的相关性，相关系数分别为 0.947、0.8827、0.8029，DO 和 COD_{Cr}、BOD_5 同样具有良好的线性相关性，相关系数分别为 0.9748，0.8187，如图 2.4-11 所示。

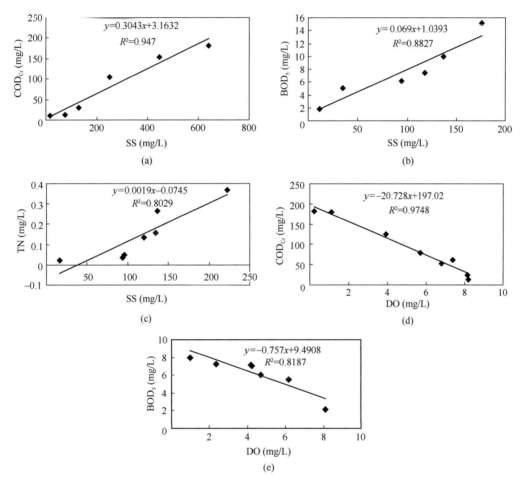

图 2.4-11　路面雨水径流各指标相关性分析图

对屋面雨水径流污染物浓度进行分析，SS 和 BOD_5、TP 具有很好的线性相关性，相关系数分别为 0.9025、0.9434。DO 和 COD_{Cr}、BOD_5 的相关系数分别为 0.9511、0.9158，如图 2.4-12 所示。

对草坪径流 SS、COD_{Cr}、BOD_5、TN、TP 以及 DO 浓度相关性进行分析，同样得到一致的相关性。SS 和 COD_{Cr}、BOD_5、TN、TP 相关系数分别为 0.8205、0.8354、0.992、0.9669。DO 和 COD_{Cr}、BOD_5 的相关系数分别为 0.9281、0.9615，如图 2.4-13 所示。

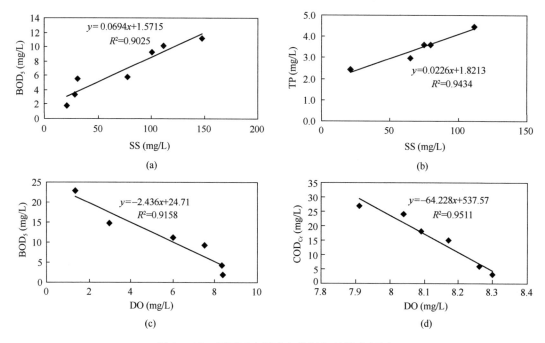

图 2.4-12 屋面雨水径流各指标相关性分析图

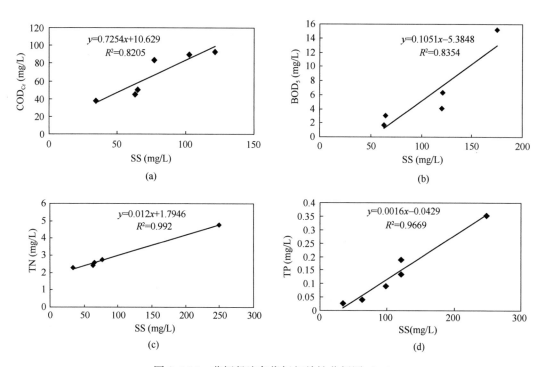

图 2.4-13 草坪径流各指标相关性分析图（一）

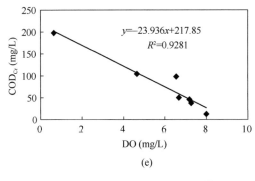
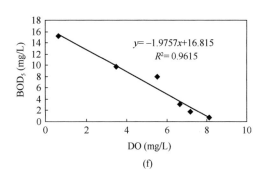

图 2.4-13 草坪径流各指标相关性分析图（二）

地表雨水径流中 SS 和其他污染指标有较好的线性相关性，主要因为，在地表沉积物中，颗粒物占 60％以上，是污染物的主要组成成分，颗粒物又是其他多种污染物的载体，如悬浮态金属基本不具有溶解性，绝大部分附着在颗粒物上，进入雨水径流。沉积物负荷增大，这些难溶物质负荷也随之增大。所以通过保持城市下垫面清洁，可以有效控制污染物总量。而 DO 和 COD_{Cr}、BOD_5 的线性相关性是因为径流中的有机质腐烂时消耗大量的溶解氧，随着 BOD_5 或 COD_{Cr} 浓度增大，径流 DO 浓度逐渐减少。

2.5 分析与讨论

沥青屋面、油毡屋面雨水径流比瓦面径流污染严重，是屋面雨水径流污染的主要污染源，沥青屋面、油毡屋面污染物浓度是瓦面径流的 2～4 倍。路面雨水径流、屋面雨水径流产生的 SS 较高，路面雨水径流、草坪径流产生的浊度较高。相对于其他径流，草坪径流产生的色度、路面雨水径流和草坪径流产生的 COD、路面雨水径流产生的 BOD_5、路面雨水径流产生的 TN、屋面雨水径流产生的溶解性铁、路面雨水径流产生的阴离子表面活性剂都存在较高的超标倍数。对比汇水面主要污染指标浓度大小可知，污染物浓度大小顺序为：路面径流＞屋面径流＞草坪径流。

10～20min 内雨水径流污染物浓度变化最大，即为初期径流。屋面雨水径流污染受晴天积累影响显著，随着晴天累积天数增加，径流初期污染物 SS、COD 浓度也增大。

路面雨水径流 SS 和 COD_{Cr}、BOD_5、TN 具有较好相关性；DO 和 COD_{Cr}、BOD_5 具有良好的线性相关性。屋面雨水径流 SS 和 BOD_5、TP 具有很好的线性相关性；DO 和 COD_{Cr}、BOD_5 具有良好的线性相关性。草坪径流 SS 和 COD_{Cr}、BOD_5、TN、TP 具有良好的线性相关性；DO 和 COD_{Cr}、BOD_5 具有良好的线性相关性。

第3章 天津城区道路雨水径流污染调查

3.1 调查目的

天津是一个水资源匮乏，水生态环境脆弱的城市，控制雨水径流污染及实施雨水资源化对城市的可持续发展具有重要意义。本文在国家水体污染控制与治理科技重大专项支持下，以天津市区不同功能区（商业区、文教区和居住区）的路面雨水径流为研究对象，对29种常见污染物进行监测以期积累城市路面雨水径流的监测数据，了解城市路面雨水径流的污染特征及主要污染物，并研究其水化学变化的影响因素，为天津市雨水径流污染控制及回收利用提供科学依据。

3.2 实施调查单位/人员及调查时间

实施调查单位/人员：李铁龙、张娜；

天津市政工程设计研究总院有限公司：王秀朵、赵乐军、潘留明；

实施调查时间：2009年6月～2009年7月。

3.3 调 查 方 法

3.3.1 样品采集概况

1. 采样区域及具体地点

商业区以天津市某商业街中间路段排水口作为采样点，文教区以某中学总雨水排放口作为采样点，居住区以某小区门前的雨水汇流井作为采样点。采样点路面雨水径流，经道路两侧的雨水算子排入雨水管道。

2. 采样时间及降雨情况

采样时间与降雨情况见表3.3-1。

采样时间与降雨情况统计表 表 3.3-1

采样时间 （年-月-日）	降雨历时 （min）	径流历时 （min）	最大降雨强度 （mm/h）	降雨量（mm）	雨前干燥期（h）
2009-6-16	230	225	18.8	77.4	24
2009-6-18	430	85	7.7	38.3	12
2009-7-06	105	95	2.7	4.6	412

3.3.2 样品采集方式

自雨水径流发生时，用采样器采集瞬时径流水样，每隔30min采集样品1次，同时用自动雨量计（3554WD）记录降雨情况并收集雨水样品。

3.3.3 检测方法

检测的水质指标（31个）及检测方法见表3.3-2。

指标检测方法   表 3.3-2

序号	监测指标	分析方法
1	流量	雨量计（3554WD）
2	水温	多项水质监测仪（哈希）
3	pH	
4	电导率	
5	溶解氧	
6	色度	铂钴标准比色法
7	浊度	浊度仪
8	SS	重量法
9	COD	COD测定仪
10	总磷	钼酸铵分光光度法
11	氨氮	纳氏试剂分光光度法
12	总氮	碱性过硫酸钾消解紫外分光光度法
13	六价铬	二苯碳酰二肼分光光度法
14	铁	火焰原子吸收分光光度法
15	锰	
16	铅	
17	锌	
18	钙	
19	镁	
20	铜	
21	镉	
22	BOD_5	稀释法
23	TOC	TOC测定仪
24	砷	原子荧光法
25	挥发酚	4-氨基安替比林分光光度法
26	汞	原子荧光法
27	氰化物	异烟酸-吡唑啉酮比色法
28	阴离子表面活性剂	亚甲基蓝分光光度法
29	硫酸盐	离子色谱法
30	氟化物	
31	氯化物	

将以上指标进行简单分类，其中理化指标包括：流量、水温、pH、色度、电导率、溶解氧、浊度、悬浮物；金属离子包括：铁、锰、镉、锌、铜、砷、汞、铅、六价铬、钙、镁；非金属无机物指标包括：氨氮、总氮、总磷、硫酸盐、氟化物、氯化物、氰化物；有机污染物指标包括：TOC、COD、BOD_5、挥发酚、阴离子表面活性剂。

3.4　调查数据及分析

3.4.1　理化指标

从表 3.4-1 可以看出不同功能区的理化指标除 pH 外，各采样点的浓度标准差均存在很大差别，说明不同类别雨水径流的理化指标变化幅度不尽相同。这与雨水径流的特征如降雨强度、降雨持续时间、径流量等有关。较高的降雨强度和较大的径流量能够提供较大的动能或水量来运移较多的悬浮固体，或者对溶解离子产生稀释作用而导致电导率下降，而 pH 变幅很小，接近中性，这是由于同一个地点所有污染物的酸碱程度在总体上是大致不变的。且由表 3.4-1 还可看出，不同功能区道路各理化指标（除 pH 外）平均浓度的排列顺序为：商业区＞居住区＞文教区，商业区具有高的理化指标可能与商业区人口流动较大、不同商店经营商品不同等有关。

不同功能区道路理化指标统计特征　　　　　表 3.4-1

项目指标	商业区			文教区			居住区			《地表水环境质量标准》GB 3838—2002 Ⅴ类标准值
	范围	平均值	标准偏差	范围	平均值	标准偏差	范围	平均值	标准偏差	
pH	5.99~7.52	6.80	0.48	6.80~7.54	7.17	0.28	6.92~7.88	7.63	0.29	6~9
电导率（μs/cm）	112~1687	430.19	493.20	75~619	270.26	203.55	90~703	340.9	233.5	—
色度（度）	16~180	56.25	53.60	12~65	27.14	19.37	15~53	30.2	20.47	—
浊度（NTU）	13~250	89.10	84.84	20~79	36.88	20.75	31~154	64.72	40.51	—
SS（mg/L）	52.50~1946.50	747.29	639.10	86~258	197.96	158.92	134.25~445.50	246.9	129.5	—

3.4.2　金属离子

由表 3.4-2 可以看出铬和铅在居住区中含量最高，其他金属均为商业区中含量最高，而文教区全部居于二者之间，这可能是因为居住区无论在晴天还是雨天道路交通量相差不多。

同时由表 3.4-2 还可看出，天津市商业区铬、镉、铁、锰和铅浓度分别是《地表水环境质量标准》GB 3838—2002 Ⅴ类标准值的 1.1 倍、1.1 倍、6.2 倍、1.95 倍和 1.16 倍，文教区铬和铅浓度分别是《地表水环境质量标准》GB 3838—2002 V类标准值的1.22倍和1.05倍，居住区铬、铁和铅浓度分别是《地表水环境质量标准》GB 3838—2002 V类标准值的1.28倍、4.9倍和1.28倍，其他金属在三个功能区中均未超标。经过调查，在采样范围内，有一个制造含铬的金属加工厂，这可能是铬含量超过《地表水环境质量标准》GB 3838—2002 V类标准值的主要原因。综上所述天津市区道路路面雨水径流存在一定的重金属污染，但是由于影响路面雨水径流污染物浓度的因素较多，主要有路面材料、用地类型、交通量、大气沉降、降雨特征和路面清扫方式等，且作用机制复杂，故本研究所得结果与国内同类研究存在一定差异。

不同功能区道路金属离子统计特征 表 3.4-2

项目指标 （mg/L）	商业区			文教区			居住区			《地表水环境质量标准》GB 3838—2002 V类标准值
	范围	平均值	标准偏差	范围	平均值	标准偏差	范围	平均值	标准偏差	
锌	0.02～1.46	0.32	0.52	0.007～0.469	0.113	0.177	0.007～0.101	0.028	0.041	2.0
钙	17.71～167.99	73.82	46.40	12.08～52.24	35.59	18.55	20.99～59.12	35.65	16.48	—
镁	1.06～36.85	10.15	12.10	0.351～14.806	5.14	5.79	1.29～16.14	7.59	7.21	—
铜	0.002～0.076	0.017	0.026	0.008～0.041	0.02	0.012	0～0.022	0.014	0.009	1.0
镉	0.006～0.026	0.011	0.007	0～0.01	0.004	0.004	0～0.012	0.006	0.006	0.01
铬	0～0.22	0.11	0.07	0.005～0.189	0.122	0.07	0.019～0.22	0.128	0.088	0.1
铁	0.10～4.26	1.86	1.62	0～0.54	0.09	0.20	0～3.65	1.47	1.55	0.3*
锰	0.024～0.47	0.195	0.161	0～0.095	0.05	0.03	0～0.03	0.02	0.01	0.1*
铅	0.01～0.137	0.116	0.069	0～0.198	0.105	0.093	0.008～0.179	0.128	0.069	0.1
砷	0.002～0.01	0.005	0.003	0.001～0.00285	0.002	0.0009	0.0023～0.0028	0.0025	0.0002	0.1
汞	0.00051～0.0008	0.00059	0.0001	0.00048～0.0083	0.00066	0.0001	0.00062～0.00086	0.00072	0.00009	0.001

"＊"表示集中式生活饮用水地表水源地补充项目标准限值，"—"表示无。

3.4.3 无机阴离子

由表 3.4-3 可以看出，居住区中无机阴离子（氰化物、硫酸盐、氯化物、氟化物）含量最高，其次为文教区，最后为商业区，其中硫酸盐和氯化物在三个功能区中变幅很大，这可能是由于人们日常生活规律导致不同时刻排放的污染物浓度不同，但均未超过《地表水环境质量标准》GB 3838—2002 V 类标准值或集中式生活饮用水地表水源地补充项目标准限值。

不同功能区道路无机阴离子统计特征　　　表 3.4-3

项目指标 (mg/L)	商业区			文教区			居住区			《地表水环境质量标准》GB 3838—2002 V 类标准值
	范围	平均值	标准偏差	范围	平均值	标准偏差	范围	平均值	标准偏差	
氰化物	0~0.015	0.008	0.005	0~0.128	0.059	0.059	0.004~0.106	0.071	0.055	0.2
硫酸盐	5.858~106.98	29.06	35.28	6.998~44.593	24.71	16.79	15.49~118.6	55.27	42.47	250*
氟化物	0.27~1.97	0.85	0.55	0.305~1.058	0.552	0.245	0~3.65	1.47	1.55	1.5
氯化物	2.92~126.92	27.88	43.86	0.114~40.856	14.95	16.23	3.36~47.31	23.55	19.11	250*

"＊" 表示集中式生活饮用水地表水源地补充项目标准限值。

3.4.4 营养盐及有机污染物综合指标

不同道路雨水径流中的营养盐及有机污染物浓度差异较大。由表 3.4-4 可知，检测的天津市道路雨水径流中 COD、BOD_5、TOC、总磷、总氮和氨氮的平均浓度范围分别为 103.96~524.14mg/L、7.72~528.24mg/L、10.76~266.44mg/L、0.257~1.06mg/L、3.02~5.25mg/L 和 0.088~0.16mg/L。商业区中总磷为《地表水环境质量标准》GB 3838—2002 V 类（农业用水区及一般景观用水）标准值的 2.65 倍，总氮在商业区、文教区、居住区也分别为《地表水环境质量标准》GB 3838—2002 V 类标准值的 2.01 倍、2.63 倍、1.51 倍，COD 和 BOD_5 平均值的最大值分别超过《地表水环境质量标准》GB 3838—2002 V 类标准值 10 倍和 50 倍。

不同功能区道路营养盐及有机污染物综合指标统计特征　　　表 3.4-4

项目指标 (mg/L)	商业区			文教区			居住区			《地表水环境质量标准》GB 3838—2002 V 类标准值
	范围	平均值	标准偏差	范围	平均值	标准偏差	范围	平均值	标准偏差	
COD	90~2266	524.14	682.79	38~268	103.96	92.42	14~199	109.7	70.7	40
总磷	0.03~2.14	1.06	0.94	0.03~1.5	0.479	0.58	0.157~0.329	0.257	0.077	0.4

续表

项目指标 （mg/L）	商业区			文教区			居住区			《地表水环境质量标准》GB 3838—2002 V类标准值
	范围	平均值	标准偏差	范围	平均值	标准偏差	范围	平均值	标准偏差	
氨氮	0.04～0.45	0.16	0.12	0.049～0.295	0.161	0.107	0.052～0.131	0.088	0.029	2.0
总氮	1.82～6.01	4.02	1.62	2.4～9.41	5.25	2.89	1.62～5.2	3.02	1.63	2.0
BOD_5	61.15～2361.43	528.24	902.29	4.25～28.74	16.72	10.67	4.41～11.42	7.72	2.94	10
TOC	25.96～1202	266.44	415.58	7～61	29.38	29	3.53～20	10.76	8.51	—

3.4.5 有机污染物

由表3.4-5可以看出，挥发酚在3个功能区中均未超标，而阴离子表面活性剂在商业区、文教区和居住区分别超过《地表水环境质量标准》GB 3838—2002 V类标准值37倍、17倍和6.3倍，由于表面活性剂的双亲性，易被吸附、定向于物质表面，使其具有湿润、乳化、分散、起泡、发泡、洗涤等性能，并作为洁净剂、分散剂、高碱性添加剂、防锈剂、抗静电剂、乳化降粘剂、消蜡防蜡剂以及污水处理剂等，应用在汽车工业的石油产品中，是其超标的主要原因。

不同功能区道路有机污染物统计特征　　　　　　　　表3.4-5

项目指标 （mg/L）	商业区			文教区			居住区			《地表水环境质量标准》GB 3838—2002 V类标准值
	范围	平均值	标准偏差	范围	平均值	标准偏差	范围	平均值	标准偏差	
挥发酚	0.017～0.189	0.095	0.065	0.013～0.092	0.054	0.03	0.022～0.121	0.054	0.039	0.1
阴离子表面活性剂	2.235～25.64	11.12	8.5	0.526～12.757	5.109	4.48	0.562～3.67	1.89	1.26	0.3

3.5　分析与讨论

通过对天津市市区不同功能区（商业区、文教区、居住区）道路路面雨水径流进行监测分析，结果表明：

（1）不同功能区道路雨水径流的理化指标变化幅度不尽相同，不同功能区道路各理化指标平均浓度的排列顺序为：商业区＞居住区＞文教区，各个功能区pH均接近中性；

（2）不同功能区道路雨水径流中重金属都存在一定的污染，但是由于某些不确定的因素，本研究所得结果与国内同类研究存在一定差异；

（3）不同功能区道路雨水径流中无机阴离子并未超过《地表水环境质量标准》GB 3838—2002 Ⅴ类或集中式生活饮用水地表水源地补充项目标准限值；

（4）不同功能区道路雨水径流中氮、磷浓度与某些地区相比并不严重，氮、磷最大值分别超过《地表水环境质量标准》GB 3838—2002 Ⅴ类标准值2.5倍和2.0倍，而COD和BOD_5的最大值是《地表水环境质量标准》GB 3838—2002 Ⅴ类标准值的10倍和50倍；

（5）挥发酚在三个功能区中均未超标，而阴离子表面活性剂在商业区、文教区和居住区分别超过《地表水环境质量标准》GB 3838—2002 Ⅴ类标准值37倍、17倍和6.3倍。

综上所述，天津市市区道路雨水径流直接排放，会对天津市地表水环境质量造成严重影响。随着天津市经济发展进程的加快，城市道路雨水径流对环境的污染不可忽视，如果能采取有效措施使雨水实现资源化利用，那么天津市既可以缓解用水紧张的局面，又可以减少雨水径流对水环境的污染。

第4章　天津市解放南路海绵城市试点区 老旧小区雨水径流污染调查

4.1　调查目的

针对天津中心城区土地利用率高、土地资源紧张、雨水径流污染物复杂、污染负荷高、现有治理设施改造难度较大等难题，调研海绵城市建成前老旧小区雨水径流的污染特征，形成雨水径流污染特性报告。

4.2　实施调查单位/人员及调查时间

实施调查单位/人员：

南开大学：李铁龙、焦永利、刘金鹏、王海涛、王新宇、朱光全、席雯；

天津市政工程设计研究总院有限公司：赵乐军、宋现财、李喆；

实施调查时间：2016 年 6 月～2018 年 8 月。

2016 年 6 月，南开大学课题组正式在天津市解放南路试点区内进行调研、采样。

2016 年 6 月，在多次考察试点区后，南开大学课题组确定了 2016 年的布点方案，并最终选择 10 个采样站点，包括商业、文教、居民不同功能区及路面、屋面等下垫面和天然雨水水样，对试点区内老旧小区进行雨水径流污染特征调查。

2017 年 5 月～6 月，南开大学课题组与课题牵头单位天津市政工程设计研究总院有限公司经过多次讨论后，重新确定试点区的采样点，明确以海绵城市设施为重点监控对象，以此为基础考察典型海绵城市设施建成前雨水径流污染特征。

2018 年 6 月，天津市解放南路试点区的部分海绵城市设施施工完毕，重点对第二新华中学内的采样点进行检测，考察雨水径流污染物在传输过程中的变化规律以及海绵城市试点区雨水径流污染特征。

4.3　调查方法

4.3.1　样品采集概况

1. 采样区域及具体地点

具体检测点位与下垫面类型见表 4.3-1。

具体检测点位与下垫面类型   表 4.3-1

序号	下垫面类型	检测点位
1	路面	解放南路—洞庭路片区（珠江道、北环路、微山路、泗水道、浯水道等）
2	油毡屋面	老旧小区 1：洞庭公寓
3	沥青屋面	老旧小区 2：怡林园/祺林园
4	瓦面	新小区 3：红礴领世郡

2. 采样时间及降雨情况

采样时间与降雨情况见表 4.3-2。

采样时间与降雨情况统计表   表 4.3-2

降雨年份	降雨日期	降雨量（mm）	降雨历时（h）	平均降雨强度（mm·h⁻¹）	前期晴天数（d）
2016 年	7 月 20 日	185.9	16	11.62	1
	7 月 25 日	51.7	13	3.98	0
2017 年	6 月 22 日	9.91	2	4.96	2
	7 月 15 日	22.3	23	0.97	2
	7 月 20 日	66.4	16	4.15	1
	8 月 2 日	21.6	10	2.16	2
2018 年	6 月 9 日	11.4	27	0.42	1
	7 月 5 日	11.2	4	2.80	1
	7 月 24 日	24.8	13	1.91	0
	8 月 14 日	58.8	16	3.68	0

4.3.2 样品采集方式

1. 天然雨水的采集

采集雨水使用聚乙烯塑料桶。每次降雨开始时，立即将清洁的采样器放置在预定的采样支架上，采集全过程雨样。当强度较大时，每隔 15～30min 取样一次，当降雨的强度减小时，时间间隔是 30～60min 采一次，同时记下时间间隔长度，测量每一时间间隔的降雨量。每场雨每个点位至少采集 2 个样品，若监测雨水径流随时间变化规律的可适当增加采样频率。

2. 径流的采集

（1）路面雨水径流采样

在路面开始形成径流时，用样品桶（2.5L）直接在雨水井口收集第 1 个水样，然后间隔一定时间进行取样，记录采样起止时间、采样地点等，以备实验室分析使用，具体采样频次视降雨历时与降雨强度而定。

（2）屋面采样

屋面开始形成径流时，在建筑物的雨落管出水口用样品桶（2.5L）收集第 1 个水样，然后间隔一定时间进行取样，记录采样起止时间、采样地点等，以备实验室分析使用，具体采样频次视降雨历时与降雨强度而定。

（3）草坪采样

在草坪开始形成径流时，用自制草坪径流收集器在采样点收集第 1 个水样，然后间隔一定时间进行取样，记录采样起止时间、采样地点等，以备实验室分析使用，具体采样频次视降雨历时与降雨强度而定。

4.3.3 检测指标与检测方法

为全面、准确了解雨水径流污染物种类，说明雨水径流污染物的特征，根据《地表水环境质量标准》GB 3838—2002 并参考相关标准，确定了相关的指标进行水质检测。主要指标种类及检测方法见表 4.3-3。

指标检测方法 表 4.3-3

序号	基本项目	检测方法	方法来源
1	SS	重量法	《水质 悬浮物的测定 重量法》GB/T 11901—1989
2	COD	快速消解分光光度法	《水质 化学需氧量的测定 快速消解分光光度法》HJ/T 399—2007
3	总氮	过硫酸钾消解紫外分光光度法	《水质 总氮的测定 碱性过硫酸钾消解紫外分光光度法》HJ 636—2012
4	氨氮	纳氏试剂分光光度法	《水质 氨氮的测定 纳氏试剂分光光度法》HJ 535—2009
5	总磷	钼酸铵分光光度法	《水质 总磷的测定 钼酸铵分光光度法》GB/T 11893—1989

4.4 调查数据及分析

4.4.1 城市道路雨水径流污染物

2016 年 7 月～2017 年 8 月对天津市解放南路海绵城市试点区内 7 条城市道路、老旧小区内 3 条区内道路雨水径流进行采样，降雨情况见表 4.3-2，检测雨水径流中 COD、SS、TN、NH_3-N、TP 等指标。

2016 年重点对天津市解放南路海绵城市试点区主干道路（珠江道、北环路、微山路、泗水道、浯水道、渌水道等）进行了雨水径流检测，现场采样过程中发现，水质感官指标很差，路面初期雨水呈现黑色，色度、浊度高，分析图 4.4-1 和图 4.4-2 可得，路面初期雨水主要污染因子是 SS，平均浓度为 1700～2100mg/L，SS 的所有检测结果均超过《地表水环境质量标准》GB 3838—2002 中 V 类标准值。COD 平均浓度为 325～422mg/L，总氮的平均值达到 9～10.7mg/L，氨氮在 0.9～1.1mg/L，总磷一般稳定在 0.2mg/L 左右，根据现场情况分析，道路两侧餐饮饭店较多，路面污染比较严重，使得道路径流雨水水质较差。

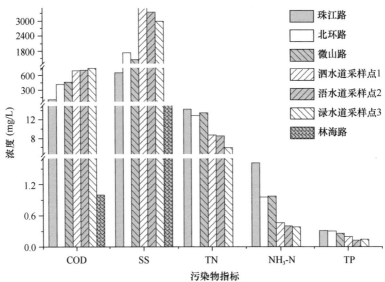

图 4.4-1 2016 年 7 月 20 日道路采样检测数据

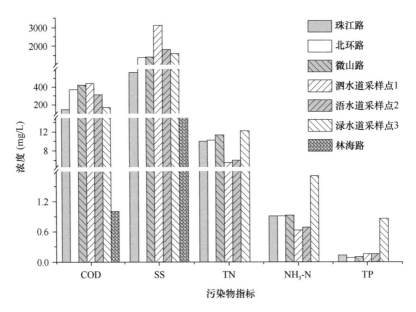

图 4.4-2 2016 年 7 月 25 日道路采样检测数据

由表 4.4-1 可知，道路初期雨水径流中非金属无机物总磷、总氮平均浓度分别为 0.2mg/L、10.3mg/L，氨氮平均浓度为 1.0mg/L，因此，在初期雨水径流中，氮主要以除氨氮以外的其他化合物形式存在。

指标	浓度范围	平均值	标准值
总磷	0.08~0.86	0.20	0.4
氨氮	0.04~1.71	1.00	2.0
总氮	5.50~14.32	10.3	2.0

路面初期雨水径流非金属无机物指标测定浓度（mg/L）　表 4.4-1

综上可知，路面初期雨水径流污染严重，主要污染物为 SS、COD、TN；其中，SS、COD 浓度最高值达到 3629mg/L 和 750mg/L。初期雨水径流 BOD_5/COD 平均值为 0.029，与典型生活污水相比，雨水径流可生化性很低。

2017 年对天津市解放南路老旧城区建筑小区内路面初期雨水径流进行了追踪监测，探讨了建筑小区路面初期雨水径流水质特性，结果见图 4.4-3～图 4.4-8。

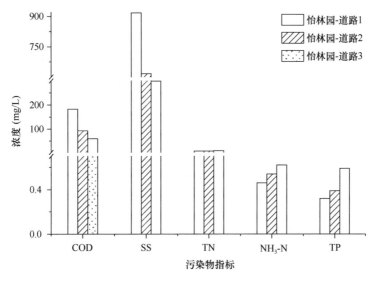

图 4.4-3　2017 年 7 月 15 日不同检测点污染物浓度

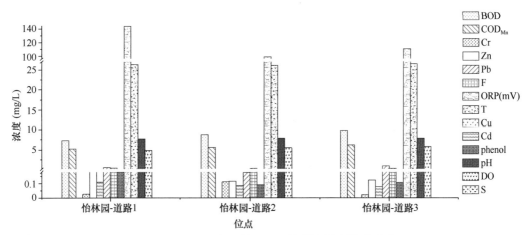

图 4.4-4　2017 年 7 月 15 日不同检测点污染物浓度

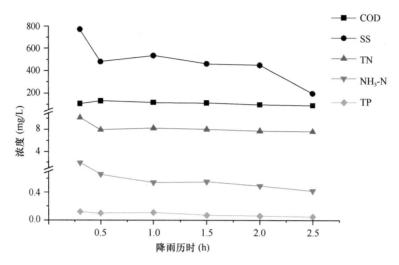

图 4.4-5 2017 年 7 月 20 日怡林园道路污染物浓度随降雨历时变化

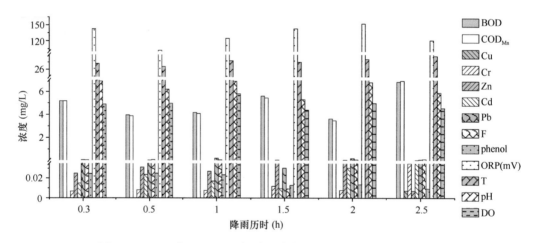

图 4.4-6 2017 年 7 月 20 日怡林园道路污染物浓度随降雨历时变化

2017 年 7 月 15 日和 2017 年 8 月 2 日的降雨，对怡林园内路面和屋面雨水径流主要污染物浓度随降雨历时和降雨强度的变化进行研究分析，并考察了前期晴天积累数、降雨量、降雨历时对污染物浓度的影响。

2017 年对天津市解放南路片区老旧小区内道路（怡林园道）进行了雨水径流监测（图 4.4-7、图 4.4-8），路面初期雨水主要污染因子是 SS，浓度范围为 198～1002mg/L，SS 的所有检测结果均超过《地表水环境质量标准》GB 3838—2002 V 类标准值。COD 浓度范围为 59～422mg/L，总氮的平均值达到 8.3mg/L，氨氮在 0.7mg/L，总磷大多稳定在 0.1mg/L 浓度范围内，相对于主干道水质有所改善，SS 平均浓度为 527mg/L，COD 平均浓度为 163mg/L，总氮平均浓度为 8.3mg/L，氨氮平均浓度为 0.7mg/L，总磷平均

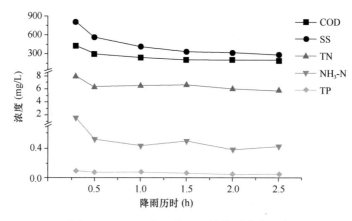

图 4.4-7 2017 年 8 月 2 日怡林园道路污染
物浓度随降雨历时变化

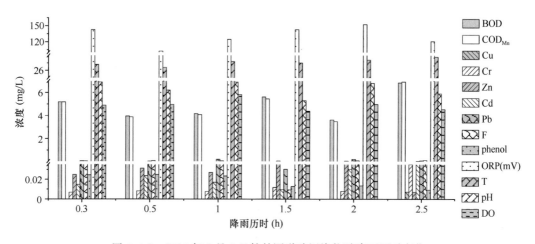

图 4.4-8 2017 年 8 月 2 日怡林园道路污染物随降雨历时变化

浓度为 0.1mg/L，相对于主干道，小区内道路无餐饮废水混入雨水管道系统，因此相对于主干道小区内道路径流水质有所改善。

道路径流中污染物冲刷效应非常明显，道路径流污染物浓度在径流初期 10～20min 达到最高值，2016～2018 年天津市解放南路海绵城市试点片区内部分小区进行海绵城市改造，该段时间内施工工程较多，道路开挖情况较为严重，裸露尘土多，降雨时对裸露尘土进行冲刷，使得道路径流中 SS 指标很高，对汇水面上污染物的淋洗、冲刷和输送，从而形成一种径流中污染物浓度随降雨历时而变化的规律。经过多年的追踪监测发现，一般情况下，在降雨形成径流的初期污染物浓度最高，随着降雨历时的增加，雨水径流中的污染物浓度逐渐降低，最终维持在一个较低的浓度范围。

4.4.2 屋面雨水径流污染物

2016年7月～2017年8月对天津市解放南路海绵城市试点区内老旧小区的屋顶径流进行采样，同步以南开大学津南校区新建绿色屋顶为对照进行研究，降雨情况见表4.3-2，通过检测雨水径流中COD、SS、TN、$NH_3\text{-}N$、TP等指标，分析各指标与不同屋顶材质的关系，调查结果如图4.4-9～图4.4-18所示。

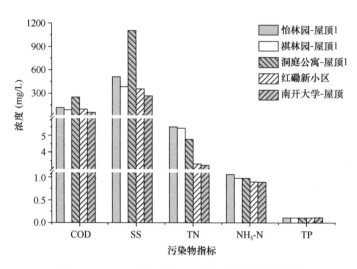

图 4.4-9　2016年7月20日屋面采样检测数据

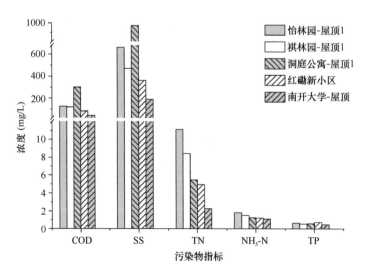

图 4.4-10　2016年7月25日屋面采样检测数据

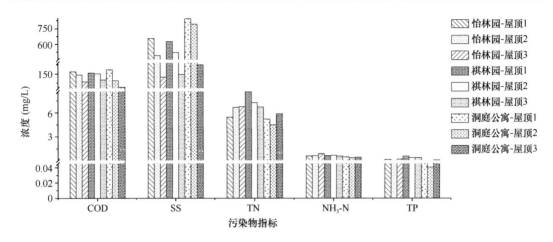

图 4.4-11 2017 年 6 月 22 日各不同检测点污染物浓度

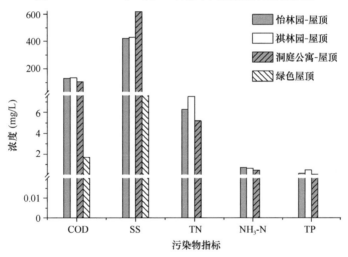

图 4.4-12 2017 年 6 月 22 日不同类型屋顶污染物浓度

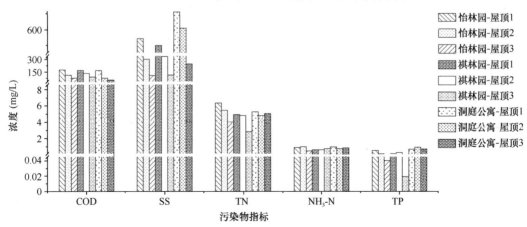

图 4.4-13 2017 年 7 月 15 日各检测点污染物浓度

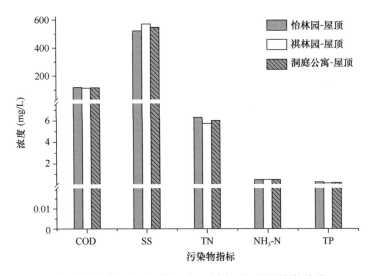

图 4.4-14　2017 年 7 月 15 日不同类型屋顶污染物浓度

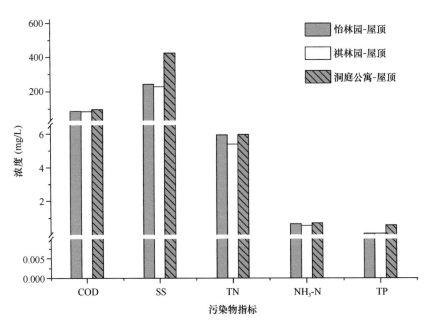

图 4.4-15　2017 年 7 月 20 日不同类型屋顶污染物浓度

由图 4.4-9～图 4.4-12 可知，新建楼宇的绿色屋顶对于雨水径流水质具有改善效果，它的结构层自下而上为防渗漏层、蓄水排水层、过滤层、种植（土）层、植被层。相对于老旧小区的传统屋顶，绿色屋顶能够有效滞留和过滤雨水，特别是对雨水的 SS 具有良好的截留效果。老旧小区为硬化屋顶，材质多为沥青、油毡与瓦片，可长期累积大气中的降尘，而且长年风吹日晒使得硬化屋顶材质老化，当有降雨冲刷时，会贡献较多的 SS与 COD。

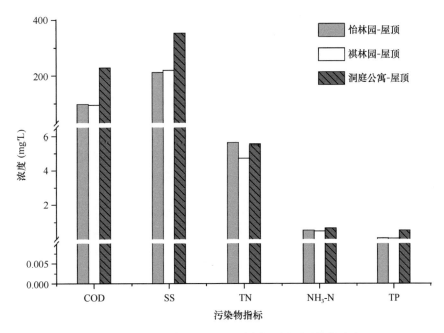

图 4.4-16 2017 年 8 月 2 日不同类型屋顶污染物浓度

图 4.4-17～图 4.4-18 为老旧小区屋顶雨水径流中不同污染物浓度随降雨历时的变化。结果表明，屋顶径流污染物浓度在径流初期 10～20min 达到最高值，之后随着降雨历时的延续，污染物浓度整体呈现降低趋势，至降雨结束，污染物浓度最终趋于稳定，在整个径流污染过程中整体表现为初期径流中污染物浓度高于后期径流中污染物浓度，具有明显的初期冲刷效应。

2016 年重点对天津市解放南路片区老旧小区的屋顶径流进行采样分析（油毡类屋顶为洞庭公寓；沥青类屋顶为怡林园与祺林园屋顶；瓦片类为红磡公寓屋顶和南开大学等），现场采样过程中发现，屋顶初期雨水主要污染因子是 SS 与 COD，具体的水质情况见表 4.4-2。

屋顶径流水质（mg/L）   表 4.4-2

指标	油毡屋面	沥青屋面	瓦屋面
SS	1050	506	292
COD	276	112	68
TN	5.1	7.6	3.4
NH_3-N	1.1	1.3	1.0
TP	0.3	0.4	0.4

对于屋顶径流中 SS 与 COD 来说，油毡材质屋顶径流中污染物浓度最高，SS 可达到 1050mg/L，COD 浓度为 276mg/L；通过对老旧小区屋顶径流检测，不同材质屋顶对污染物贡献大小顺序为：油毡屋面＞沥青屋面＞瓦屋面。

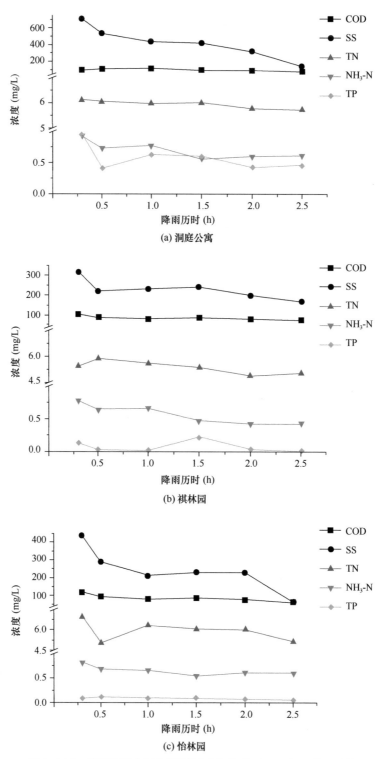

(a) 洞庭公寓

(b) 祺林园

(c) 怡林园

图 4.4-17 屋顶径流水质与降雨历时的关系（2017 年 7 月 20 日）

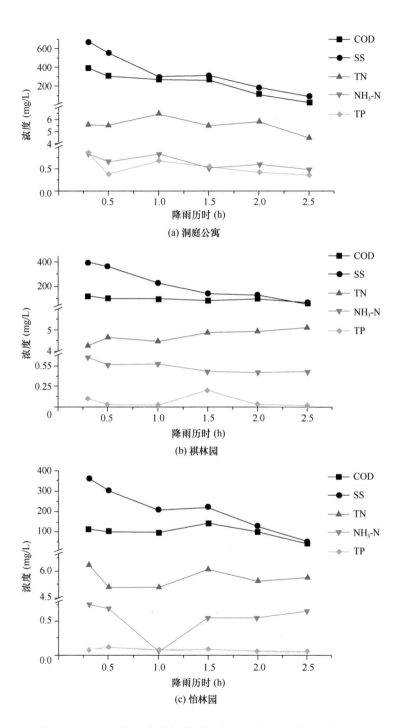

图 4.4-18 屋顶径流水质与降雨历时的关系（2017 年 8 月 2 日）

老旧小区屋面雨水径流污染严重,这主要和屋面材料有关,沥青、油毡多为石油副产品,容易老化分解释放出有机污染物进入雨水径流,是主要污染源之一;另外 2016～2018 年天津市解放南路与洞庭路周边进行大规模建筑施工,开挖道路现象严重,周边裸露尘土较多,空气质量较差,大气中 TSP(悬浮性颗粒物)在屋顶沉积现象较为明显,这也是造成屋顶初期雨水径流污染的原因之一。

4.4.3 草地雨水径流污染物

2017 年 6 月～8 月,第二新华中学处于筹建期,故对南开大学津南校区内的绿地进行雨水径流的监测,以此类比试点区草地情况,降雨情况见表 4.3-2,通过检测雨水径流中 COD、SS、TN、NH_3-N、TP 等指标,分析各指标变化情况,调查结果如图 4.4-19、图 4.4-20 所示。

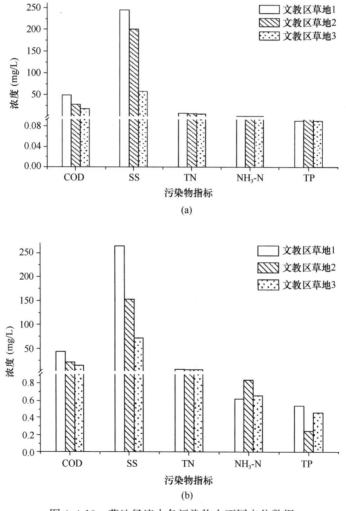

图 4.4-19　草地径流中各污染物在不同点位数据

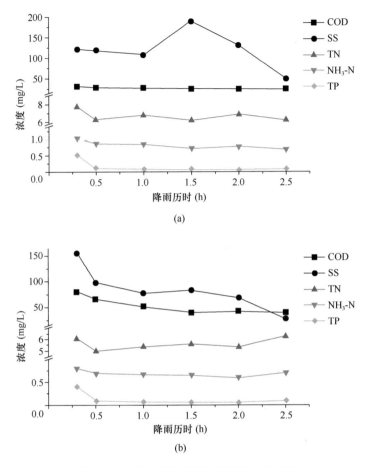

图 4.4-20 草地径流水质与降雨历时的关系

通过对草地雨水径流检测发现，水质感官指标较好，草地径流主要污染物为 SS 和 COD，SS 平均浓度为 160mg/L，这是老旧小区不同下垫面径流中 SS 最低的情况。COD 平均浓度为 31mg/L，总氮的平均值达到 7.2mg/L，氨氮在 0.5mg/L 左右，总磷大多稳定在 0.2mg/L 左右；草地雨水径流中的指标 SS 和 COD 随着降雨历时有下降的趋势，这是由于初期降雨对草地的悬浮物冲刷较为明显，随着降雨的进行，水质趋于稳定。总氮、总磷和氨氮没有明显的初期冲刷效应。

4.4.4 老旧小区不同下垫面雨水径流污染特征

对 2016 年 7 月 20 日和 7 月 25 日两次比较集中的降雨进行追踪监测，重点对老旧小区的道路、屋顶和小区附近泵站的雨水径流进行采样分析，对比分析雨水径流中 SS 和 COD，具体结果如图 4.4-21 所示。

分别对 2017 年 6 月 22 日、7 月 15 日、7 月 20 日和 8 月 2 日老旧小区雨水径流进行采样分析，重点对雨水径流中 SS 和 COD 进行比对分析，具体结果如图 4.4-22 所示。

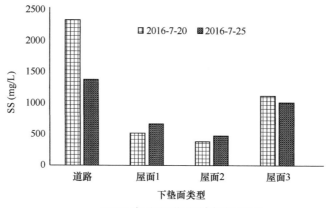

(a) 2016年不同下垫面雨水径流SS浓度

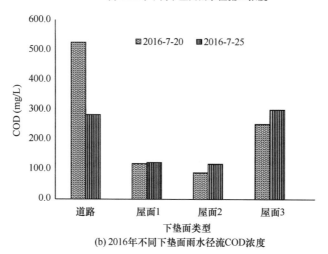

(b) 2016年不同下垫面雨水径流COD浓度

图 4.4-21 2016 年不同下垫面雨水径流水质情况

对比不同下垫面雨水径流中主要污染物，见表 4.4-3：

（1）在不同下垫面，SS 浓度大小顺序依次为：路面雨水径流＞屋面雨水径流＞草坪径流；路面雨水径流悬浮物含量最高，这是因为路面雨水径流受大气沉降、交通活动等多种因素的综合影响，而且 2016~2018 年示范区内改造项目较多，工地扬尘量较大，使得道路径流中悬浮物普遍偏高；屋面、草坪径流污染物主要来源于大气降尘，受人为因素干扰较小，颗粒物含量较少。

（2）在不同下垫面，有机污染物和营养物质指标浓度顺序大小为：路面雨水径流＞油毡屋面雨水径流＞沥青屋面雨水径流＞瓦屋面＞草坪径流。路面雨水径流的污染物主要来源于地面沉积物，而且个别餐饮企业存在乱泼乱倒问题，径流污染严重。再有老旧小区屋面材料多为石油副产品，容易老化分解释放出有毒、有机污染物质进入雨水径流，是主要污染源之一。

（3）草坪径流污染物浓度均低于其他下垫面径流，这是因为绿地对其具有净化作用，部分污染物在降雨过程中已随下渗雨水进入土壤。

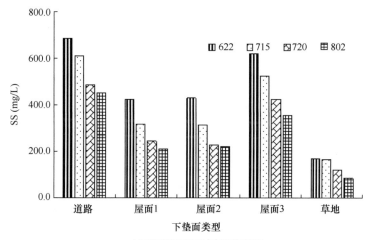

(a) 不同下垫面雨水径流SS浓度

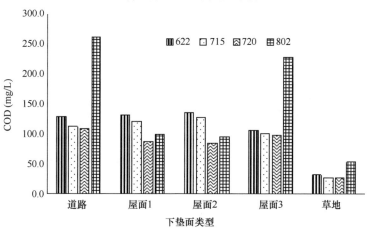

(b) 不同下垫面雨水径流COD浓度

图 4.4-22 2017 年不同下垫面雨水径流水质情况

不同下垫面雨水径流主要污染物浓度（mg/L）   表 4.4-3

污染物	SS	COD	NH₃-N	TN	TP
路面	2175	422	0.9	10.7	0.2
瓦屋面	292	68	1.0	3.4	0.4
油毡屋面	1050	276	1.1	5.1	0.3
沥青屋面	506	112	1.3	7.6	0.4
草坪	160	31	0.5	7.2	0.2

综上所述可知，在不同下垫面中，路面雨水径流污染最严重，是径流污染的主要来源；屋面雨水径流中油毡屋面和沥青屋面雨水径流污染最重。

4.5　雨水径流污染特性与降雨强度的关系

4.5.1　老旧小区改造前雨水径流污染特性与降雨强度的关系

不同的降雨强度、降雨量对径流水质的影响很大，对于降雨量大、初期降雨强度大的降雨事件，径流污染物初期浓度较高，污染物浓度随降雨历时的延续逐渐降低，后期浓度相对较低；而对于平均降雨强度小的降雨事件，污染物初期浓度较低，降低趋势缓慢，污染物冲刷不彻底。结果如图 4.5-1、图 4.5-2 所示。

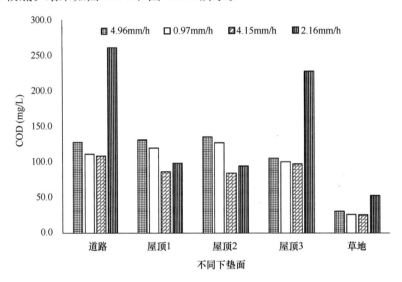

图 4.5-1　2017 年不同降雨强度对雨水径流中 COD 的影响

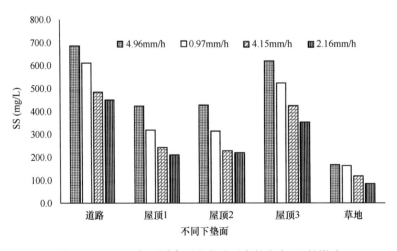

图 4.5-2　2017 年不同降雨强度对雨水径流中 SS 的影响

由图 4.5-1、图 4.5-2 可知，降雨量越大，对污染物 SS 的稀释能力越强，浓度降低越快；降雨强度则决定了淋洗地表污染物的能量大小，降雨强度越大，冲刷越彻底，雨水径流中的浓度也越高；降雨历时不仅决定了污染物被冲刷的时间，而且也决定了降雨期间的污染物向地表及水体的输送时间，降雨历时越长，污染物浓度越趋于稳定，浓度相对越低；反之，降雨强度越大，历时越短，污染物浓度相对较高。

4.5.2 雨水径流中颗粒物与其他污染物的相关性分析

针对天津市降雨量小、降雨集中、径流污染严重的特点及地表径流的不同形成机制，亟需研究城市地表径流量及污染特性与降雨历时、降雨强度的关系，开展雨水径流污染模拟，预测降雨产生的径流对地表水污染负荷影响程度，为城市雨水径流污染控制提供科技支撑。

通过对数据的相关性分析，得出水质指标 SS 与 COD 相关性分析如图 4.5-3、图 4.5-4 所示。可以看出，SS 与 COD 相关系数达到 0.97 以上，线性相关性显著。

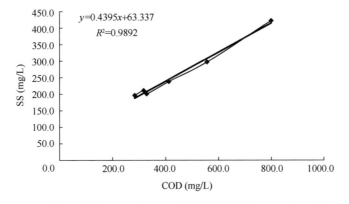

图.5-3 路面雨水径流 SS 与 COD 的相关性分析（2017 年 7 月 20 日）

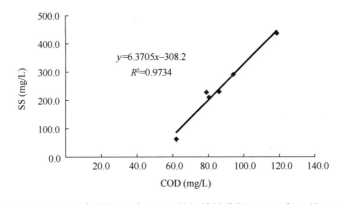

图 4.5-4 屋面雨水径流 SS 与 COD 的相关性分析（2017 年 7 月 20 日）

结果表明，路面雨水径流污染物浓度在径流初期 10～30min 达到最高值，之后随着降雨历时的延续，污染物浓度趋于稳定，在整个径流过程中整体表现为初期径流中污染物浓度高于后期径流中污染物浓度，具有明显的初期冲刷效应。且当时老旧小区海绵城市改造仍处在施工阶段，施工降尘对雨水径流中悬浮物贡献较大。分析可得路面雨水径流中 SS 与 COD 具有非常好的相关性，相关系数可达 0.98，说明径流中有机质（可还原性物质）在悬浮颗粒物上有很强的吸附性，表现出非溶解性，因此可以通过对雨水径流颗粒物进行截留处理以降低径流污染。

相对于路面雨水径流，屋面雨水径流初期冲刷效应更为明显，特征更为突出，屋面雨水径流中 SS 是主要污染来源，与 COD 线性相关性高，相关系数可达 0.97，污染物浓度也是在径流初期 10～30min 达到最高值，之后随着降雨历时的延续，污染物浓度最终趋于稳定，具有明显的初期冲刷效应。屋面扬尘沉积是雨水径流中悬浮物的主要来源。

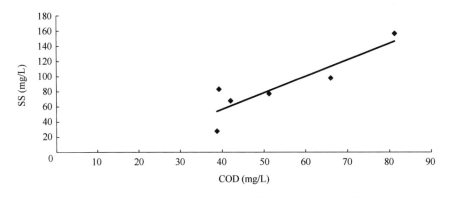

图 4.5-5　草地径流 SS 与 COD 的相关性分析（2017 年 8 月 2 日）

由图 4.5-5 可知，草地径流污染物浓度均低于其他下垫面径流，绿地植被对径流中悬浮物有截留净化作用，而且草地渗透系数远大于屋面和道路，因此部分污染物在传输过程中已随下渗雨水进入土壤。草地径流中 COD 与 SS 相关系数可达 0.79，相对于渗透系数很低的道路与屋面来说，两者的相关性不是太高；草地径流传输过程中相对于硬化的道路与屋面影响因素更为复杂。

第 5 章　天津海绵城市建设试点区居住区不同下垫面雨水径流污染调查

5.1　调　查　目　的

　　雨水径流是面源污染的主要来源，其主要特点有时空分布广、污染物来源广和组成成分复杂等。各种污染物晴天时（干期）在城市下垫面不断累积，之后在降雨中被地表径流冲刷迁移，输移至排水管道最终进入城市水体。影响径流污染物输移的主要因素有降雨事件条件（降雨持续时间、降雨量、干期时间等）、城市土地利用类型（区域功能、下垫面特征等）、大气污染物沉降、城市市政设施完善程度和维护管理等。它们主要在污染物累积和冲刷两阶段产生作用，其随机性的特点导致雨水径流污染负荷监测结果变化幅度大。研究者在多个地区开展了雨水径流污染特征的研究，但雨水径流污染特征的地域性强，时空连续性和系统性还存在一定的不完整性，为更好地分析城市雨水径流污染特征，仍然需要加大相关方面的基础性探究，依据研究目的进行数据的统计分析，为城市雨水径流污染的特征识别、污染控制、净化利用、海绵城市工程设计和评估等提供基础数据。天津市海绵城市建设解放南路试点区下垫面以公建和居住为主（66.7%），其次为道路（13.6%），绿地水域占比约10.2%，工业用地占比为9.5%。本调查以试点区所占面积最大的居住区为研究对象，针对居住区不同下垫面雨水径流污染特征进行监测。

5.2　实施调查单位/人员及调查时间

实施调查单位/人员：

天津城建大学：邱春生，于贺，谢尚宇；

天津市政工程设计研究总院有限公司：赵乐军，宋现财，李喆；

实施调查时间：2018 年 6 月～2019 年 8 月。

5.3　调　查　方　法

5.3.1　样品采集概况

1. 采样区域及具体地点

具体检测点位与下垫面类型见表 5.3-1。

具体检测点位与下垫面类型   表 5.3-1

序号	下垫面类型	检测点位
1	沥青屋面（斜）	天津市平江里小区
2	沥青屋面（平）	天津市平江里小区
3	沥青屋面（平）	天津市川江里小区
4	塑钢屋面	天津市怡林园小区
5	瓦屋面	天津市祺林园小区
6	油毡屋面	天津市博林园小区
7	小区沥青道路	天津市川江里小区
8	小区透水铺装道路	天津市祺林园小区

2. 采样时间及降雨情况

采样时间与降雨情况见表 5.3-2。

采样时间与降雨情况统计表   表 5.3-2

采样时间		降雨量（mm）	降雨历时（h）	降雨强度（mm/min）	降雨前晴天日数（d）
2018 年	6 月 7 日	1.5	106	0.014	22
	6 月 9 日	11.4	1654	0.007	2
	7 月 7 日	12.2	578	0.022	2
	7 月 24 日	177.5	1000	0.178	6
	8 月 19 日	19.8	1210	0.016	5
2019 年	7 月 5 日	9.6	1006	0.002	10
	7 月 22 日	84.8	584	0145	17
	7 月 28 日	58.9	932	0.038	6
	8 月 11 日	7.4	555	0.013	14

5.3.2 样品采集方式

采用人工时间间隔采样法，当屋面和路面下垫面形成径流后，以雨水径流产生到达雨水采样点的时间记为 0min，并开始采集第一个水样，在径流产生的 0～30min 内每隔 5min 取 1 次水样，在 30～60min 内每隔 10min 取 1 次水样，在 60～180min 后每隔 30min 取 1 次水样，在降雨后期水质基本稳定后，每隔 1～4h 取 1 次水样，直至径流结束。采用 500mL 聚乙烯塑料瓶作为采样工具，事先用记号笔在采样瓶上标注采样点和采样编号。采样时应尽可能装满使瓶内不留空气并拧紧瓶盖。确认采样瓶盖拧紧、瓶身标记完好，尽快运回实验室。水样储存在 0～4℃冷藏室内，并在 24h 内进行污染物浓度检测。

5.3.3 检测方法

指标检测方法见表 5.3-3。

指标检测方法   表 5.3-3

序号	基本项目	检测方法	方法来源
1	pH	电极法	《水和废水监测分析方法（第四版）》
2	温度	电子温度计	—
3	SS	重量法	《水和废水监测分析方法（第四版）》
4	浊度	浊度计	《水和废水监测分析方法（第四版）》

续表

序号	基本项目	检测方法	方法来源
5	COD	重铬酸钾法	《水和废水监测分析方法（第四版）》
6	总氮	过硫酸盐法	《水和废水监测分析方法（第四版）》
7	氨氮	纳氏试剂分光光度法	《水和废水监测分析方法（第四版）》
8	总磷	钼锑抗分光光度法	《水和废水监测分析方法（第四版）》

5.4　调查数据及分析

5.4.1　城市不同下垫面雨水径流污染物

1. 屋面雨水径流污染物

由图 5.4-1 可知，2018 年不同降雨场次中，沥青屋面（斜）雨水径流初始 TP 浓度大小为 6 月 7 日＞7 月 24 日＞8 月 19 日≈6 月 9 日＞7 月 7 日。通过 TP 浓度随时间的变化可看出，各采样点的 TP 浓度在降雨过程中都随着时间变化越来越低。6 月 7 日雨水径流中 TP 浓度明显高于其他场次的雨水径流，说明 TP 浓度受雨前晴天天数的影响较大，雨

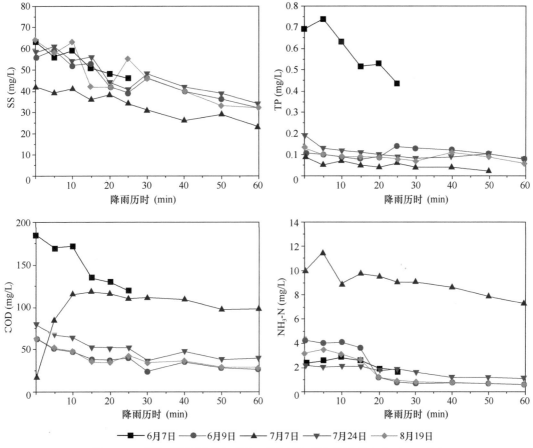

图 5.4-1　平江里沥青屋面（斜）雨水径流污染物浓度变化（2018 年）

前晴天天数越长，雨水径流初始 TP 浓度越大。由于 TP 在地面的累积量不高，在降雨时通过冲刷效应进入雨水径流中的量不稳定，导致雨水径流中的浓度有一定的波动，但其 TP 浓度可达到地表水 V 类水质标准。沥青屋面（斜）雨水径流初始 COD_{Cr} 浓度大小为 6 月 7 日＞7 月 7 日＞7 月 24 日≈8 月 19 日≈6 月 9 日。通过 COD_{Cr} 浓度随时间的变化可看出，雨水径流中 COD_{Cr} 浓度虽然有一定的波动，但不同采样点的 COD_{Cr} 浓度在降雨过程中都随着时间变化而下降，在雨水径流形成的初期下降迅速，而降雨后期渐渐趋于稳定。其中 6 月 7 日和 7 月 24 日场次的雨水径流中 COD_{Cr} 初始浓度较高，原因为雨前晴天天数越大，累积污染物越多，COD_{Cr} 浓度在一定程度上受大气中污染物的影响。沥青屋面（斜）雨水径流初始 $NH_3\text{-}N$ 浓度大小为 7 月 7 日＞6 月 9 日≈7 月 24 日≈8 月 19 日≈6 月 7 日。通过 $NH_3\text{-}N$ 浓度随时间的变化可看出，雨水径流形成的初期污染物集中于前 15min，平均浓度值为 3.62 mg/L，随后浓度迅速下降，雨水径流的后期渐渐趋于稳定。其中 7 月 24 日降雨的 $NH_3\text{-}N$ 浓度随时间下降速度较慢，原因为此次降雨的雨前干期时间较短，地面累积的 $NH_3\text{-}N$ 较少，污染物初始浓度较低，因此变化速度较小。对比各降雨场次可知，雨水径流中 $NH_3\text{-}N$ 浓度变化趋势与以上污染物浓度变化趋势有所不同，说明雨水径流中 $NH_3\text{-}N$ 载体不同于 TP、COD_{Cr} 等污染物。

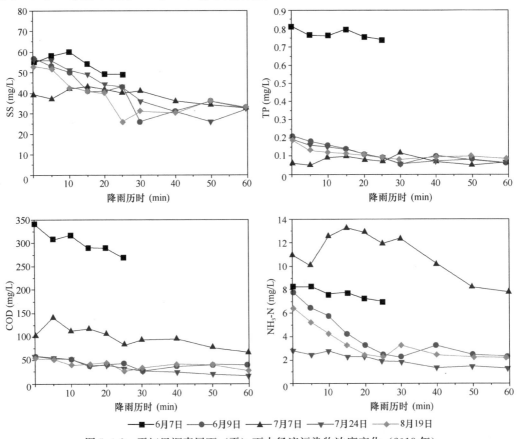

图 5.4-2　平江里沥青屋面（平）雨水径流污染物浓度变化（2018 年）

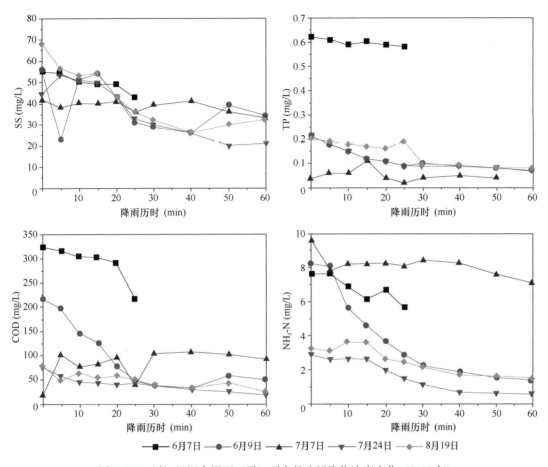

图 5.4-3　川江里沥青屋面（平）雨水径流污染物浓度变化（2018 年）

　　由图 5.4-2、图 5.4-3 可知，在不同降雨场次中，沥青屋面（斜）雨水径流初始 TP 浓度大小为 6 月 7 日＞7 月 24 日＞5 月 15 日≈8 月 19 日≈6 月 9 日＞7 月 7 日。通过 TP 浓度随时间的变化可看出，各采样点的 TP 浓度在降雨过程中都随着时间变化越来越低。6 月 7 日雨水径流中 TP 浓度明显高于其他场次的雨水径流，说明 TP 浓度受雨前晴天天数的影响较大，雨前晴天天数越长，雨水径流中 TP 浓度越大。由于 TP 在地面的累积量不高，在降雨时通过冲刷效应进入雨水径流中的量不稳定，导致雨水径流中的浓度有一定的波动，但其 TP 浓度可达到地表水 V 类水质标准，其中 7 月 7 日的降雨后期，径流中 TP 浓度低于 0.02mg/L。在不同降雨场次中，沥青屋面（平）雨水径流初始 COD_{Cr} 浓度大小为 6 月 7 日＞6 月 9 日＞7 月 7 日＞8 月 19 日＞7 月 24 日，雨水径流的初始 COD_{Cr} 浓度随着降雨场次的增加整体呈现下降趋势，说明沥青屋面（平）径流的 COD_{Cr} 浓度受屋面积累污染物的影响较大。通过 COD_{Cr} 浓度随时间的变化可看出，不同采样点的 COD_{Cr} 浓度在降雨过程中都随着时间变化而下降，但雨水径流中 COD_{Cr} 浓度有一定的波动，说明在下垫面洁净程度较高时，COD_{Cr} 浓度受大气污染的影响较大。其中 6 月 9 日降雨和 7 月 24 日降雨的初期 COD_{Cr} 浓度随时间变化的下降速度较快，原因为这两次降雨的初始降雨强度都较大，在降雨初期对地面累积的污染物的冲刷效果最为明显，因此在降雨初期雨水流的COD$_{Cr}$浓度随时间下降较快。在不同降雨场次中，沥青屋面（平）雨水径流初始NH$_3$-N浓度大小为7月7日＞6月7日＞6月9日＞7月24日＞8月19日。通过NH$_3$-N浓度随时间的变化可看出，雨水径流形成的初期污染物浓度下降迅速，雨水径流的后期渐渐趋于稳定。其中7月7日降雨的NH$_3$-N浓度随时间下降速度较慢，原因为此次降雨的降雨强度较低，冲刷效果不明显，其他场次的雨水径流NH$_3$-N浓度在降雨初期下降速度较快，说明沥青屋面（平）的雨水径流中NH$_3$-N更易被冲刷。

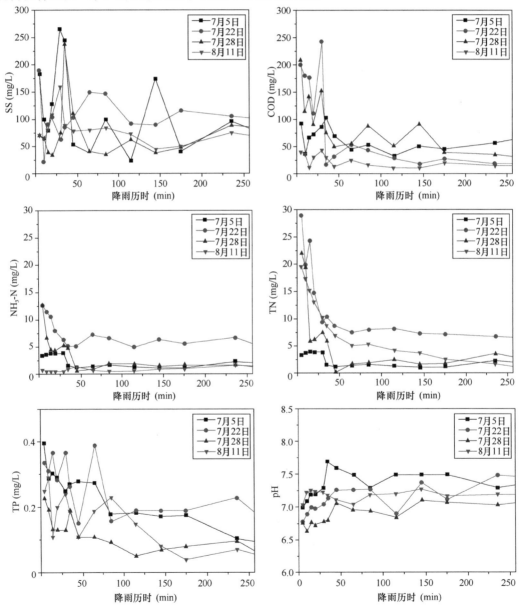

图5.4-4 油毡屋面雨水径流污染物浓度随降雨历时变化情况（2019年）

由图 5.4-4 可知，不同场次降雨事件中，油毡屋面雨水径流 SS 和 COD 变化规律相似。径流形成初期 SS 和 COD 浓度较高，主要是由于初期雨水径流冲刷落水管附着污染物所致，随着径流量的增加，其浓度经短暂下降后迅速升高，到达峰值后逐渐降低，最后趋于稳定，SS 和 COD 均在径流形成 30～40min 时达到顶峰。7 月 22 日雨水径流污染物浓度稳定后 SS 明显高于其他场次降雨，主要原因可能为本场次降雨的降雨强度和降雨量较其他场次大，对屋面颗粒污染物冲刷能力较强，同时 7 月 22 日雨水径流形成初期 COD 浓度明显高于其他场次，主要是由于前期晴天数较长，下垫面沉积污染物较多。8 月 11 日雨水径流污染物浓度稳定后 SS 和 COD 浓度较低，原因可能为屋面累积的污染物经 7 月份多次降雨冲刷，积累量较小。

油毡屋面雨水径流 NH₃-N 和 TN 浓度随降雨历时变化规律基本类似，即在雨水径流前期污染物浓度最高，随着径流量增加 NH₃-N 和 TN 浓度逐渐下降最后趋于稳定，主要是由于 N 营养盐多以溶解态的形式存在，较易被溶解冲刷进入径流雨水。NH₃-N 和 TN 浓度均在径流形成 60min 左右时趋于稳定。7 月 22 日雨水径流 NH₃-N 和 TN 浓度明显高于其他场次降雨。油毡屋面雨水径流形成初期 TP 污染程度为 7 月 22 日＞7 月 5 日＞8 月 11 日＞7 月 28 日，TP 主要来自下垫面污染物冲刷，因此其浓度与前期晴天数呈正相关关系。同时，不同于 N 营养盐，P 营养盐在雨水径流中主要以颗粒态的形式输出，颗粒污染物冲刷受降雨强度影响较大，因此降雨强度越大（7 月 22 日），雨水径流初始 TP 浓度越大。油毡屋面雨水径流中 TP 浓度随降雨历时呈总体下降趋势，但波动性较大，主要是由于降雨强度的波动变化影响颗粒态 P 的冲刷效果，造成 TP 浓度呈现一定波动性。

瓦屋面不同场次雨水径流中污染物随降雨历时变化情况如图 5.4-5 所示。随着雨水径流量和降雨历时的增加，SS 和 COD（除 7 月 22 日）浓度升高至峰值后开始下降，最终趋于相对稳定值。SS 浓度在径流形成后 30～50min 达到峰值，COD 浓度在径流形成后 20～50min 达到峰值，可见瓦屋面雨水径流中 SS 和 COD 也存在一定的相关性，且均存在较明显的初期冲刷现象。不同场次降雨瓦屋面雨水径流形成初期 SS 污染程度为 7 月 5 日 ＞7 月 22 日≈7 月 28 日≈8 月 11 日。7 月 28 日降雨后期 SS 浓度较低，推测为前期晴天数（6d）较少，地表污染物积累量较少。7 月 5 日雨水径流中的 SS 浓度在所有降雨场次中较大，主要由于此次降雨事件瓦屋面雨水径流雨水冲刷了大量春季累积的污染物。瓦屋面雨水径流形成初期 COD 浓度在 7 月 22 日大于 7 月 5 日，而降雨事件后期则呈现相反的趋势，由于雨水径流中大部分 COD 附着于颗粒物，7 月 22 日降雨强度较大，对颗粒物的冲刷较为充分，而 7 月 5 日降雨事件强度较小，对地表沉积污染物的冲刷需要较长的时间。7 月 22 日降雨和 7 月 28 日降雨的径流形成初期 COD 浓度随降雨历时下降速度较快，原因为这两次降雨的初始降雨强度都较大，在降雨初期对地面累积的污染物的冲刷效果最为明显。

瓦屋面雨水径流中 NH₃-N 和 TN 浓度随降雨历时的变化规律高度一致。7 月 5 日降雨事件中 NH₃-N 和 TN 浓度先快速上升至峰值后迅速下降并趋于稳定，而其他场次降雨事件中 NH₃-N 和 TN 浓度峰值均出现在雨水径流形成伊始，然后随径流的冲刷快速下降，主要原因是 7 月 5 日降雨强度较小，仅为 0.002mm/min，对 N 营养盐的冲刷效果不

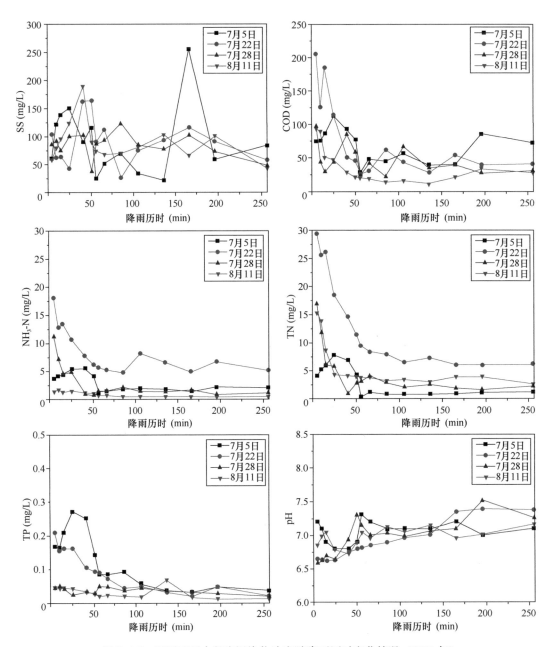

图 5.4-5　瓦屋面雨水径流污染物浓度随降雨历时变化情况（2019 年）

佳。各场次降雨 NH₃-N 和 TN 浓度均在 50min 后趋于稳定。瓦屋面雨水径流形成初期
NH₃-N 污染程度为 7 月 22 日＞7 月 28 日＞7 月 5 日＞8 月 11 日。其中 7 月 22 日和 7 月
28 日降雨的 NH₃-N 浓度随时间下降速度较快，是由于降雨强度较大，初期冲刷效果明
显。同时，除 7 月 5 日降雨事件外，其他场次降雨 TN 初期冲刷效果较为显著，与 NH₃-
N 浓度变化趋势相似；8 月 11 日降雨事件径流形成初期 NH₃-N 和 TN 浓度与其变化情况

出现较大差异，可能为瓦屋面中瓦片孔隙含 N 污染物被冲刷析出导致。由于瓦屋面粗糙度小于油毡屋面，颗粒污染物较易冲刷进入径流，因此各场次雨水径流中 TP 浓度波动较小，除 7 月 5 日外其他场次均在降雨初期达到峰值后逐渐降低趋于稳定。瓦屋面 7 月 5 日雨水径流形成初期 TP 浓度明显高于其他场次降雨，说明瓦屋面 TP 浓度受雨前晴天天数的影响更大，雨前晴天天数越长，雨水径流中 TP 浓度越大。由于 TP 在屋面的污染物累积量较低，TP 浓度趋于稳定后基本可达到地表水 Ⅴ 类水质标准（0.4mg/L），其中 8 月 11 日的降雨后期，径流中 TP 浓度低于 0.02mg/L，优于地表水 Ⅳ 类水质标准。

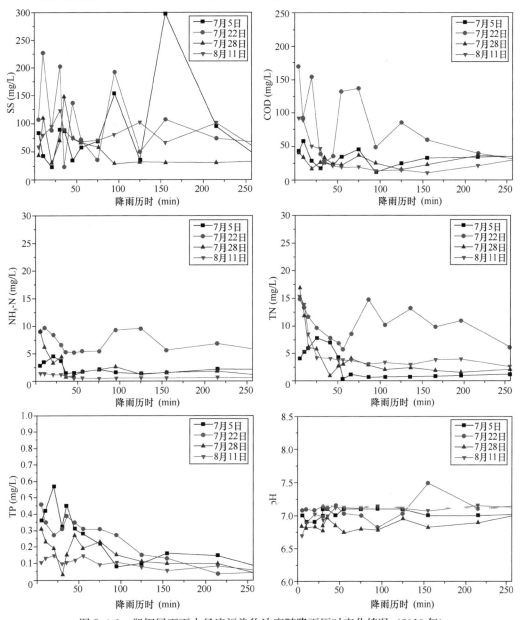

图 5.4-6　塑钢屋面雨水径流污染物浓度随降雨历时变化情况（2019 年）

由图 5.4-6 可知，7 月 22 日塑钢屋面雨水径流中 SS 浓度在 0～125min 内变化幅度很大，后期逐渐稳定，其主要受降雨强度影响。而 7 月 5 日径流中 SS 浓度在 75min 后变化幅度开始增大，前期较稳定，原因可能为前期积累污染物在较小降雨下，结合塑钢屋面的高冲刷系数导致。7 月 28 日径流中 SS 含量最低，原因可能为前期降雨的强力冲刷。而塑钢屋面雨水径流中 COD 浓度只有 7 月 22 日场次中变化幅度较大，其他场次径流中 50min 后 COD 浓度基本保持稳定，末期在 30mg/L 以上。8 月 11 日的径流中 SS 和 COD 含量皆有上升，其中 8 月 11 日径流中 COD 含量仅低于 7 月 22 日，一方面原因为前期晴天数多达 14d，另一方面可能为塑钢屋面材质易被冲刷。

塑钢屋面雨水径流中 NH_3-N、TN 浓度相对偏低，其中径流 NH_3-N 含量都在 10mg/L 以下，TN 浓度则基本在 15mg/L 以下，原因可能为塑钢屋面累积污染物重要来源只有空气污染物的干湿沉降。其中 7 月 22 日径流 TN 含量变化与 NH_3-N 浓度的变化趋势相似，前 50min 浓度迅速下降，中期有波动上涨趋势，200min 后继续下降，原因可能为塑钢屋面在强降雨下微小污染物被冲刷进入径流；而 8 月 11 日径流中 TN 含量的变化与 COD 浓度变化相似，原因可能为空气中污染物的干湿沉降，降雨冲刷更多的溶解性载体融入径流。在不同降雨场次中，塑钢屋面雨水径流初期 TP 浓度大小为 7 月 5 日＞7 月 22 日＞7 月 28 日≈8 月 11 日，在降雨强度的基础上，分析冲刷过程中塑钢屋面更低的粗糙度促进颗粒物的迁移。整体而言，塑钢屋面雨水径流中 TP 浓度在前 50min 变化趋势较大，有初期冲刷现象，中后期迅速下降至较低含量，基本符合地表水 IV 类水质标准。

2. 道路雨水径流污染物

2018 年的 6 月 7 日、6 月 9 日、7 月 7 日、7 月 24 日和 8 月 19 日 5 场不同降雨强度的老旧小区路面（沥青道路）径流水质检测数据如图 5.4-7 所示，在不同降雨场次中，小区路面雨水径流初始 SS 浓度和 TP 浓度的整体变化趋势均随时间逐渐下降，在降雨后期渐渐趋于稳定，但其下降过程中污染物浓度有类似的波动，说明路面雨水径流中 SS 浓度和 TP 浓度可能有一定的相关性。而在降雨后期，各污染物浓度仍较高，说明路面雨水径流的冲刷效应较差，在降雨过程中，仍不断有非路面累积的污染物进入路面从而进入径流中，受人类活动影响较大。小区路面雨水径流 COD_{Cr} 浓度和 NH_3-N 浓度随时间的变化，呈现下降趋势。其中 6 月 7 日场次的降雨历时较短，径流时间短，收集水样较少，但下行趋势较为明显；其余四场降雨中，路面雨水径流的 COD_{Cr} 浓度在 120min 内迅速下降，而后下降趋势渐缓，逐渐趋于稳定；NH_3-N 浓度在 60min 内迅速下降，而后下降趋势逐渐趋于稳定。老旧小区屋面雨水径流污染监测发现，屋面雨水径流水质中 SS、COD_{Cr}、NH_3-N、TP 浓度分别介于 10～50mg/L、10～320mg/L、0～10mg/L、0～1mg/L，而到降雨末期径流水质的 SS、COD_{Cr}、NH_3-N、TP 浓度分别稳定在 10～20mg/L、10～20mg/L、0～2mg/L、0～0.1mg/L。雨水径流水质受降雨特性影响较大，在降雨初期雨水径流水质较差，随着降雨的持续进行，径流污染物浓度随时间迅速降低，雨水水质逐渐改善。在最大降雨强度的降雨时刻，污染物浓度均出现迅速下降的现象，说明污染物冲刷效果受降雨强度的影响，随后污染物浓度随时间变化呈现稳定趋势。

2019 年 7 月 5 日、7 月 22 日、7 月 28 日和 8 月 11 日 4 场不同降雨强度的小区路面

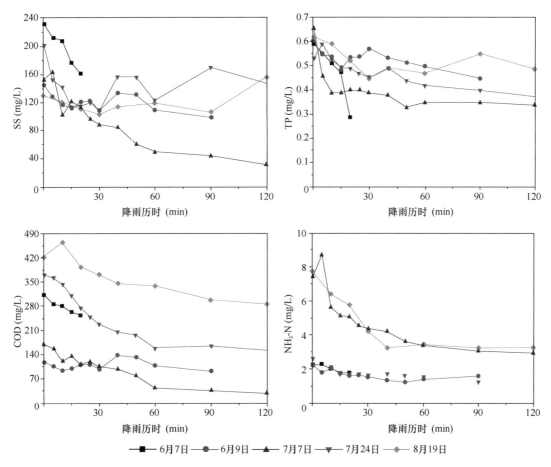

图 5.4-7　小区路面（沥青道路）雨水径流污染物浓度随降雨历时变化情况（2018 年）

（沥青道路）雨水径流水质监测数据由图 5.4-8 所示，在不同降雨场次中，沥青道路雨水径流初期 SS 浓度依次为 7 月 22 日＞7 月 5 日＞7 月 28 日＞8 月 11 日，同时在前 50min 浓度有明显波动上涨趋势，50min 后径流浓度保持较稳定的下降，原因可能为前期汇流中各种杂乱污染物的汇入，而后期的下降过程出现的波动也与此有关。SS 主要受到径流中颗粒物影响，但径流中 COD 浓度进一步受到颗粒物及其携带物、溶解性污染物等多种影响，因此在前 150min 的径流中除 8 月 11 日场次，COD 浓度一直在上下波动。分析 8 月 11 日径流中 COD 较稳定的原因可能为前期积累污染物较少。

　　沥青路面雨水径流 NH₃-N、TN 浓度随时间的变化呈现下降趋势，但波动较大。其中 7 月 5 日和 7 月 22 日场次下行趋势较为剧烈，受前期积累污染物和降雨强度影响，但 7 月 28 日的降雨曲线在后期出现增长，表明降雨强度对 NH₃-N、TN 污染物的去除影响更大。路面雨水径流的 NH₃-N 浓度在 75min 后逐渐趋于稳定，而 TN 浓度基本在 50～150min 内保持相对稳定，在 150～200min 仍有下降，直到 200min 后才基本稳定，表明降雨历时越长对 TN 类污染物的冲刷效果更好。同时降雨后期各场次的 TN 含量仍较高，超

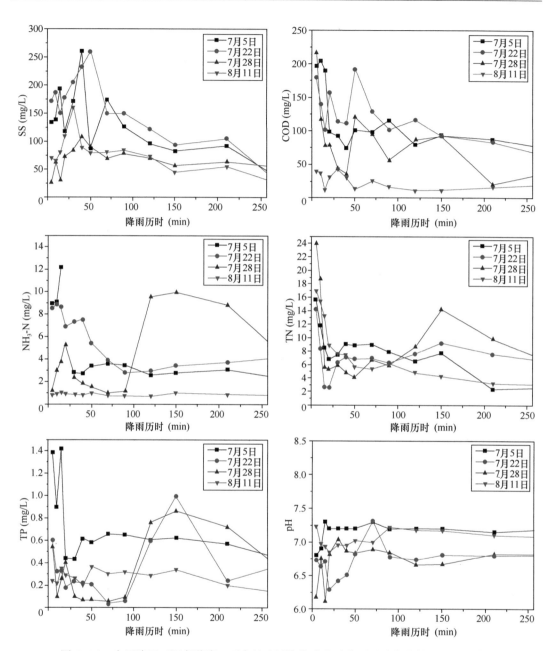

图 5.4-8 小区路面（沥青道路）雨水径流污染物浓度随降雨历时变化情况（2019 年）

过地表水Ⅳ类水质标准（2mg/L）。

　　7 月 5 日沥青道路径流初期 TP 浓度最高，次之为 7 月 22 日和 7 月 28 日，但经过 0~50min 的迅速下降过程后，7 月 22 日和 7 月 28 日径流中 TP 浓度出现迅速增加现象，原因可能为在累积污染物被冲刷后，强降雨冲刷路面，造成周围污染源大量汇入。经过前面 3 场降雨的冲刷，8 月 11 日径流中 TP 浓度在后期基本符合地表水Ⅳ类水质标准。而不同降雨场次中前 50min pH 波动较大，在后期基本稳定在 7 左右。

因：小区透水铺装道路（天津祺林园小区）透水性较好，在 2019 年不同场次降雨中收集到路面雨水径流水样较少，因此未给出透水铺装路面雨水径流污染物浓度随降雨历时变化数据图。

3. 城市不同下垫面雨水径流水质特征分析

2018 年 5 场降雨事件不同下垫面场次降雨污染物平均浓度（EMC）分析结果见表 5.4-1。对比 5 场降雨事件数据可知 SS 和 COD 是雨水径流中主要污染物，其平均值均超《地表水环境质量标准》GB 3838—2002 V 类标准值，同时路面雨水径流污染大于平屋面和斜屋面。其中 6 月 9 日降雨事件不同下垫面各污染物浓度严重超过地表水 V 类水质标准，7 月 23 日降雨事件中斜屋面 EMC 值皆达到并优于地表水 V 类水质标准。结合降雨特征，表明径流污染物 EMC 值主要受前期干旱天数影响，其次受降雨强度、降雨量等影响。而 8 月 19 日降雨事件中，屋面各污染物 EMC 值对比 7 月 23 日降雨事件呈现下降趋势，主要原因是雨季冲刷导致稀释作用逐渐占主导地位，但小区路面中的 SS、COD 浓度略有升高，可能是人类活动影响的结果。

2018 年老旧小区不同下垫面雨水径流的 EMC 平均值（mg/L）　表 5.4-1

降雨场次	类型	SS	COD	NH$_3$-N	TP
6 月 7 日	沥青屋面（斜）	60.81	193.97	2.54	0.72
	沥青屋面（平）	59.89	332.25	8.10	0.76
	小区沥青路面	183.00	267.30	1.92	0.44
6 月 9 日	沥青屋面（斜）	58.84	187.73	2.44	0.46
	沥青屋面（平）	96.55	224.61	4.73	0.54
	小区沥青路面	193.14	276.65	5.02	0.69
7 月 7 日	沥青屋面（斜）	28.48	33.64	3.24	0.21
	沥青屋面（平）	31.32	45.07	3.68	0.44
	小区沥青路面	105.73	79.72	5.51	0.23
7 月 23 日	沥青屋面（斜）	33.30	22.67	1.79	0.30
	沥青屋面（平）	30.48	29.89	2.15	0.37
	小区沥青路面	82.47	100.45	2.35	0.37
8 月 19 日	沥青屋面（斜）	31.46	12.67	0.86	0.38
	沥青屋面（平）	29.04	18.09	1.08	0.37
	小区沥青路面	123.49	273.03	3.33	0.48
平均值	沥青屋面（斜）	42.58	90.14	2.17	0.41
	沥青屋面（平）	49.46	129.98	3.95	0.49
	小区沥青路面	167.48	199.43	3.64	0.44
《地表水环境质量标准》GB 3838—2002 V 类标准值		—	40.00	2.00	0.40

6月路面与屋面SS含量对比，屋面SS浓度相对较少，但其他污染物浓度两者接近，表明屋面污染物浓度主要受大气干湿沉降、屋面材料的析出等影响。而对比7、8月屋面和路面各污染物EMC值，路面SS、COD浓度一直保持较高水平，这主要与居民区人类日常活动产生的污染物的比例有关。依次比较6～8月场次雨水径流污染，平屋面氨氮浓度呈递减趋势，说明大气湿沉降是平屋面雨水径流中NH_3-N的主要来源。

对2018年5场降雨事件雨水径流污染物平均浓度进行Pearson相关性分析，结果见表5.4-2。雨水径流污染物中SS和COD、浊度高度相关，SS和TP中等程度相关。表明SS是雨水径流中的主要污染物，可推测其为COD、TP等污染物的重要载体，雨水径流中颗粒物与多种污染物存在一定的相关性。COD和浊度、TP分别为高度、中度相关，NH_3-N与其他污染物的相关性较差，后者明显为相对独立的个体，可能主要是车辆尾部的氮氧化物经大气干湿沉降到下垫面表层。

2018年5场降雨事件中老旧小区下垫面径流污染物相关性　　　　表5.4-2

类型	SS	COD	NH_3-N	TP	浊度
SS	1.00	—	—	—	—
COD	0.79	1.00	—	—	—
NH_3-N	0.49	0.55	1.00	—	—
TP	0.60	0.63	0.47	1.00	—
浊度	0.81	0.70	0.48	0.58	1.00

2019年4场降雨事件不同下垫面场次降雨污染物平均浓度（EMC）分析结果见表5.4-3。4场雨水径流屋面污染物EMC平均值基本全部超过地表水Ⅳ类水质标准，其中NH_3-N和TN浓度均严重超过地表水Ⅳ类水质标准，主要是受干期天数、污染物长期沉积及人类活动的影响。路面雨水径流中SS浓度远高于屋面雨水径流中的SS浓度，主要是路面雨水径流受交通状况和路面清扫频率等人为因素影响较大，雨水冲刷时大量沉积物质进入雨水径流，而受大气沉降的因素影响较低；屋面雨水径流受人类活动干扰较小，污染物主要来自大气沉降。4场降雨计算结果显示，瓦屋面雨水径流的COD浓度平均值对比其他两屋面更高；NH_3-N浓度分别是《地表水环境质量标准》GB 3838—2002 Ⅳ类标准值的1.56倍、1.64倍、1.57倍，TN浓度分别为《地表水环境质量标准》GB 3838—2002 Ⅳ类标准值的1.71倍、2.83倍、2.19倍。结合表5.4-3可知，路面雨水径流中的COD含量较之屋面雨水径流整体偏高，原因可能为人类日常活动产生的污染物对COD载体影响较大。各下垫面NH_3-N、TN浓度虽然均高于地表水Ⅳ类水质标准，但路面雨水径流与屋面雨水径流的污染程度相差较小，表明NH_3-N、TN主要受大气沉降污染物影响。

7月频繁降雨的条件下，8月不同下垫面雨水径流各污染物EMC值部分达到并优于《地表水环境质量标准》GB 3838—2002 Ⅳ类水质标准，其中瓦屋面雨水径流EMC平均值＞油毡屋面雨水径流EMC平均值＞塑钢屋面雨水径流EMC平均值。结合表5.4-3可知，路面雨水径流的COD浓度超标严重，为《地表水环境质量标准》GB 3838—2002 Ⅳ类标准值的3倍以上，屋面雨水径流污染物浓度轻微超标。对比7月份的各下垫面雨水径流，8月份污染物浓度较低，屋面雨水径流水质较好，易于净化处理再利用。

2019 年海绵城市改造小区不同下垫面雨水径流的 EMC 平均值（mg/L） 表 5.4-3

降雨场次	类型	SS	COD	NH₃-N	TP	TN
7月5日	瓦屋面	88.170	64.296	1.945	0.45	1.977
	塑钢屋面	95.124	32.203	1.791	0.63	2.352
	油毡屋面	71.756	56.87	1.656	0.86	2.328
	沥青道路	108.219	95.270	2.992	0.893	7.764
	透水铺装	97.685	86.315	1.793	0.462	6.53
7月22日	瓦屋面	100.042	34.562	5.632	0.27	5.817
	塑钢屋面	93.702	32.127	6.251	0.4	10.722
	油毡屋面	103.439	21.251	5.336	0.25	6.763
	沥青道路	63.428	76.087	6.991	0.36	3.672
	透水铺装	55.784	65.192	4.672	0.29	2.114
7月28日	瓦屋面	85.476	45.555	1.313	0.34	1.852
	塑钢屋面	47.834	57.556	1.312	0.29	2.221
	油毡屋面	57.634	61.255	1.644	0.16	1.900
	沥青道路	118.082	166.141	2.971	0.092	6.4
	透水铺装	105.311	76.850	1.598	0.17	5.177
8月11日	瓦屋面	69.382	23.718	0.449	0.12	1.593
	塑钢屋面	44.132	11.311	0.515	0.15	1.682
	油毡屋面	69.302	15.118	0.778	0.19	2.132
平均值	瓦屋面	85.768	42.033	2.335	0.3	2.56
	塑钢屋面	70.198	33.299	2.467	0.37	4.244
	油毡屋面	75.533	38.624	2.354	0.37	3.281
	沥青道路	96.576	112.499	4.318	0.448	5.945
	透水铺装	86.261	76.119	2.688	0.308	4.587
《地表水环境质量标准》 GB 3838—2002 Ⅳ类标准值		—	30.00	1.5	0.3	1.5

　　海绵城市改造后路面雨水径流水质改善效果显著，各污染物 EMC 值皆有不同程度的下降。其中 COD、NH₃-N、TP 等下降明显，但是 EMC 平均值只有 TP 勉强符合地表水Ⅳ类水质标准，其余皆需要后期继续处理。其中 SS、COD、NH₃-N、TP、TN 去除率分别为10.68%、32.34%、37.75%、31.25%、22.84%；透水铺装后的 COD、NH₃-N、TN 浓度分别为《地表水环境质量标准》GB 3838—2002 Ⅳ类标准值的 2.54 倍、1.79 倍、3.06 倍。

　　对 2019 年 4 场典型屋面雨水径流污染物 EMC 进行 Pearson 相关性分析，结果见表 5.4-4。雨水径流污染物中 SS 和 TP、COD 相关系数分别为 0.502 和 0.754，由于 SS 是雨水径流中的主要污染物，可推测其为 COD、TP 等污染物的重要载体；NH₃-N 与 TN

密切相关，NH₃-N、TN 与其他污染物相关系数较差，在 0.13～0.35，水中悬浮颗粒的含量可用易于测定的 SS 与浊度表征，因此进行净化实验时可依据检测手段的便利程度进行具体实验工况参数的调整。

2019 年 4 场降雨事件中海绵城市改造小区下垫面径流污染物相关性 表 5.4-4

类型	SS	COD	NH₃-N	TP	TN
SS	1.00	—	—	—	—
COD	0.754	1.00	—	—	—
NH₃-N	0.142	0.350	1.00	—	—
TP	0.502	0.538	0.388	1.00	—
TN	0.134	0.228	0.796	0.303	1.00

选取 2018 年 6 月 9 日（序号 1）和 7 月 23 日（序号 2）降雨事件，应用 Sartor-Boyd 冲刷模型对老旧小区下垫面污染物浓度和累积降雨量进行模拟验证，选取 SS、COD 浓度冲刷拟合曲线结果，结果见图 5.4-9、表 5.4-5。斜屋面和平屋面各污染物冲刷与模型拟合相关性相对小区路面更好，表明在中心城区屋面雨水径流污染物冲刷中使用该模型可以较准确地对初期雨水弃流量进行预估，但小区路面的情况不是很理想，推测其在降雨期间多种污染源的同步汇流导致悬浮物负荷或污染物浓度出现波动，从而不适用该模型模拟。

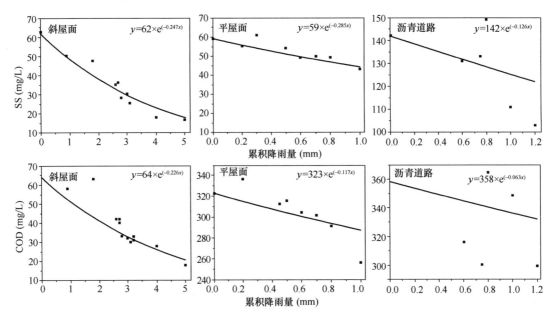

图 5.4-9　2018 年老旧小区典型下垫面 SS 浓度冲刷拟合曲线

斜屋面各污染物冲刷系数在 $0.18\sim0.35\mathrm{mm}^{-1}$，平屋面各污染物冲刷系数在 $0.15\sim0.20\mathrm{mm}^{-1}$，该结果与上海市屋面雨水径流应用时得到的夏季径流冲刷系数（$0.14\mathrm{mm}^{-1}$）接近。7 月 23 日降雨事件中斜屋面和小区路面各污染物冲刷系数总体上高于 6 月 9 日，而在平屋面中则有相反趋势，表明冲刷系数随着降雨强度的增加而增加，而在平屋面易形成的径流深度使冲刷系数降低。平屋面的 $NH_3\text{-}N$ 冲刷系数较高，推测溶解性 $NH_3\text{-}N$ 受到降雨强度和降雨历时的影响，降雨后期促进氨氮污染源的释放，从而对比其他污染物在平屋面更易被冲刷。

2018 年老旧小区典型下垫面冲刷系数   表 5.4-5

类型	污染物	序号	冲刷系数（mm^{-1}）	R^2	平均值（mm^{-1}）
沥青屋面（斜）	SS	1	0.247	0.802	0.353
		2	0.460	0.731	
	COD	1	0.226	0.725	0.263
		2	0.299	0.765	
	$NH_3\text{-}N$	1	0.196	0.682	0.221
		2	0.246	0.785	
	TP	1	0.199	0.757	0.184
		2	0.169	0.698	
沥青屋面（平）	SS	1	0.285	0.645	0.201
		2	0.117	0.794	
	COD	1	0.177	0.636	0.154
		2	0.130	0.769	
	$NH_3\text{-}N$	1	0.232	0.731	0.212
		2	0.191	0.728	
	TP	1	0.206	0.734	0.184
		2	0.161	0.640	
小区沥青路面	SS	1	0.126	0.434	0.128
		2	0.129	0.589	
	COD	1	0.063	0.402	0.083
		2	0.103	0.501	
	$NH_3\text{-}N$	1	0.093	0.450	0.098
		2	0.103	0.597	
	TP	1	0.056	0.583	0.082

选取 2019 年序号为 7 月 22 日（1）和 7 月 28 日（2）降雨事件，应用 Sartor-Boyd 冲刷模型对海绵改造小区下垫面污染物浓度和累积降雨量进行模拟验证，结果见表 5.4-6、表 5.4-7。瓦屋面和塑钢屋面各污染物冲刷与模型拟合相关性相对油毡屋面更好，相关系

数在 0.63～0.76，且屋面雨水径流中主要污染物 SS、COD 浓度冲刷拟合曲线的相关系数均高于 0.69，表明可以应用该模型较准确地模拟屋面雨水径流污染物冲刷效应；但油毡屋面由于在降雨期间受到油毡自身材质析出污染物，导致其径流污染物浓度出现波动，冲刷效应较前两者稍差。

2019 年海绵城市改造小区典型屋面下垫面冲刷系数　　　　　　　　表 5.4-6

类型	污染物	序号	冲刷系数（mm^{-1}）	R^2	平均值（mm^{-1}）
瓦屋面	SS	1	0.434	0.749	0.74
		2	0.249	0.731	
	COD	1	0.457	0.680	0.69
		2	0.826	0.703	
	NH$_3$-N	1	0.258	0.638	0.65
		2	0.094	0.657	
	TN	1	0.682	0.557	0.53
		2	0.014	0.498	
	TP	1	0.227	0.651	0.63
		2	0.201	0.612	
塑钢屋面	SS	1	0.488	0.685	0.73
		2	0.119	0.773	
	COD	1	0.431	0.753	0.76
		2	0.232	0.764	
	NH$_3$-N	1	0.291	0.631	0.63
		2	0.384	0.628	
	TN	1	0.794	0.704	0.67
		2	0.217	0.640	
	TP	1	0.250	0.601	0.62
		2	0.215	0.642	
油毡屋面	SS	1	0.698	0.584	0.57
		2	0.400	0.559	
	COD	1	0.679	0.472	0.50
		2	0.136	0.531	
	NH$_3$-N	1	0.232	0.450	0.42
		2	0.092	0.397	
	TN	1	0.684	0.483	0.44
		2	0.186	0.398	
	TP	1	0.606	0.593	0.59

<table>
<tr><td colspan="6" align="center">2019 年海绵城市改造小区典型路面下垫面冲刷系数</td><td align="right">表 5.4-7</td></tr>
</table>

类型	污染物	序号	冲刷系数（mm^{-1}）	R^2	平均值（mm^{-1}）
沥青道路路面	SS	1	0.122	0.507	0.53
		2	0.134	0.554	
	COD	1	0.105	0.602	0.56
		2	0.057	0.511	
	NH$_3$-N	1	0.063	0.420	0.43
		2	0.051	0.449	
	TN	1	0.035	0.541	0.52
		2	0.023	0.492	
	TP	1	0.084	0.489	0.48
		2	0.018	0.468	
透水铺装道路路面	SS	1	0.135	0.646	0.62
		2	0.129	0.601	
	COD	1	0.112	0.739	0.73
		2	0.093	0.712	
	NH$_3$-N	1	0.02	0.530	0.53
		2	0.024	0.527	
	TN	1	0.048	0.585	0.56
		2	0.035	0.531	
	TP	1	0.058	0.529	0.51
		2	0.043	0.499	

瓦屋面各污染物冲刷系数在 0.014～0.826mm^{-1}，塑钢屋面各污染物冲刷系数在 0.119～0.794mm^{-1}，油毡屋面各污染物冲刷系数在 0.092～0.698mm^{-1}，因此下垫面类型对污染物冲刷效应的影响呈塑钢屋面＞瓦屋面＞油毡屋面；屋面雨水径流污染物冲刷系数还受降雨量的影响，对比 7 月 22 日和 7 月 28 日，7 月 22 日屋面各污染物冲刷系数较高，表明污染物冲刷效应随着降雨量的增大而更加明显。

海绵城市改造前小区沥青道路路面冲刷系数在 0.018～0.134mm^{-1}，改造后小区透水铺装道路路面各污染物冲刷系数在 0.02～0.135mm^{-1}，因此路面污染物冲刷效应基本相似，但是通过分析表 5.4-7 知沥青道路路面各污染物冲刷系数变化较大，而透水铺装道路相对更稳定。原因可能为改造前小区汇流污染源更多，形成径流污染物来源复杂导致。透水铺装道路路面相关系数在 0.53～0.73，表明改造后小区冲刷效应更稳定。

5.4.2 城市不同下垫面雨水径流颗粒污染物特征

1. 屋面雨水径流颗粒污染物特征

如图 5.4-10 所示，塑钢屋面雨水径流中粒径＞100μm 的颗粒物对 COD、浊度和 TP

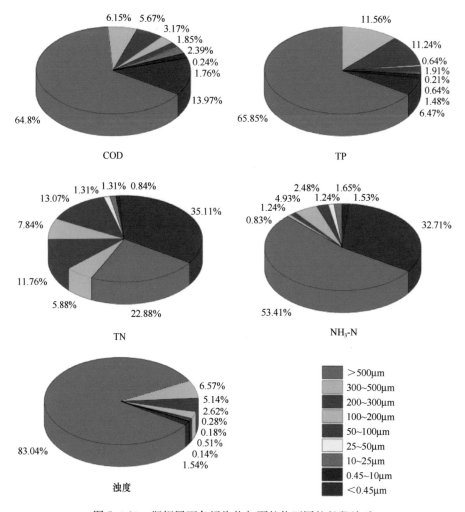

图 5.4-10 塑钢屋面各污染物与颗粒物不同粒径段关系

的贡献超过 90%，其中粒径大于 $500\mu m$ 的颗粒物对浊度的贡献占 83.04%；粒径小于 $0.45\mu m$ 的溶解性颗粒物对 COD、浊度和 TP 贡献率分别为 13.97%、1.54% 和 6.47%，而粒径为 $200\sim300\mu m$、$300\sim500\mu m$ 的颗粒物则对三者的贡献率排序为 TP>浊度>COD，说明虽然这三种污染物绝大部分附着于颗粒物上，与 5.4.1 研究结果（COD、浊度和 TP 与 SS 的相关性）相比 NH_3-N 和 TN 与 SS 的相关性更高。但与颗粒物的相关性中浊度和 TP 优于 COD，说明有一定量的 COD 以溶解态存在。附着于粒径大于 $500\mu m$ 颗粒物和溶解态（<$0.45\mu m$）的 NH_3-N 所占比例分别为 53.41% 和 32.71%，是 NH_3-N 的重要存在形式，研究显示雨水径流中 NH_3-N 主要以溶解态存在，主要是因为大部分场次降雨中颗粒物粒径分布以小粒径和细微粒径为主，粒径大于 $500\mu m$ 的颗粒物难以被冲刷进入径流；而 TN 附着在各个粒径范围颗粒物的比例较均衡，其中粒径大于 $500\mu m$ 和小于 $0.45\mu m$ 的颗粒物负载量较大，分别为 22.88% 和 35.11%；同理，由于大粒径颗粒物

在降雨过程中难以被冲刷,因此实际雨水径流中 TN 的存在形式主要为溶解态(<
$0.45\mu m$)。

瓦屋面雨水径流颗粒污染物特征如图 5.4-11 所示,径流中大于 $50\mu m$ 的颗粒物对
COD、TP 和浊度的贡献率占 90%,其中粒径大于 $500\mu m$ 的颗粒物对浊度、TP、COD 贡
献分别为 75.25%、74.19%、71.55%,而粒径小于 $0.45\mu m$ 的颗粒物对 COD、TP、浊
度的贡献分别为 7.54%、7.74%、1.22%。粒径在 $0.45\sim10\mu m$、$25\sim50\mu m$ 的颗粒物对
二者贡献较低,其他粒径段的颗粒物对二者的贡献比例更均衡,和塑钢屋面比较,粒径偏
小的颗粒物贡献增加。污染物来源的多元化,原因可能为瓦屋面在降雨过程中瓦孔隙中的
大气沉降污染物被冲刷出进入径流。瓦屋面雨水径流中的 NH_3-N 和 TN 粒径分布贡献基
本相似,皆为溶解性颗粒占据主体贡献,分别占 57.25%、39.93%,而粒径大于 $500\mu m$
的颗粒物在 NH_3-N 和 TN 中分别占 12.9% 和 18.13%,与塑钢屋面的状况不同,原因可
能为瓦屋面沉积污染物中的大粒径颗粒物($>500\mu m$)在模拟降雨过程中被冲刷进入径流
的含量较低。

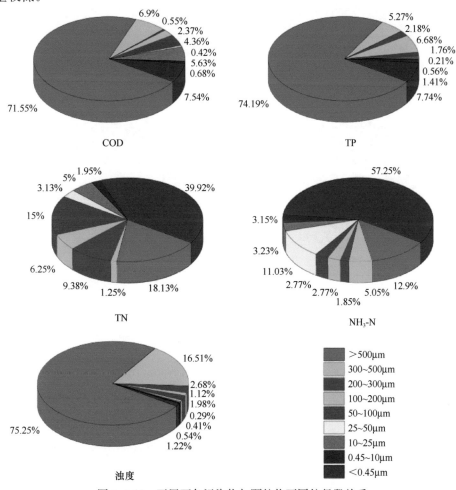

图 5.4-11 瓦屋面各污染物与颗粒物不同粒径段关系

油毡屋面雨水径流颗粒污染物特征如图 5.4-12 所示，径流粒径分布中粒径小于 0.45μm 的颗粒物对 COD 贡献占 9.95%，远超浊度、TP，在 200～300μm 粒径处颗粒物对浊度、TP 贡献率分别为 30.1%、10.37%，表明油毡屋面雨水径流中小颗粒物携带污染物的差异，可能与油毡屋面在雨水径流冲刷下吸附物质与自身老化物质的析出有关。NH₃-N 和 TN 中仍为溶解性物质贡献率占主体，分别为 47.9%、53.87%。油毡屋面雨水径流中粒径大于 500μm 的颗粒物对 NH₃-N 和 TN 贡献分别为 13.51%、9.49%，明显低于其他两屋面雨水径流中的比例，主要原因可能是油毡屋面粗糙度更大，对大粒径颗粒的附着能力更强，导致模拟降雨过程中大粒径的颗粒物进入径流雨水的比例相较瓦屋面和塑钢屋面更小。0.45～500μm 各粒径段颗粒物附着污染物也存在一定差别，NH₃-N 和 TN 主要附着在小粒径（<200μm）颗粒物上。

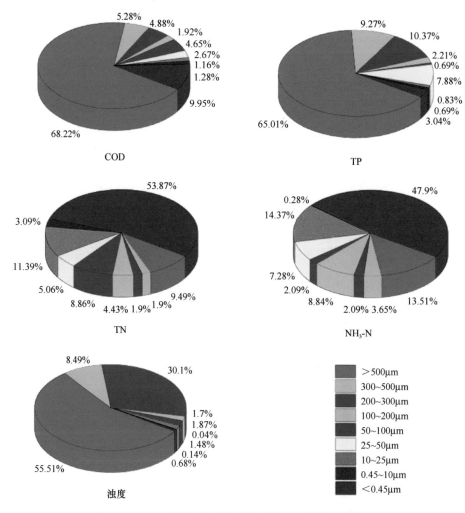

图 5.4-12　油毡屋面各污染物与颗粒物不同粒径段关系

2. 路面雨水径流颗粒污染物特征

沥青道路路面雨水径流中颗粒污染物特征如图 5.4-13 所示，粒径大于 $200\mu m$ 的颗粒物对浊度的贡献率超过 95%，TP 也有将近 90% 附着在大粒径颗粒物上（$200\mu m$），同样，90.7% 的 COD 也附着在粒径大于 $200\mu m$ 的颗粒物上。除去大粒径（$>200\mu m$）颗粒物外，$25\sim50\mu m$ 的颗粒物对浊度贡献率较高，而溶解态（$<0.45\mu m$）COD 和 TP 较浊度占比更高。在沥青道路模拟径流中粒径大于 $500\mu m$ 的颗粒物对 NH_3-N 和 TN 的贡献率超过 55%。溶解态 NH_3-N 的占比（21.63%）明显高于溶解态 TN 的（6.47%），原因可能为沥青道路沉积污染物与人类活动关系较密切，人类活动（垃圾堆放等）产生的污染物携带了大量的 N 营养盐，导致颗粒态 NH_3-N 和 TN 占比较高，同时本研究模拟降雨前期干期时间较长，含氮有机物分解释放 NH_3-N 导致溶解态 NH_3-N 占氮营养盐总量的比例较高。

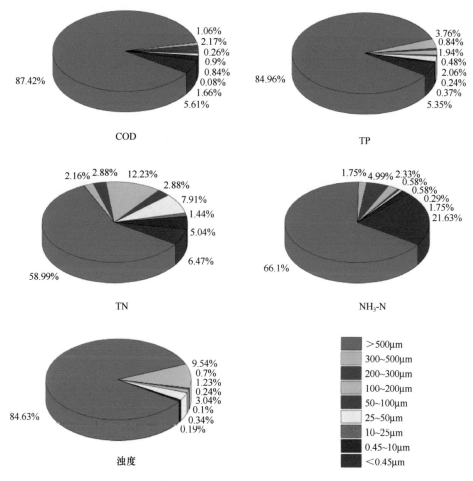

图 5.4-13　沥青道路路面雨水径流颗粒粒径分布与各污染物关系

透水铺装道路路面雨水径流中颗粒污染物特征如图 5.4-14 所示，透水铺装道路大部分的污染物附着于大粒径颗粒物，94.9% 的浊度、85.7% 的 COD 和 89.7% 的 TP 来源于粒径大于 200μm 的颗粒物，与沥青道路模拟雨水径流颗粒物分布类似，但与沥青道路相比粒径大于 500μm 的颗粒物贡献率降低。结合沥青道路和透水铺装道路路面雨水径流粒径分布（图 5.4-13，图 5.4-14），原因可能为透水铺装道路中粒径大于 500μm 的颗粒物整体占比小于沥青道路，透水铺装道路表面孔隙率较大，对大粒径颗粒物有一定截留，不易冲刷进入雨水径流。溶解性 COD 仍占据较高的比例，整体而言粒径大于 200μm 的颗粒物对三者的贡献率在 80％以上。TN 和 NH₃-N 在透水铺装道路模拟雨水径流中附着于粒径大于 200μm 的颗粒物的比例相近，分别为 75.2％和 77.4％，其中粒径大于 500μm 的颗粒物对 TN 的贡献率超过 NH₃-N。同时从粒径小于 50μm 的细微颗粒物对 TN 和 NH₃-N 贡献率可以看出 TN 与 NH₃-N 载体的区别，与沥青路面类似，NH₃-N 更倾向于以溶解态存在。

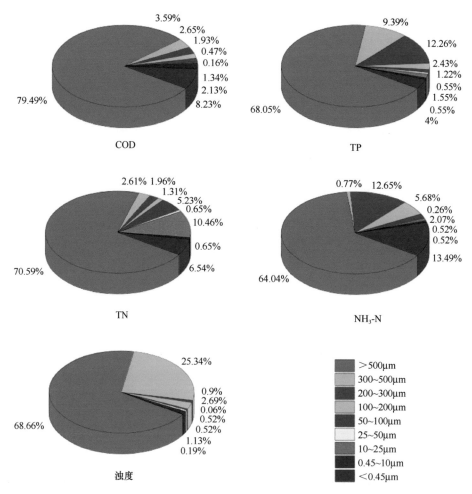

图 5.4-14　透水铺装道路路面雨水径流颗粒粒径分布与各污染物关系

5.5 分 析 与 讨 论

SS 和 COD 是雨水径流中的主要污染物，雨水径流污染程度与下垫面密切相关，路面雨水径流污染程度显著高于屋面。SS 是雨水径流中污染物的主要载体，与 COD、浊度和 TP 相关度较高。径流污染物 EMC 值受前期干旱天数影响最大，其次受降雨强度、降雨量等影响。雨水径流污染物初期冲刷效应强度也受下垫面类型和材质的影响，一般规律为屋面＞路面。可根据不同下垫面冲刷规律，通过对不同下垫面初期雨水进行截留或处理，达到污染物总量削减的目的，具体截留量可参照不同下垫面的初期冲刷规律。

屋面雨水径流中粒径大于 $50\mu m$ 的颗粒物对浊度、TP、COD 的贡献可达到 85％以上；粒径小于 $0.45\mu m$ 的颗粒物对三者的贡献较小。NH_3-N、TN 与粒径小于 0.45m 的颗粒物相关性较好，多呈溶解态。沥青道路和透水铺装道路模拟径流中粒径大于 $200\mu m$ 的颗粒物对 COD、TP、浊度贡献超过 80％，同时对 NH_3-N、TN 的贡献超过 70％。

建议：本调查对中心城区雨水径流的监测研究时间跨度较短，后续可对中心城区不同功能区、其他下垫面和海绵城市设施等进行更长时间跨度的规律性检测与研究，以探究雨水径流中溶解性、颗粒性等污染物间的迁移变化趋势。

第6章 天津市某高校内不同下垫面及周边路面雨水径流污染调查

6.1 调查目的

随着城市建设的快速发展，城市雨水径流引起的水环境问题已成为当前城市发展的关键影响因素。对不同下垫面雨水径流污染情况进行调查研究可为雨水径流污染治理、雨水资源的循环利用提供数据支持。

6.2 实施调查单位/人员及调查时间

实施调查单位/人员：

天津理工大学：金星龙、汪志荣、高晶、张肖、高玉婵、武珂超；

天津市政工程设计研究总院有限公司：赵乐军、宋现财、李喆；

实施调查时间：2017年5月~2019年4月。

6.3 调查方法

6.3.1 样品采集概况

1. 采样区域及具体地点

本次调查选取天津理工大学某教学楼屋面、某报告厅屋面、津涞公路三个采样点四类下垫面，分别是沥青屋面、水泥屋面、SBS改性沥青屋面和沥青道路。屋面雨水径流在排水管处进行样品收集，津涞公路选择车流量较大的公交站处、教师公寓处等三个地点进行样品收集。各采样点设置情况及周围概况如表6.3-1和图6.3-1所示，其中水泥屋面［图6.3-1(c)］和SBS改性沥青屋面［图6.3-1(d)］均种植多种植物，包括黑麦草、八宝景天、万年青等。

各采样点设置情况 表6.3-1

序号	下垫面类型		检测点位
1	屋面	沥青	天津理工大学某报告厅
2		水泥	天津理工大学某教学楼
3		SBS改性沥青	天津理工大学某教学楼
4	道路	沥青	津涞公路

(a)

(b)

(c)

(d)

图 6.3-1 各采样点周围概况

2. 采样时间及降雨情况

降雨基本特征见表 6.3-2。

降雨基本特征 表 6.3-2

采样点	采样时间 （年-月-日）	降雨量 （mm）	降雨强度	降雨前晴天数 （d）
沥青屋面、道路	2017-5-22	20.4	中雨	—
	2017-6-6	9.8	小雨	—
	2017-6-23	38.6	中雨	—
	2017-7-7	103.3	中雨	—
水泥	2018-4-4	6.6	小雨	17
	2018-4-13	13.0	小雨	8
	2018-4-21	51.1	大雨	7
	2018-5-12	70	阵雨	5
	2018-6-9	149.9	中雨	<5
SBS 改性沥青	2018-8-19	—	大雨	<5
	2018-8-30	—	阵雨	10
	2018-10-25	—	小雨	8

续表

采样点	采样时间 (年-月-日)	降雨量 (mm)	降雨强度	降雨前晴天数 (d)
	2018-11-4	—	中雨	9
SBS 改性沥青	2019-3-10	—	小雨	19
	2019-4-24	—	小雨	<5
	2019-4-27	—	阵雨	<5

6.3.2　样品采集方式

降雨开始，雨水形成径流冲刷下垫面，屋面雨水径流由排水管排放至地面，采样点设置于排水管下方；道路径流由下水道排放至城市管网，采样点设置于下水道下方。根据当地降雨特征，即降雨量呈先缓慢增大至最高值后缓慢下降的规律，根据《大气降水样品采集与保存》GB/T 13580.2—1992 所述方法设计样品收集原则，将收集到的水样混合均匀后储存于先后用硝酸、自来水和蒸馏水洗净的 5L 采样瓶里进行保存。表 6.3-3 为各场降雨样品采集情况。

样品采集情况 表 6.3-3

采样点	时间间隔 (min)	体积 (L)
沥青屋面、道路	10/20/30/45/60/90/120/180/	5
水泥	5/10/15/30/30/60(2018-4-4) 15/15/30/30/60/90(2018-4-13、2018-4-21) 5/10/15/30(2018-5-12) 5/10/15/30/45/60(2018-6-9)	5
SBS 改性沥青	5/5/10/10/15/15/30/30/60/60(中雨、大雨) 15/10/5/10/10/15/15/30/30(小雨、阵雨)	5

6.3.3　检测方法

样品收集完成后，迅速运送回实验室进行水质检测，主要检测指标有 pH、电导率、浊度、固体悬浮物、化学需氧量、总磷、总氮、发光菌急性毒性与 SOS/umu 遗传毒性。样品常规指标检测方法依据《水和废水监测分析方法》（第四版）所述步骤进行测定，具体方法、依据标准详见表 6.3-4，样品生物指标检测方法依据文献中所述方法进行测定。

指标检测方法 表 6.3-4

序号	基本项目	检测方法	方法来源
1	pH	pH 玻璃电极法	《实验室 pH 计》GB/T 11165—2005
2	电导率	电极法	《大气降水电导率的测定方法》 GB/T 13580.3—1992

续表

序号	基本项目	检测方法	方法来源
3	浊度	分光光度法	《水质 浊度的测定》GB/T 13200—1991
4	固体悬浮物	重量法	《水质 悬浮物的测定 重量法》GB/T 11901—1989
5	化学需氧量（COD）	快速消解分光光度法	《水质 化学需氧量的测定 快速消解分光光度法》HJ/T 399—2007
6	总磷	钼酸铵分光光度法	《水质 总磷的测定 钼酸铵分光光度法》GB/T 11893—1989
7	总氮	碱性过硫酸钾消解紫外分光光度法	《水质 总氮的测定 碱性过硫酸钾消解紫外分光光度法》HJ 636—2012
8	急性毒性	发光细菌法	《水质 急性毒性的测定 发光细菌法》GB/T 15441—1995
9	遗传毒性	SOS/umu 方法	[13]

6.4 调查数据及分析

6.4.1 天津市不同下垫面雨水径流水质分析

1. 屋面雨水径流水质分析

（1）沥青屋面雨水径流水质分析

沥青屋面雨水径流常规指标检测结果如图 6.4-1 所示，其中（a）～（f）分别为 pH、浊度、SS、TP、TN、COD 随降雨历时变化情况。

结合图 6.4-1 分析可得：

1）由图 6.4-1(a) 可知，六月份降雨的 pH 高于其他日期降雨的 pH，5 月 22 日降雨的 pH 高于 7 月 7 日降雨的 pH，其 pH 的变化范围为 5.6～7.2，随着降雨历时的增加，pH 逐渐趋于 7。可能的原因包括：五月份距上次降雨事件时间间隔大约 2 个月，屋面沉积物较多，污染物被初期雨水冲刷，导致五月份降雨 pH 较低；天津七月份温度较高，经过长时间高温暴晒后，沥青屋面的材质中部分化学物质溶解，使雨水偏酸性。

2）由图 6.4-1(b) 可知，浊度的变化范围为 5～60NTU。其中，5 月 22 日的降雨初期浊度值最高，明显高于后面三场降雨，原因可能是五月份距离上次降雨事件时间间隔较长，屋面污染物沉积较多。从收集降雨的时间来看，雨水的浊度随着降雨历时的增加逐渐减少，最后趋于稳定，其原因可能是初期雨水对沥青屋面的冲刷较大，携带的污染物较多，随着时间的增加，污染物大部分被冲刷干净，因而浊度逐渐减小趋于稳定。七月份雨水的浊度相对较小是由于七月份雨水多，对屋面冲刷程度重，屋面污染物聚集较少。由此可得出，浊度与沥青屋面的污染物浓度相关，污染物浓度受到雨水径流产生的时间、两次降雨事件时间间隔和降雨强度等的影响。

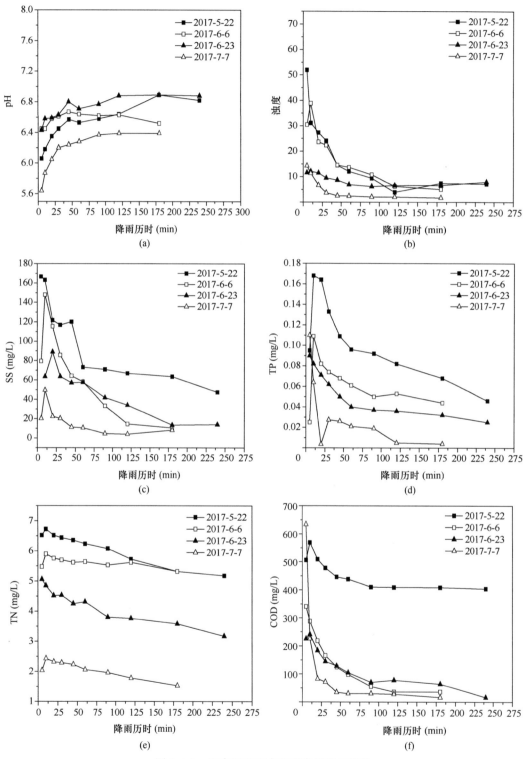

图 6.4-1 沥青屋面雨水径流常规指标变化

3）由图 6.4-1(c) 可知，固体悬浮物的浓度范围在 15～180mg/L，5 月 22 日降雨相对于其他场降雨的悬浮物变化较大，在径流产生 60min 内悬浮物已经降到很低的值，其原因是 5 月份属于春季，降雨量小，对屋面的冲刷力度小，初期雨水携带的污染物较少，固体悬浮物下降缓慢。而七月份属于雨季，降雨频繁且雨量较大，降雨事件时间间隔较小，屋面固体颗粒积累较少，使雨水的固体悬浮物值偏低，并且在初期雨水就到达最低的值。

4）由图 6.4-1(d) 可知，5 月 22 日、6 月 6 日、6 月 23 日和 7 月 7 日总磷的变化范围分别为 0.05～0.18mg/L、0.04～0.12mg/L、0.02～0.10mg/L 和 0.005～0.07mg/L。分析其数据的变化得出总磷的含量在五月份的降雨中比较高，五月份总磷的含量比六月底雨水总磷含量的值高出近一倍。

5）由图 6.4-1(e) 可知，在 5 月 22 日、6 月 6 日、6 月 23 日和 7 月 7 日的降雨中，总氮含量范围在 5～7mg/L、5～6mg/L、3～5.5mg/L 和 1～3mg/L。降雨初期雨水的总氮含量较高，随着降雨时间的增加而减小。七月份降雨中总氮的含量远低于五月份降雨中总氮的含量，可能与 4 场降雨的干旱期长短、降雨量大小、季节及气温等有关。

6）由图 6.4-1(f) 可知，COD 的变化范围是 20～700mg/L。在 5 月 22 日的降雨中，COD 含量范围在 400～680mg/L。6 月 6 日、6 月 23 日和 7 月 7 日 COD 含量范围分别为 50～350mg/L、20～250mg/L 和 30～650mg/L。五月份 COD 含量明显高于六月份、七月份的 COD 含量，其原因是五月份屋面积累的沉降物较多所致。

图 6.4-2 为 4 场降雨的雨水径流过程中不同时间段对发光菌的发光强度抑制结果 EC_{50} 值随时间变化情况。由图可知，随着降雨历时的增加，雨水样品的 EC_{50} 逐渐升高，雨水样品对发光菌的生物毒性逐渐降低；纵向比较可知：五月份、六月份、七月份的雨水样品 EC_{50} 总体呈现上升趋势，七月份雨水样品的 EC_{50} 大于六月份雨水样品的 EC_{50}，也大于五月份雨水样品的 EC_{50}，即雨水样品的毒性在五月份最大，七月份雨水样品的毒性最小，

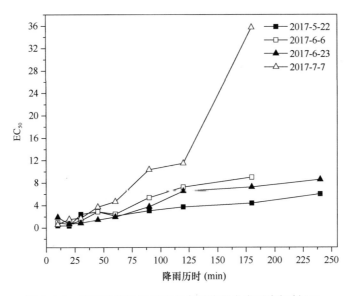

图 6.4-2 不同采样时间屋面雨水径流的发光强度抑制 EC_{50}

其原因可能是六月份、七月份是雨季，降雨频繁且降雨事件时间间隔小，屋面沉降物含量少。

图 6.4-3 为五月份不同采样时间屋面雨水径流的遗传毒性变化研究。由图 6.4-3(a) 可知，随着雨水径流时间的持续，雨水样品的诱导率 I_R 逐渐减小。由图 6.4-3(b) 可知，降雨初期 30min 内雨水样品的 TEQ_{4-NQO} 分别是 160ng/L、269ng/L 和 267ng/L，在 10~20min 内达到最大，在经过降雨初期后，遗传毒性大幅度下降，30~45min 内 TEQ_{4-NQO} 达到了 189ng/L。随着降雨历时的增加，屋面的大部分污染物已经被冲刷，遗传毒性也随之逐渐降低，直至降雨结束达到 21ng/L。屋面雨水样品中的污染物主要来源于下垫面，其大部分污染物主要被初期雨水冲刷，导致初期雨水样品毒性较大，说明雨水样品毒性受到屋面污染物影响较大。

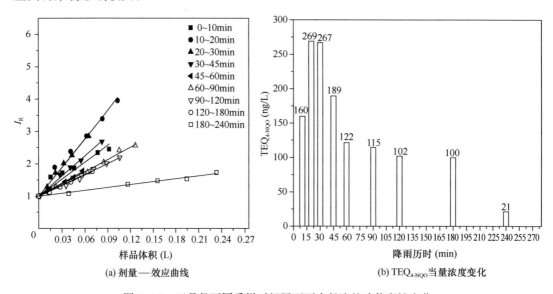

(a) 剂量—效应曲线　　　　　　　　(b) TEQ_{4-NQO}当量浓度变化

图 6.4-3　五月份不同采样时间屋面雨水径流的遗传毒性变化

图 6.4-4 为六月上旬不同采样时间屋面雨水径流的遗传毒性变化。由图 6.4-4(a) 可知，随着雨水径流时间的持续，雨水样品的诱导率 I_R 逐渐减小。由图 6.4-4(b) 可知，降雨初期 30min 内雨水样品的 TEQ_{4-NQO} 分别是 91.14ng/L、287.3ng/L 和 207.5ng/L，在 10~20min 内达到最大，在降雨持续 1h 后，雨水样品的毒性下降到 56ng/L，直至降雨结束达到 16.2ng/L。推测雨水样品的毒性受屋面污染物影响较大，天然降雨的毒性较小甚至没有毒性。

图 6.4-5 为六月下旬不同采样时间屋面雨水径流的遗传毒性变化研究。图 6.4-5(a) 为六月份屋面雨水径流中各时间段雨水样品的遗传毒性剂量—效应曲线。由图可知，在每个时间段内随着雨水样品含量的增加，诱导率 I_R 逐渐增大。但随着雨水径流时间的持续，诱导率 I_R 先增大后减小，在径流产生前 20min 达到最大。与五月份雨水样品毒性数据相比较小，可能是六月份降雨量大，降雨之间的时间间隔较短，污染物的累积量也呈减少趋势。将图 6.4-5(b) 与图 6.4-4(b) 比较，可以得出两场降雨有相似的变化趋势，在降雨

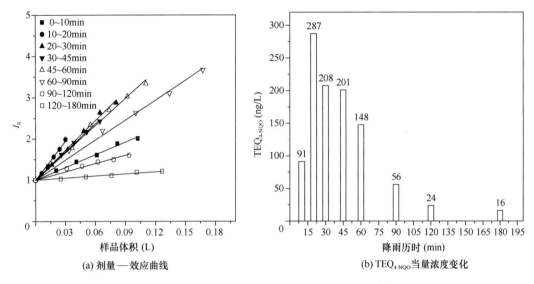

(a) 剂量—效应曲线　　　　　(b) TEQ_4-NQO当量浓度变化

图 6.4-4　六月上旬不同采样时间屋面雨水径流的遗传毒性变化

初期 30min 内达到最大，随之逐渐降低，但六月份该场降雨在 120min 时降雨强度瞬间增大，导致该时间段水样的遗传毒性出现小幅度上升，但仍低于初期水样的毒性，分别为 55.0ng/L（120～180min）、64.7ng/L（180～240min）。

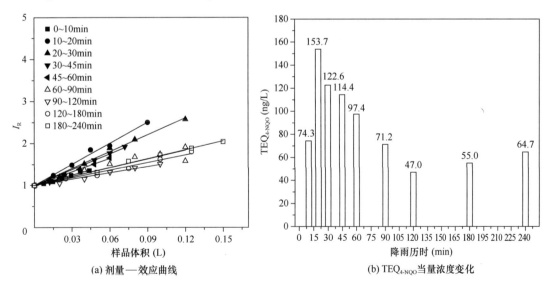

(a) 剂量—效应曲线　　　　　(b) TEQ_4-NQO当量浓度变化

图 6.4-5　六月下旬不同采样时间屋面雨水径流的遗传毒性变化

图 6.4-6 为七月份不同采样时间屋面雨水径流的遗传毒性变化。图 6.4-6（a）为屋面雨水径流中各时间段进行试验后得到的雨水样品遗传毒性剂量—效应曲线，随着雨水径流时间的持续，雨水样品的诱导率 I_R 逐渐减小。由图 6.4-6（b）可知，屋面雨水径流的当量浓度随着降雨历时的增加而逐渐减小，从降雨初期 104.5ng/L 下降为 17.4ng/L。

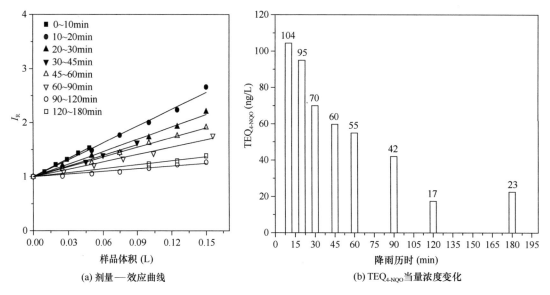

(a) 剂量—效应曲线   (b) TEQ$_{4\text{-NQO}}$当量浓度变化

图 6.4-6 七月份不同采样时间屋面雨水径流的遗传毒性变化

（2）水泥屋面雨水径流水质分析

水泥屋面雨水径流常规指标检测结果如图 6.4-7 所示，其中（a）～（g）分别为 pH、电导率、浊度、SS、TP、TN、COD 随降雨历时变化情况。

结合图分析可得：

1）5 场降雨中，pH 随降雨历时的增加呈小幅度波动但无明显规律，其中 2018 年 4 月 4 日及 2018 年 4 月 13 日两场降雨雨水径流水质 pH 小于 7，偏酸性。而其他 3 场雨水径流偏碱性，原因可能是春季雾霾等环境因素使降雨偏酸性从而导致 4 月份上中旬绿色屋顶雨水径流偏酸性。五场降雨事件中屋面雨水径流水质均符合《地表水环境质量标准》GB 3838—2002 中 pH 范围为 6～9 的要求。

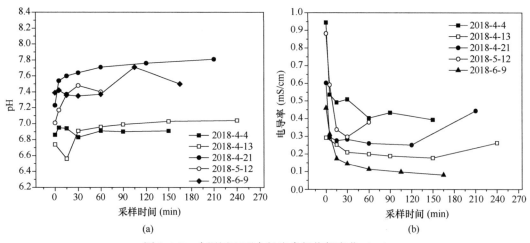

(a)   (b)

图 6.4-7 水泥屋面雨水径流常规指标变化（一）

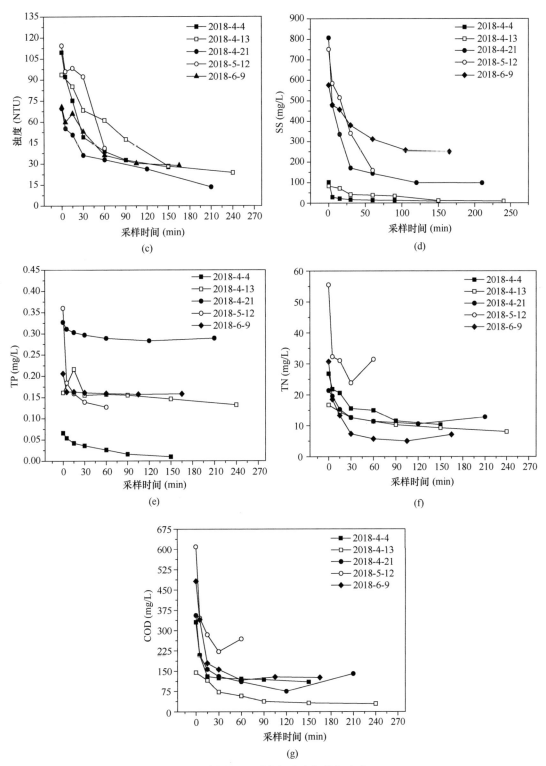

图 6.4-7 水泥屋面雨水径流常规指标变化（二）

2）降雨中，水泥屋面雨水径流中固体悬浮物在径流形成初期达到最大值，随降雨历时的增加 SS 值整体呈下降趋势。虽个别点存在波动但幅度较小，对整体规律影响不大。2018 年 4 月 4 日与 2018 年 4 月 13 日两场降雨期间的 SS 值明显低于其他 3 场，原因可能是降雨量明显小于其他 3 场降雨，致使冲刷的悬浮物较少。

3）电导率的变化规律。5 场降雨中，电导率随降雨历时的增加而减小，在降雨历时达到 60min 后，电导率值趋于平稳。

4）浊度的变化规律。5 场降雨中，降雨初期水样浊度大幅度降低，随降雨历时的增加变化幅度减小，直至趋于稳定。

5）总磷的变化规律。5 场降雨中，降雨期间整体呈现先降低后趋于平稳的规律。根据《地表水环境质量标准》GB 3838—2002，2018 年 4 月 4 日雨水径流水质中总磷实现了从Ⅱ类水质到Ⅰ类水质的转变，2018 年 4 月 13 日径流水质实现了从Ⅳ类水质到Ⅲ类水质的转变，2018 年 4 月 21 日径流水质实现了从Ⅴ类水质到Ⅲ类水质的转变，2018 年 5 月 12 日径流水质实现了从Ⅴ类水质到Ⅲ类水质的转变，2018 年 6 月 9 日径流水质实现了从Ⅳ类水质到Ⅲ类水质的转变。

6）总氮的变化规律。5 场降雨中，降雨期间整体呈现先降低后趋于平稳的规律。5 场降雨的水质总氮含量均高于《地表水环境质量标准》GB 3838—2002 中 2mg/L 的标准。

7）COD 的变化规律。5 场降雨中，降雨初期水样 COD 大幅度降低，随降雨历时的增加变化幅度减小，直至趋于稳定，且 5 场降雨 COD 数值整体高于《地表水环境质量标准》GB 3838—2002 中 40mg/L 的标准。

水泥屋面 2018 年 4 月 4 日、2018 年 5 月 12 日、2018 年 6 月 9 日 3 场降雨期间水质的急性毒性变化如图 6.4-8 所示，整体呈现了随降雨历时的增长锌离子当量浓度随之降低的规律。

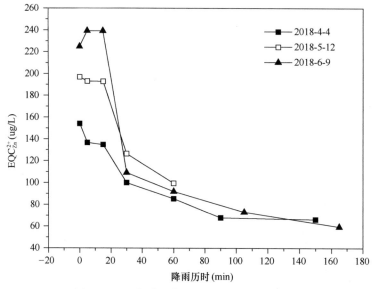

图 6.4-8 3 场降雨期间水质的急性毒性变化

水泥屋面三场降雨期间水质遗传毒性 TEQ_{4-NQO}（ng/L）随时间变化如图 6.4-9 所示，整体呈现了随降雨历时的增加而降低的规律。

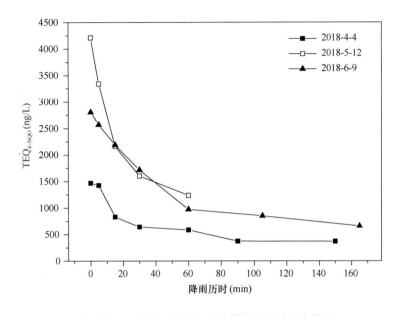

图 6.4-9　3 场降雨期间水质遗传毒性随时间变化图

（3）SBS 屋面雨水径流水质分析

7 场降雨事件中 SBS 屋面雨水径流水质常规指标检测结果如图 6.4-10 所示，其中（a）～（g）分别为 pH、电导率、浊度、SS、TP、TN、COD 随降雨历时变化情况。

由图可得：

1）在 7 场降雨事件中，pH 变化范围分别为 6.05～6.52，5.64～6.45，7.01～8.23，7.82～8.00，7.06～7.74，6.23～6.90，6.86～7.65。径流初期水质呈弱酸性，但随着降

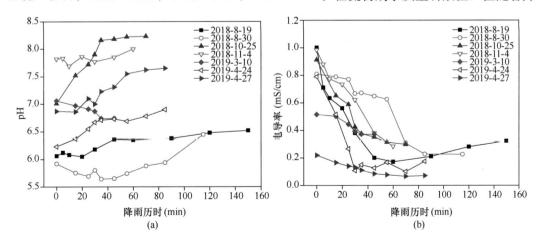

图 6.4-10　SBS 屋面雨水径流常规指标变化（一）

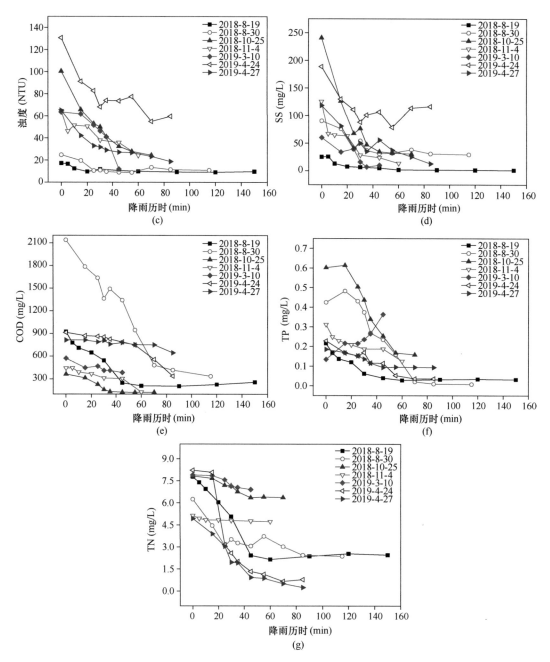

图 6.4-10 SBS屋面雨水径流常规指标变化（二）

雨历时的增加，pH 逐渐增大，并趋于中性。原因可能是降雨过程溶解了空气中的氮氧化物、硫氧化物等酸性气体；另外，SBS 防水材料及其表面附着的固体颗粒中碳氮化合物，在降雨冲刷作用下，随径流排放。

2）电导率整体变化范围为 0.07～1.00mS/cm，且随历时的持续呈现逐渐减小的变化规律。影响雨水径流电导率的原因有很多，如雨水径流中含有带电离子、温度、不同径流的介电常数等，2019 年 4 月 27 日降雨事件中电导率下降趋势平缓，原因可能是降雨强度较小，径流对屋面冲刷作用较小。

3）浊度整体变化范围为 8.82～100.43NTU，且随降雨历时的延长呈现逐渐减小的变化规律。2019 年 4 月 24 日和 4 月 27 日降雨事件中初期径流浊度数值较高，原因是经过长时间的干期，屋面积累了较多的固体颗粒，降雨过程被径流冲刷，增加了径流的浊度。而 2018 年 8 月 19 日和 8 月 30 日的降雨中，浊度数值较小，原因可能是该时期植物长势稳定植物根系牢固，仅少量大气沉降物、土壤被雨水径流冲刷，即径流浊度较小。

4）SBS 屋面雨水径流固体悬浮物浓度变化范围为 1.00～240.75mg/L，2018 年 10 月 25 日初期径流固体悬浮物数值最大，在径流开始 30min 内已降至初始值的 1/4。2018 年 8 月期间正处于天津的雨季，降雨事件频繁，干燥期较短，屋面固体颗粒物较少，导致雨水径流中的固体悬浮物数值较低。2019 年 3 月、4 月经过较长干期，屋面沉积大量灰尘、粉尘等固体颗粒物，因此初期径流 SS 浓度较高。

5）SBS 屋面雨水径流总磷浓度变化范围为 0.010～0.602mg/L，随降雨历时的增加总磷浓度呈现下降趋势，除 2018 年 8 月 30 日和 10 月 25 日外，其他日期降雨中总磷浓度大多符合《地表水环境质量标准》GB 3838—2002 中 IV 类水质标准。2019 年 3 月 10 日，径流中总磷浓度随降雨历时增加而逐渐增大，原因可能是经过长时间干期，屋面沉积大量污染物，且降雨强度较小，径流对污染物的溶解作用大于稀释作用。

6）SBS 屋面雨水径流总氮浓度变化范围为 0.250～7.833mg/L，随降雨历时的增加总氮浓度呈逐渐下降的趋势。2019 年 3 月 10 日降雨中总氮含量相对较高，原因是降雨干期较长，屋面沉积大量污染物；而 2019 年 4 月 27 日降雨事件中径流总氮浓度整体较低，降雨持续 40min 后总磷浓度达到《地表水环境质量标准》GB 3838—2002 中 IV 类水质标准。

7）7 场降雨事件中 COD 变化范围为 122.1～2138.9mg/L，浓度随降雨历时的增加而逐渐减小。2018 年 8 月 30 日径流 COD 浓度明显高于其他 6 场降雨，原因是降雨初期降雨量及降雨强度较大，冲刷作用明显，且历经近半月干期，屋面污染负荷较大。

图 6.4-11 为 2018 年 8 月 19 日（降雨事件 I）和 2018 年 8 月 30 日（降雨事件 II）不同时间段 SBS 屋面雨水径流急性毒性的变化规律。如图 6.4-11 所示，径流中 EC_{50} 随采样时间呈上升趋势。由图 6.4-11(c) 可知，降雨事件 I 中径流产生开始 25min 内 $EQC_{Zn^{2+}}$ 分别为 0.65mg/L、0.49mg/L，随时间的延长，急性毒性逐渐减小，最终降至 0.15mg/L。降雨事件 II 中 $EQC_{Zn^{2+}}$ 整体变化具有相似特征。相较于降雨事件 I 初始径流的 $EQC_{Zn^{2+}}$ （0.85mg/L），降雨事件 II 中 $EQC_{Zn^{2+}}$ （0.39mg/L）明显增大，所含污染物总量较高。这主要是由于降雨事件 II 距离上次取样相隔 11d，污染物在屋面长时间沉积，致使屋面总污染负荷增大，且当日降雨量和降雨强度较高，径流冲刷作用明显，从而导致初始径流污染物浓度较高，急性毒性较大。

图 6.4-12 为 2018 年 8 月 19 日各采样时间段屋面雨水径流遗传毒性变化。由图 6.4-12(a) 可知，样品剂量—效应线性拟合斜率值变化规律表现为先增大后减小，最大为 0.0702。

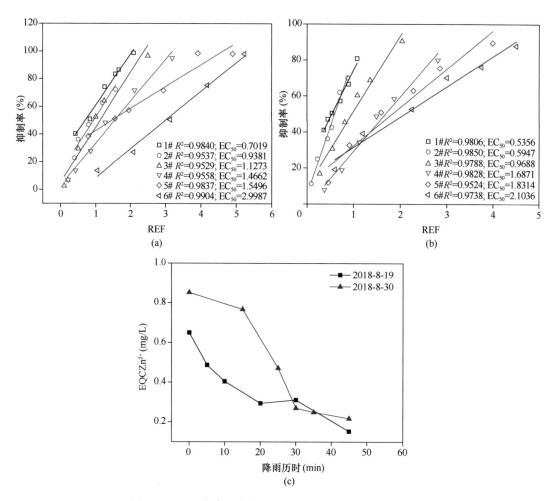

图 6.4-11 两次降雨事件 SBS 屋面雨水径流急性毒性变化

图 6.4-12（b）中显示径流样品在降雨初期 30min 内的 TEQ_{4-NQO} 分别为 555ng/L，613ng/L 和 729 ng/L，25～30min 为最大，后随时间的延长逐渐降低，最小至 298ng/L。原因可能是前期屋顶沉积了大量污染物，同时空气中存在的大量污染物经降雨过程被溶解，且 0～30min 期间径流对总污染物溶解作用占优势，因而遗传毒性表现为逐渐增大的趋势，后期总污染负荷减小，径流对其稀释作用明显，因此 30min 后遗传毒性逐渐减小，45～55min 时降至 298ng/L。

2018 年 8 月 30 日屋面雨水径流过程中遗传毒性的变化趋势如图 6.4-13 所示。由图 6.4-13（a）可知，降雨过程中样品剂量—效应线性拟合斜率变化规律依然先增大后减小，最大值为 0.1701。由图 6.4-13（b）可知，径流产生开始 25min 内 TEQ_{4-NQO} 从 1300ng/L 迅速增大至 1766ng/L，后随降雨时间的延长，屋面大部分污染物被径流冲刷，遗传毒性出现不同幅度的降低，尤其是在 25～30min 内由 1766ng/L 快速降至 1197ng/L，最终减小到 574ng/L。

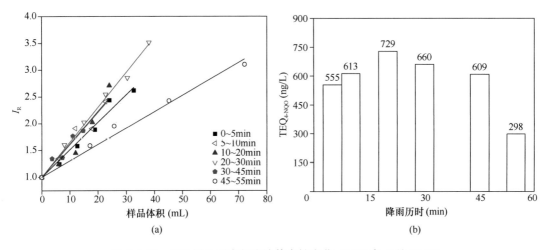

图 6.4-12　SBS 屋面雨水径流遗传毒性变化（2018 年 8 月 19 日）

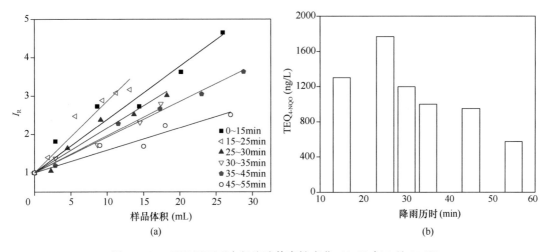

图 6.4-13　SBS 屋面雨水径流遗传毒性变化（2018 年 8 月 30 日）

2. 道路雨水径流水质分析

2017 年 5 月 22 日、6 月 6 日、6 月 23 日、7 月 7 日 4 场降雨中沥青道路雨水径流常规指标检测结果如图 6.4-14 所示，其中（a）～（f）分别为 pH、浊度、SS、TP、TN、COD 随降雨历时变化情况。

由图可得：

1）pH 变化。由图 6.4-14（a）可知，七月份雨水径流的 pH 大于五月份雨水径流的 pH 大于六月份的雨水径流 pH。

2）浊度变化。由图 6.4-14（b）可知，浊度在五月份的数值最高，其次是七月份、六月份，最低为 6 月 6 日的降雨。其原因是 2017 年六月份降雨较频繁，降雨事件时间间隔短，道路污染物积累较少，因而导致六月份浊度较低。

3）悬浮物变化。由图 6.4-14（c）可知，固体悬浮物在降雨持续 30min 后出现明显的

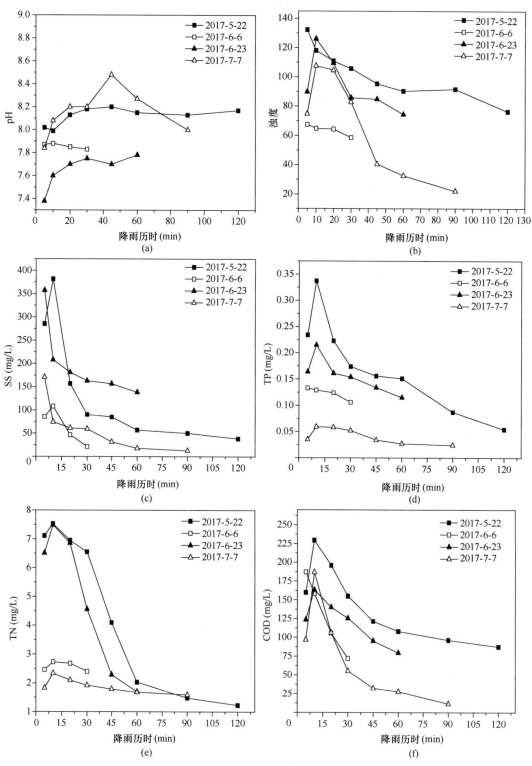

图 6.4-14 沥青道路路面雨水径流常规指标变化

下降趋势，但在前 10min 内含量达到最高。

4）由图 6.4-14（d）可知，在 5 月 22 日和 6 月 23 日两场降雨中总磷的含量相对偏高，七月份总磷的含量低于五月份、六月份，是由于降雨较多且降雨强度大所致。

5）由图 6.4-14（e）可知，五月份的降雨总氮含量高于其他场降雨，七月份的降雨低于其他场降雨，其他两场降雨相差不多。分析数据得出，春季降雨的总氮高于夏季降雨的总氮含量。

6）由图 6.4-14（f）可知，降雨初期 4 场降雨的 COD 含量都比较高，随着降雨历时的增加，COD 含量逐渐降低。其中 7 月 7 日含量高于 6 月 23 日，原因是降雨之前七月份温度高，高气温导致沥青道路表面的化学物质分解挥发，进而导致 COD 含量较高。

图 6.4-15 为不同时间段道路路面雨水径流的雨水样品对发光菌的发光强度抑制结果。由于六月上旬降雨强度较小，道路产生径流需要一定的时间，导致道路径流产生量较少。分析其他 3 场降雨，其变化规律与屋面相似，但道路雨水样品的屋面 EC_{50} 总体略大于屋面雨水样品，因而道路雨水样品对发光菌的抑制率低于屋面雨水样品。

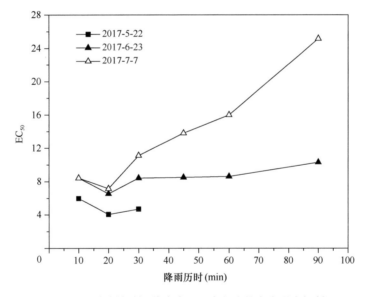

图 6.4-15 不同采样时间道路路面雨水径流的发光强度抑制 EC_{50}

五月份道路各采样时间段雨水径流的毒性变化如图 6.4-16 所示。由图 6.4-16（a）可知，在道路路面雨水径流产生的 30min 内，诱导率 I_R 先增大后减小。由图 6.4-16（b）可知，TEQ_{4-NQO} 先增加后减少，在前 20min 内从 40.1ng/L 大幅升高到 177.6ng/L，20～30min 时间段内从 177.6ng/L 下降到 142.1ng/L。

六月份道路各采样时间段雨水径流的毒性变化如图 6.4-17 所示，由图 6.4-17（a）可知，在 10～20min 内雨水样品的诱导率 I_R 最大，然后随着降雨历时的增加，诱导率 I_R 逐渐减小。如图 6.4-17（b）也呈相似变化趋势，在前 20min 内从 121.0ng/L 升高到 391.3ng/L。随着降雨历时的增加，TEQ_{4-NQO} 逐渐降低至 89.0ng/L。

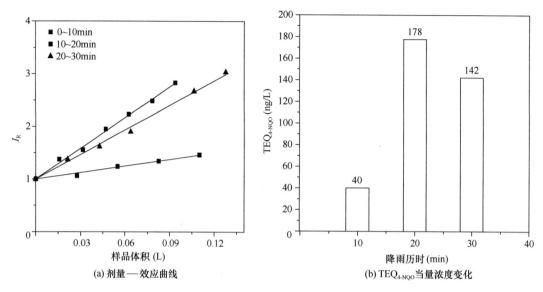

(a) 剂量—效应曲线

(b) TEQ$_{4-NQO}$当量浓度变化

图 6.4-16 五月份不同采样时间道路路面雨水径流的遗传毒性变化

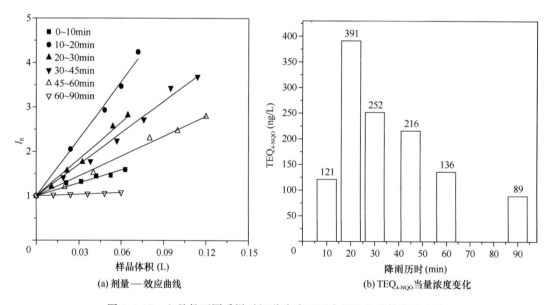

(a) 剂量—效应曲线

(b) TEQ$_{4-NQO}$当量浓度变化

图 6.4-17 六月份不同采样时间道路路面雨水径流的遗传毒性变化

七月份道路各采样时间段雨水径流的毒性变化如图 6.4-18 所示。由图 6.4-18(a) 可知，随着降雨历时的增加，雨水样品的诱导率 I_R 逐渐降低。由图 6.4-18(b) 可知，在 0～10min 内雨水样品的 TEQ$_{4-NQO}$ 最高为 559.2ng/L，在 10～20min 内从 559.2ng/L 大幅度降低至 261.4ng/L，然后随着降雨历时的增加，降雨强度逐渐减小，TEQ$_{4-NQO}$ 也逐渐降低至 12ng/L。图 6.4-13 与图 6.4-18 比较得出，七月份道路雨水样品的遗传毒性高于屋面雨水样品的遗传毒性。

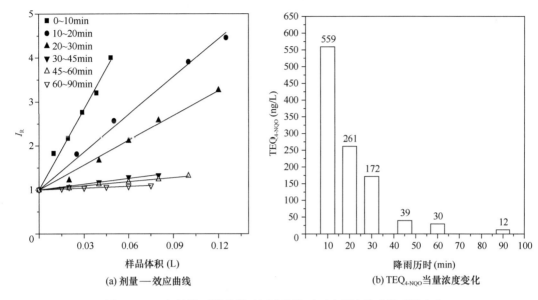

(a) 剂量—效应曲线

(b) TEQ₄-NQO当量浓度变化

图 6.4-18　七月份不同采样时间道路路面雨水径流的遗传毒性变化

6.4.2　城市不同下垫面雨水径流水质安全评价

1. 沥青屋面及道路路面雨水径流水质安全评价

层次分析法是一种定性分析与定量分析相结合的系统分析法,将影响目标层的各个因素,依据一定的联系构建递金字塔式的树状结构,依据已知的数据及专家经验判断同一层次各个影响因素的权重,并用一致性准则检验其准确性,然后在递阶层内依据权重大小排序,评判其对方案层影响的灵敏度,进而做出决策和解决问题的措施。

利用层次分析法,分析评价沥青屋面对雨水径流中雨水水质状况的影响。6个常规项目判断每两个指标间的重要程度依据《地表水环境质量标准》GB 3838—2002中Ⅲ类水质标准为基础的单因子评价法,其相对重要程度是指该指标的污染情况较为严重,因而判断结果显示的权重值越大,说明雨水径流过程中水质状况较差,反之相反。具体评价步骤如下:

(1) 建立层次结构模型

不同下垫面雨水水质污染状况评估由目标层、准则层和方案层3个层次组成。根据已有的文献、现场调查数据及试验数据结果,对每两个指标间进行比较,从而对判断矩阵各项指标进行权重赋值,最终通过YAAHP软件计算得出结果。

目标层(最高层):雨水水质污染状况为目标层,即判断雨水径流中水质各项污染物指标的含量。

准则层(中间层):影响雨水水质的因素,将其分为常规项目指标检测和生物毒性指标检测。

方案层(最底层):选择对污染物产生影响较大的屋面和道路路面的雨水径流。综合以上的分析，依据 YAAHP 软件建立雨水水质污染状况评估的模型，包括 2 个一级指标（准则层 B），8 个二级指标（准则层 C），如图 6.4-19 所示。

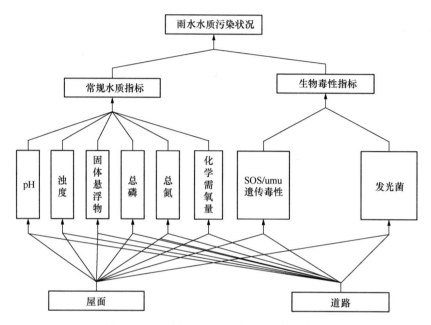

图 6.4-19　雨水水质污染状况层次结构模型

（2）矩阵录入及结果

雨水水质污染状况层次结构的建立完成后，根据检测数据结果分析两两元素之间的相互比较。建立的层次结构的判断矩阵共计 11 个，本节只列出具有代表性的录入矩阵截图（图 6.4-20）、层次结构模型中的 8 个二级指标的判断矩阵的结果导出表格（表 6.4-1）。由表 6.4-1 可知，浊度、固体悬浮物和 COD 三项指标权重比较高，占主要地位；影响雨水径流过程中水质状况的不同下垫面的最终结果显示：道路径流的权重大于屋面雨水径流的权重，因而屋面的雨水水质状况较好（表 6.4-2）。

YAAHP 软件中 8 个二级指标的权重　　　　　　　　　　　　　　表 6.4-1

二级指标	pH	浊度	固体悬浮物	总磷	总氮	COD	权重
pH	1.0000	0.1667	0.2500	0.5000	0.3333	0.2000	0.0199
浊度	6.0000	1.0000	5.0000	2.0000	3.0000	4.0000	0.2059
固体悬浮物	4.0000	0.2000	1.0000	3.0000	2.0000	0.5000	0.0714
总磷	2.0000	0.5000	0.3333	1.0000	0.3333	0.2500	0.0378
总氮	3.0000	0.3333	0.5000	3.0000	1.0000	0.3333	0.0559
COD	5.0000	0.2500	2.0000	4.0000	3.0000	1.0000	0.1091

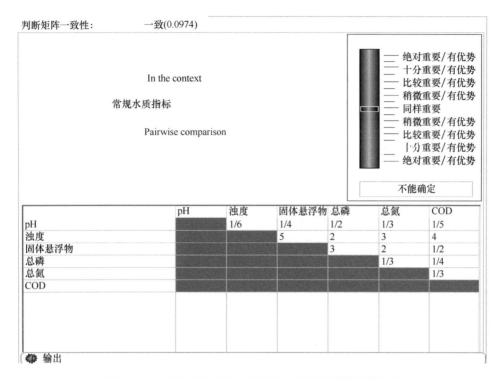

图 6.4-20   YAAHP 软件中目标层—准则层判断矩阵录入

雨水水质安全评价最终结果   表 6.4-2

不同下垫面	权重
屋面	0.3604
道路	0.6396

（3）灵敏度分析

根据灵敏度分析的结果，可知某个二级指标的权重产生变化时，屋面和道路收集的雨水样品的水质变化情况。由表 6.4-1 可知，浊度、COD 和固体悬浮物的权重值较高，因此其污染物浓度在雨水水质中所占比例较大，对水质状况的影响较大。图 6.4-21、图 6.4-22、图 6.4-23 分别为浊度、固体悬浮物和 COD 对雨水水质项目影响的灵敏度分析图。图 6.4-21 和图 6.4-22 中"屋面雨水径流"和"道路径流"未出现粗竖线，表明浊度和固体悬浮物权重变化对"屋面雨水径流"和"道路径流"的影响稳定。图 6.4-23 中出现粗竖线，COD 权重变化对"屋面雨水径流"和"道路径流"产生影响，小于 0.9 时"道路径流"权重值大于"屋面雨水径流"权重；大于 0.9 时 COD 权重变化对"屋面雨水径流"和"道路径流"的影响稳定。

（4）数据结果分析

从数据分析结果得出，道路雨水水质的权重（0.6396）明显大于屋面雨水水质的权重（0.3604），说明道路雨水水质较差，之所以出现这样的结果，主要是因为二级指标浊度

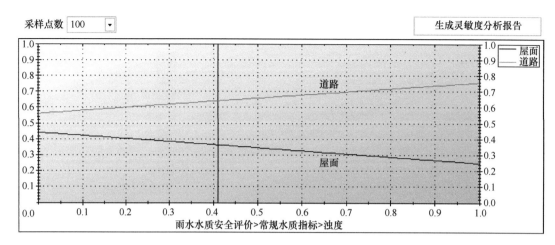

图 6.4-21 浊度的灵敏度分析结果

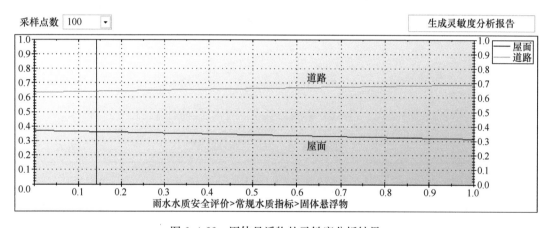

图 6.4-22 固体悬浮物的灵敏度分析结果

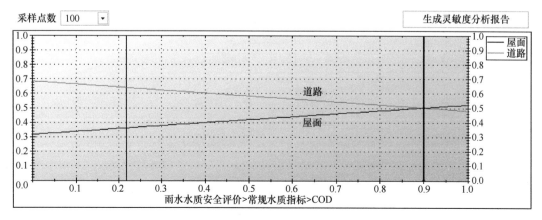

图 6.4-23 COD 的灵敏度分析结果

（0.2059）、固体悬浮物（0.0714）以及 COD（0.1091）的权重值较高，在 6 个指标中占有较大的比例。原因是道路积累的污染物来源广，例如来往车辆、废弃物等，且道路中沥青材料在高温时会分解产生影响水质的污染物，造成路面污染严重。从遗传毒性和急性毒性的权重相等可以分析出，屋面雨水和道路雨水的不同生物毒性试验对雨水水质的毒性相当，在进行雨水回收利用时，必须考虑雨水中存在的生物毒性。

2. 水泥屋面雨水径流水质安全评价

传统的模糊综合评价法利用属于程度（隶属度）来代替属于或不属于，通讨模糊关系和权重来确定综合评价结果。模糊评价中，矩阵 R 体现了每个污染因子对每级标准的隶属程度。一般水质指标都是数值小者为优的成本型指标，将水质标准的上下限值代入"降半梯形"的隶属函数，从而得到水质指标相对于每级标准的隶属度，但该方法存在不足之处，例如：相关国家标准中只对 pH、COD、TP、TN、BOD_5 等部分常规指标进行了分级规定，对于其他可用于表征水质的指标如浊度、电导率、固体悬浮物等均没有进行水质分级，故无法利用模糊综合评价法对国家标准中未涉及的常规指标进行分级计算，而且传统模糊综合评价法并没有将水质生物毒性纳入到模糊综合评价中。

为解决传统模糊综合评价法所存在的问题，现将每一因素集对评价集的检测数值按照式（6.4-1）整理为分值总和为 1 的集合，既可对各评价集的因素进行定量定位，又可避免个别因素测量值过高对整个系统模糊关系的影响。评价方法主要包括 5 步：确定评价集、确定评价对象的因素集、构造模糊关系、确定权数、模糊运算，其中"确定权数"包括 3 个小步骤：原始数据矩阵的标准化、定义熵、定义熵权。具体如图 6.4-24 所示。

$$r_{ij} = \frac{x_{ij}}{\sum_{j=1}^{m} x_{ij}} \tag{6.4-1}$$

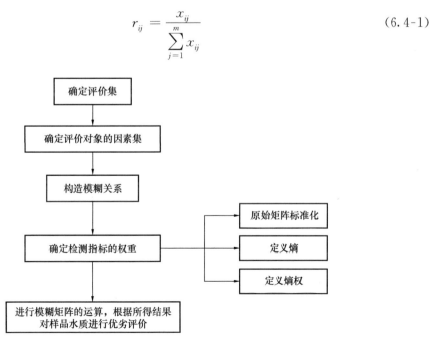

图 6.4-24 改进的模糊综合评价法流程图

根据改进模糊综合评价方法步骤得到水泥屋面雨水径流水质安全评价结果：第一场降雨各时间段的水样评分依次为 0.267、0.179、0.144、0.134、0.106、0.090、0.079。第二场降雨各时间段评分依次为 0.264、0.214、0.209、0.178、0.135。第三场降雨各时间段评分依次为 0.237、0.199、0.173、0.123、0.095、0.091、0.081。3 场降雨中雨水径流所得评分均随降雨历时的增长而降低，根据"得分越小水质越优原则"可知，随降雨历时的增长水泥屋面雨水径流水质提高。

3. SBS 屋面雨水径流水质安全评价

灰色关联是对一个系统发展变化态势的定量描述和比较的方法。灰色关联分析采用关联度来量化系统内各评价因素的相互联系、相互影响和相互作用关系，它根据两个因子参数序列构成的空间曲线的接近程度判断联系的紧密程度，曲线越接近，相应序列之间的关联度就越大，反之就越小。

事实上，随着水环境中污染物种类的增多，应用传统的灰色关联法对水质进行评价就出现了一些不足：①以国家标准作为参考评价，考察因素只能局限于国家标准中明确指出的污染物指标；②劣 Ⅴ 类或同级别内的水质无法进行比较。通过对灰色关联法进行改进完成水质评价，评价指标包括国家标准中指出的 pH、总磷、总氮和化学需氧量以及未包含在内的电导率、悬浮物、浊度等常规指标和发光菌急性毒性、遗传毒性等生物指标，旨在确定不同雨水利用技术的水质情况。

（1）建立评价指标体系

SBS 屋面雨水径流样品不同降雨场次各类评价因子的测试结果构成矩阵 X。

（2）矩阵无量纲化

由于不同评价因子之间拥有不同的数量级和量纲，为了便于比较，在计算关联度之前，先将矩阵 X 通过式（6.4-2）进行无量纲化处理，使处理后数据在 $[0, 1]$ 范围内，X_{ij} 越大，水质越好。其中 x_{max} 为第 m 项评价指标检测结果最大值；x_{min} 为第 m 项评价指标检测结果最小值。

$$X_{ij} = \frac{x_{max} - x_{nm}}{x_{max} - x_{min}} \tag{6.4-2}$$

（3）确定参考序列

选取各评价指标无量纲化后结果的最大值即质量最优者作为参考标准，构成参考序列 X_{bm}，x_{bm} 为第 m 项评价指标无量纲化后最大值。

$$X_{bm} = (x_{b1} \quad x_{b2} \quad x_{b3} \quad \cdots \quad x_{bm})$$

（4）计算关联系数

从几何角度来讲，关联度实质上就是参考数列与对比数列曲线形状的相似程度。参考数列与对比数列曲线越接近，两者关联度越高。因此，可将两者之间的差值作为衡量关联度大小的标准，计算方法见式（6.4-3），而关联系数的计算见式（6.4-4）。

$$\Delta X_{ij} = \left| X_{bm} - X_{ij} \right| \tag{6.4-3}$$

$$\xi(k) = \frac{\Delta X_{min} - \rho \Delta X_{max}}{X_{ij} - \rho \Delta X_{max}} \tag{6.4-4}$$

式中 $\Delta X_{\min}, \Delta X_{\max}$ —— ΔX_{ij} 中的最小值和最大值；

ρ —— 分辨系数，用来降低 $\Delta X_{\max}$ 过大而引起关联系数失真的影响，取值范围为 $0\sim1$，通常选择 0.5。

（5）计算指标权重

由于每个对比序列与参考数列的关联度依靠多个关联系数，数据比较分散，不利于相互比较，因此按照式（6.4-5）所示的计算方法确定指标权重，将多个数据转化为一个数，用于直观对比。

$$\lambda_{ij} = \frac{x_{mn}/x_{0m}}{\sum x_{mn}/x_{0m}} \tag{6.4-5}$$

式中 λ_{ij} —— 各评价指标的权重；

x_{mn} —— 第 m 种评价指标的实测值；

x_{0m} —— 第 m 种评价指标的最小值。

（6）计算综合关联度

对比序列与参考序列的关联度的计算方法见式（6.4-6）：

$$\omega_n = \xi(k) \times \lambda_{ij} \tag{6.4-6}$$

根据以上步骤，计算每场降雨过程中径流水质与最优参考数值的综合关联度，得到评价结果如下：

（1）基于常规指标的水质安全评价

根据灰色关联法水质评价步骤，以 pH、电导率、浊度、悬浮物、总磷、总氮、化学需氧量为评价因子，对 SBS 屋面 7 场雨水径流进行水质安全评价，综合关联度计算结果如表 6.4-3 和图 6.4-25 所示。

SBS 屋面雨水径流水质综合关联度　　　　　　表 6.4-3

样品序号	2018 年 8 月～2018 年 11 月				2019 年 3 月～2019 年 4 月		
	8 月 19 日	8 月 30 日	10 月 25 日	11 月 4 日	3 月 10 日	4 月 24 日	4 月 27 日
1	0.5433	0.4802	0.3434	0.4830	0.5807	0.4054	0.5274
2	0.5840	0.4941	0.4263	0.5729	0.5810	0.4798	0.6064
3	0.5819	0.5312	0.4923	0.5866	0.5911	0.5486	0.7012
4	0.5947	0.5562	0.5072	0.5959	0.5771	0.5954	0.7072
5	0.6449	0.5985	0.5597	0.6407	0.5401	0.5787	0.7488
6	0.7969	0.6215	0.6011	0.6581	0.5130	0.5696	0.7096
7	0.7967	0.6570	0.6339	0.6820	—	0.6279	0.7607
8	0.7743	0.7273	0.6389	—	—	0.5531	0.7922
9	0.7488	0.7652	—	—	—	0.5490	0.8176
10	0.7416	0.7771	—	—	—	—	—

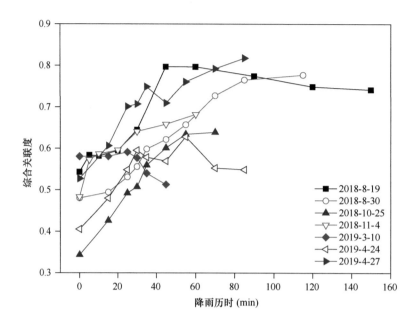

图 6.4-25　SBS 屋面雨水径流水质综合关联度变化情况

利用灰色关联法对 SBS 屋面 7 场雨水径流完成水质安全评价，根据评价结果可以得出：各场降雨事件中雨水径流水质综合关联度变化趋势类似，整体呈先上升后趋于稳定的规律，说明水质随降雨时间增加越来越好，该现象与污染物浓度随时间变化特征相一致；2018 年 8 月 19 日和 2019 年 4 月 27 日两次雨水径流相对于另外 5 场降雨水质较好，主要是由于距离上一场降雨事件时间间隔较短，分别为 5d、3d，屋面污染负荷较低。

（2）基于常规和生物指标的水质安全评价

根据改进后的灰色关联法，基于 pH、电导率、浊度、悬浮物、总磷、总氮、化学需氧量、EQC_{Zn}^{2+}、TEQ_{4-NQO} 九项指标检测结果，对 2018 年 8 月 19 日和 8 月 30 日 SBS 屋面雨水径流进行水质安全评价，综合关联度评价结果如表 6.4-4 和图 6.4-26 所示。

SBS 屋面雨水径流水质综合关联度　　　　　　　　　　　表 6.4-4

样品序号	2018-8-19	2018-8-30
1	0.5086	0.3570
2	0.5665	0.3714
3	0.6104	0.4585
4	0.6618	0.4808
5	0.7232	0.5283
6	0.9779	0.5746

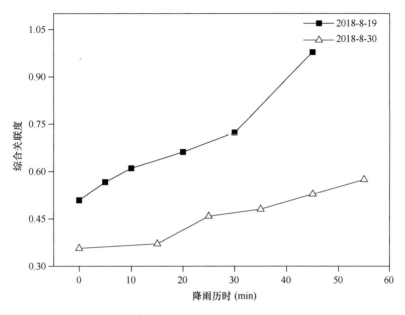

图 6.4-26 SBS 屋面雨水径流水质综合关联度变化情况

结合表 6.4-4 和图 6.4-26 水质评价结果可得：两场降雨事件中综合关联度随时间的变化逐渐升高，说明屋面污染负荷经过降雨的冲刷明显减小，径流污染物浓度也逐渐减小；8 月 30 日降雨事件中径流水质综合关联度整体小于 8 月 19 日，说明雨水径流受污染程度更大。

6.5 分 析 与 讨 论

(1) 利用层次分析法对沥青屋面及道路雨水径流水质污染状况进行水质安全评价，结果显示：屋面和道路的雨水径流中的污染物含量随着降雨历时的增加而逐渐降低，并且初期雨水的质量较差；屋面和道路的雨水径流样品均有一定的遗传毒性和急性毒性。

(2) 利用改进的模糊综合评价法对水泥屋面雨水径流进行了水质安全评价，结果表明：常规指标及生物毒性指标均整体呈现随降雨历时的增加数值随之减小的规律；3 场降雨中评价对象所得分数范围依次为 0.267～0.079、0.264～0.135、0.237～0.081，且均随降雨历时增加而降低；由于雨水径流的初期效应及经屋顶绿色植被的截留与渗透作用，随降雨历时增加水质逐渐改善。

(3) SBS 屋面初期径流中污染物含量较高，随降雨历时的增加除 pH 外各项指标大多呈逐渐降低的变化规律，降雨后期各污染物浓度水平趋于平稳；结合水质安全评价结果可知：径流水质综合关联度随时间的延长逐渐增大，综合关联度越大水质越好；2019 年 4 月 27 日降雨事件中径流水质综合关联度数值较高，而 2018 年 10 月 25 日降雨事件中径流水质关联度数值最低，水质最差。

第 7 章　北京市屋面和路面雨水径流污染调查

7.1　调　查　目　的

在我国的大中型城市，城市污水和工业废水逐渐得到有效的控制。雨水径流携带的污染物排入城市水系是形成城市河道污染的重要原因。本研究通过对北京市降雨—径流、水文水力、水质过程的同步监测分析，以降雨、径流、污染水平在单场次降水过程中的变化及相关关系为主要内容，描述了雨水径流污染的特征。研究成果对我国径流污染基础数据的积累、相关城市非点源污染控制模型的应用和径流管理措施的制定具有较大的意义。

7.2　实施调查单位/人员及调查时间

实施调查单位/人员：

清华大学环境学院：杜鹏飞、董欣、李志一、喻峥嵘、王锐；

实施调查时间：2006 年 6～8 月。

7.3　调　查　方　法

7.3.1　样品采集概况

1. 采样区域及具体地点

研究共设置 2 处采样点，分别收集屋面和路面汇流雨水，代表了城市降雨产生地表径流和非点源污染的主要途径。屋面、路面采样点均位于清华大学学生生活区，采样点所在区域属于城市文教区，机动车交通量小于城市平均水平，但人口密度和自行车交通量较大。

屋面采样点所属的建筑物为 6 层宿舍楼，建于 2002 年，占地面积 $1557m^2$。屋面材料为红色铺装方砖，整个屋面被分割为若干个区域，通过 14 个落水管排水。采样点所在的汇水区呈矩形，长 12m，宽 8m，共有 2 处落水管，相互对称。路面采样点位于校园内南北方向的主干道路，路面材料为沥青，道路宽 7.0m，横坡坡度约 0.3%，纵坡坡度约 1%。道路径流沿地形顺坡自然流动，间隔设有矩形雨水算子，通过雨水算子下方的方形暗渠排水。

2. 采样时间及降雨情况

调查人员分别采集 2006 年 6～8 月 4 场降雨的径流水样。样品采集情况见表 7.3-1。

采样时间、降雨情况与采样数量统计表　　　　表 7.3-1

采样日期	降水时间	降雨历时 （min）	降水量 （mm）	降雨强度 （mm/min）	屋面样品数 （个）	路面样品数 （个）
6月28日	20：10～22：00	110	25.33	0.230	10	14
7月12日	18：25～19：45	80	21.65	0.271	6	10
8月1日	17：10～18：40	90	21.62	0.240	11	13
8月8日	20：50～23：00	130	24.90	0.192	13	21

7.3.2　样品采集方式

每次采样时间间隔约为 5min。降雨期间，用 25L 聚乙烯盆收集屋面落水管出口径流，用 19L 聚乙烯盆收集路面雨水箅子汇集的径流。同时在距采样点 300m 空旷处安置虹吸式雨量计（JS-1 型），同步获得场次雨量过程线。

7.3.3　检测方法

水样收集后立即冷藏保存，次日起进行水质分析。水质监测项目包括：pH、SS、COD、TOC、TN、TP、Cl^-、SO_4^{2-}，以及 Cu、Mn、Sb、Fe 等重金属。pH 分析使用美国 Hach 公司生产的 SENSion156 便携式多参数测量仪；COD 分析采用分光光度法；TOC 分析使用总有机碳分析仪；Cl^-、SO_4^{2-} 采用液相色谱分析方法；重金属使用 ICP 离子色谱分析；SS、TN、TP 分析方法采用《水和废水监测分析方法》（第四版）中的标准方法（SEPA，2002）。水质指标的检测方法见表 7.3-2。

保证水质分析在采样 72h 内完成，其中 pH、COD 等项目保证在 24h 内完成。每个水样的分析结果代表采样起始、终止时刻的中间时刻的污染物浓度值，从而实现水量与水质的同步监测。

指标检测方法　　　　表 7.3-2

序号	基本项目	检测方法	方法来源
1	pH	玻璃电极法	《水质　pH 值的测定　玻璃电极法》 GB/T 6920—1986
2	SS	重量法	《水质　悬浮物的测定　重量法》 GB/T 11901—1989
3	COD	分光光度法	《水和废水监测分析方法》 （第四版）
4	TOC	燃烧氧化非分散红外吸收法	《水质　总有机碳的测定　燃烧 氧化-非分散红外吸收法》HJ/T 71—2001
5	TN	碱性过硫酸钾消解紫外分光光度法	《水质　总氮的测定　碱性过硫酸钾 消解紫外分光光度法》GB/T 11894—1989

序号	基本项目	检测方法	方法来源
6	TP	钼酸铵分光光度法	《水质 总磷的测定 钼酸铵分光光度法》GB/T 11893—1989
7	Cl^-	离子液相色谱法	SANS 163—2:1995（美标）
8	SO_4^{2-}	离子液相色谱法	SANS 163—1:1992（美标）
9	重金属	电感耦合等离子体发射光谱法	ISO 11885:1996（国际）

7.4 调查数据及分析

7.4.1 降雨—径流水文水力过程

图 7.4-1 依次表示 4 场降雨过程及屋面、路面雨水径流的产生过程。4 场降雨的降水量比较接近，均在 20～30mm，但降雨强度和雨型各不相同。第 1 场降雨的强度峰出现在末期，第 2、3 场出现在降雨初期，第 4 场没有明显的峰值，雨型呈锯齿形波动。结果显示，径流曲线的形态与降雨过程线类似，但波动幅度低于降雨过程线，消除了降雨过程线中的某些峰值。例如，7 月 12 日降雨过程线为距离较近的双峰，在屋面和路面雨水径流

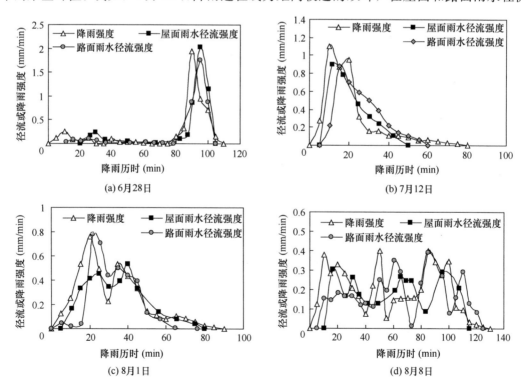

图 7.4-1 降雨—径流水文水力过程

过程线中则都显示为单峰。

另外，径流过程线稍滞后于降雨过程线，滞后时间为 5～20min。这种现象是由蒸发、滞留、渗透作用共同造成的。夏季地面温度较高，在降雨初期部分雨水落到地表立刻蒸发；地表的粗糙性决定了一部分雨水会被滞留在原处，局部凹陷也会干扰正常汇流；另外，即使是硬质下垫面，也会有少量的雨水向下渗透。由于以上 3 种作用，径流必然会滞后于降雨一段时间发生，同样的，径流量也很难与降雨量相等。径流系数是径流量与降雨量的比值，用于表征一定地表条件对降雨的响应特性。我国现行规范中对屋面和谐路的设计径流系数均为 0.9，实际的径流系数还可能受到汇水面积划分方法、雨水口设置、降雨强度等因素的影响。依照所监测的 4 场降雨计算（表 7.4-1），屋面的径流系数在 0.80～0.98，均值为 0.86，稍小于规范设计值；路面的径流系数在 0.87～ 0.9，均值为 0.90，与设计规范中基本相等。

径流产生量与径流系数 表 7.4-1

采样日期	平均降雨强度（mm/min）	最大降雨强度（mm/min）	降水量（mm）	屋面雨水径流量（mm）	屋面雨水径流系数	路面雨水径流量（mm）	路面雨水径流系数
6 月 28 日	0.230	1.949	25.33	24.646	0.97	22.875	0.90
7 月 12 日	0.271	1.100	21.65	17.411	0.81	19.003	0.88
8 月 1 日	0.240	0.762	21.62	18.249	0.84	20.924	0.97
8 月 8 日	0.192	0.400	24.90	19.831	0.80	21.676	0.87

7.4.2 不同下垫面污染物的场次平均浓度（EMC）

在单场降雨过程中，污染物的浓度可能变化很剧烈，但受纳水体的水质变化并非同样敏感。因此，尽管单一场次降雨过程的径流中污染物浓度变化较大，场次平均浓度（Event Mean Concentration，EMC）仍然是描述径流污染特征的首要指标。EMC 的定义为单场降雨的污染物总负荷除以径流总量。

表 7.4-2 分别表示了屋面雨水径流、路面雨水径流的污染水平，括号外为径流中每种污染物的浓度范围，括号内为该污染物的 EMC。研究结果显示屋面雨水径流和路面雨水径流 pH 的 EMC 均在 7.0～8.5，处于中性偏碱的状态。金属物质除 Mn、Fe 在个别场次检出外，大部分低于 0.01mg/L 的检出限，污染程度轻微。有研究者对公路和金属材料屋面进行的研究中报告了金属物质的污染水平，但本研究选取的是文教区监测点，路面材料与交通干线类似，但机动车交通量的区别较大，屋面材料与金属材料屋面的差异性较大，所以金属类物质污染源较少。

屋面雨水径流中，第 1 场降雨中的 COD、TOC、TN、TP、Cl^-、SO_4^{2-} 等指标均显著高于后 3 次降雨的相应指标。这是由非点源的累积排放特征决定的。由于北京地区的降雨量 70% 以上集中在 6～9 月，从秋季到次年春季，污染物主要处于累积阶段；夏季降雨频繁，污染物主要处于排放阶段。另外屋面除了受到空气干沉降的影响外，受其他人类活动的影响极小，北京地区的空气污染以降尘为主要特征，因此在两次降雨之间，颗粒物可以获得较大程度的补充，而其他类型的污染物均在后期降雨中明显降低。

路面雨水径流中，污染物浓度则没有呈现出明显的降低趋势，这是由于路面受到人类活动干扰强度大、频率高造成的。各种污染物都可以快速补充，平时的街道保洁清扫也会清除部分污染，污染源的种类和数量具有更大的不确定性。因此，污染物浓度与场次降雨的间隔、前期的街道清扫都有很紧密的联系，从而削弱了气候特征对污染水平的影响。

根据《地表水环境质量标准》GB 3838—2002 中 V 类水的标准值，屋面雨水径流的COD、TN、TP 超标，3 种污染物的 EMC 值最大超标倍数分别为 6 倍、10 倍和 6 倍，峰值浓度最大超标倍数分别为 10 倍、19 倍和 11 倍。路面雨水径流的 COD、TN、TP 也超标，3 种污染物的 EMC 值最大超标倍数分别为 8 倍、4 倍和 2 倍，峰值浓度最大超标倍数分别为 35 倍、22 倍和 9 倍。

雨水径流中的污染物浓度（mg/L）　　　　　　表 7.4-2

下垫面	采样日期	pH	SS	COD	TOC	TN	TP	Cl^-	SO_4^{2-}
屋面	6 月 28 日	7.07~7.75 (7.31)	4.5~109.4 (24.15)	44.67~472.2 (262.56)	21.17~130.68 (81.34)	6.70~39.33 (21.94)	0.53~4.68 (2.69)	1.99~9.84 (3.33)	24.18~124.64 (36.30)
	7 月 12 日	7.34~8.62 (7.97)	33.8~51.3 (41.19)	38.29~130.8 (87.81)	16.33~56.44 (35.03)	2.96~7.72 (5.81)	0.02~0.2 (0.06)	0.53~2.40 (0.96)	14.07~37.39 (24.57)
	8 月 1 日	7.5~9.08 (7.65)	0~12.4 (2.93)	31.91~92.53 (55.79)	15.06~33.61 (18.74)	1.41~5.23 (2.38)	0~0.21 (0.05)	0.18~2.57 (0.93)	2.97~18.16 (5.49)
	8 月 8 日	6.69~7.55 (7.15)	0~162.73 (39.71)	0~162.7 (57.81)	6.19~27.44 (13.62)	1.34~4.31 (2.89)	0.02~0.11 (0.05)	0.77~3.06 (1.73)	10.65~28.29 (19.00)
	均值	7.52	27.00	115.99	37.18	8.26	0.71	1.74	21.34
路面	6 月 28 日	7.16~8.17 (7.95)	10.9~377.1 (39.21)	124.4~370.1 (238.65)	33.39~100.85 (37.33)	5.71~24.06 (9.64)	0.12~3.71 (0.66)	2.12~21.7 (2.89)	21.7~64.2 (28.75)
	7 月 12 日	7.57~8.21 (8.00)	60.3~388.6 (95.49)	127.6~268.0 (177.01)	27.21~78.48 (38.51)	5.05~10.27 (7.30)	0.16~1.46 (0.51)	1.07~7.72 (2.42)	26.9~73.8 (38.39)
	8 月 1 日	7.89~8.57 (8.31)	46.1~492.9 (146.96)	22.33~268.0 (100.68)	17.79~86.83 (37.72)	2.63~9.24 (4.32)	1.42~0.15 (0.58)	0.63~4.68 (1.35)	6.67~27.9 (11.66)
	8 月 8 日	6.71~7.33 (7.24)	4.8~357.4 (46.41)	114.8~1410 (363.45)	23.56~511.0 (79.86)	3.56~6.61 (4.31)	0.01~0.82 (0.23)	2.50~7.11 (2.77)	17.4~38.7 (20.91)
	均值	7.88	82.02	219.95	48.36	6.39	0.49	2.36	24.93
《地表水环境质量标准》GB 3838—2002 V 类标准值		—	6~9	—	≤40	—	≤2.0	≤0.4	≤250	≤250

7.4.3 污染物的相关关系

研究表明，径流中的各种污染物之间有一定的相关关系。通过计算污染物之间的相关系数 R，可以表征污染物的相关关系。

$$R_{x,y} = \left| \frac{c_{ov}(X,Y)}{\sigma_x \cdot \sigma_y} \right| \tag{7.4-1}$$

式中 $R_{x,y}$ ——2种污染物的相关系数；

$c_{ov}(X,Y)$ ——2种污染物浓度的协方差；

σ_x、σ_y ——2种污染物各自的标准差。

本研究以 SS、TOC、TN、TP 和 SO_4^{2-} 分别代表颗粒物、有机物、营养物质和阴离子用于研究径流中各种污染物之间的相关关系，4 场降雨污染物之间相关系数的均值见表 7.4-3。结果表明，各类污染物之间的相关性均处于显著性水平（$R=0.1$）以上。屋面雨水径流中，颗粒物与有机物和阴离子之间的相关系数较大（>0.5），而与氮磷等营养物质的相关系数较小（<0.5）；路面雨水径流中，营养物质与颗粒物的相关性有所增加，但仍小于有机物和阴离子与颗粒物的相关性。因此，在控制路面雨水径流污染时使用滞留沉降系统可以同时有效地去除有机物、营养物质和阴离子，但在控制屋面雨水径流时，对氮磷等营养物质的协同去除能力会有所降低，需考虑使用其他手段单独去除。目前国际上比较典型的是采用生物过滤或渗透系统，由于屋面雨水径流 TN、TP 之间的相关系数也不高（<0.5），在选择控制措施时还需进行综合考虑。

各污染物的相关系数

表 7.4-3

下垫面	污染物	相关系数 R				
		SS	TOC	TN	TP	SO_4^{2-}
屋面	SS	1	0.603	0.308	0.249	0.706
	TOC	0.603	1	0.627	0.349	0.675
	TN	0.308	0.627	1	0.327	0.589
	TP	0.249	0.349	0.327	1	0.329
	SO_4^{2-}	0.706	0.675	0.589	0.329	1
路面	SS	1	0.586	0.567	0.432	0.740
	TOC	0.586	1	0.560	0.411	0.616
	TN	0.567	0.560	1	0.618	0.735
	TP	0.432	0.411	0.618	1	0.420
	SO_4^{2-}	0.740	0.616	0.735	0.420	1

7.4.4 污染物的初期冲刷效应

如果污染负荷增长速率超过径流量的增长速率，则说明存在污染物冲刷效应。一些研究者发现，降雨初期径流中更容易产生上述冲刷效应，这种现象被称为初期冲刷效应

(First Flush Effects，FFE)。本研究分析了各类污染物是否存在初期冲刷效应，如图 7.4-2
所示，其中以 SS 表征颗粒物，以 TOC 表征有机物，以 TN 表征营养物质，以 SO_4^{2-} 表征
阴离子。曲线位于对角平分线左上部分，则说明存在初期冲刷效应，反之，则不存在。

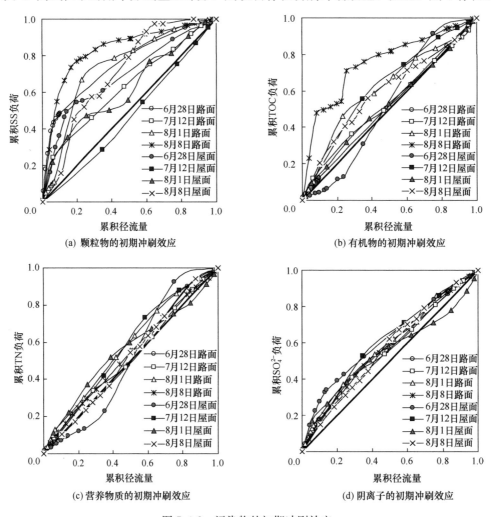

图 7.4-2　污染物的初期冲刷效应

　　结果表明：①各类物质大多存在初期冲刷现象。②初期冲刷效应与污染物种类具有相
关性。SS 不论在屋面雨水径流图还是路面雨水径流图中与对角线的偏离程度均最大，初
期冲刷现象最为明显，这一点在其他国家研究者的研究中也得到了印证。TN 初期冲刷效
应不显著，可能是由于降雨淋洗大气中的 NH_4^+-N 占 TN 的主要部分。③初期冲刷效应与
下垫面特征有关。屋面雨水径流中部分污染物在个别场次或个别场次的某阶段无初期冲刷
效应，而路面雨水径流中所有污染物均在各场降雨中存在不同程度的初期冲刷效应，说明
路面较屋面更容易形成初期冲刷。④污染物的冲刷过程与降雨强度和雨型有关。其中，6
月 28 日降雨初期的强度较小，在这种情况下，屋面上容易因被冲刷的颗粒物和溶解性离

子产生初期冲刷效应，且初期冲刷现象较其他几场雨更明显；而有机物和营养物质不容易被冲刷，不存在初期冲刷现象，但在其他几场初期就出现降雨强度峰值的降雨中均从开始就存在初期冲刷效应。影响污染物排放特征和 FFE 程度的因素很多。流域或集水区土地利用类型及特征（面积和形状）、地表污染物的累积程度、降水特征、排水体制、两次降水间隔的时间、污染物种类等都在影响着污染物的输出与 FFE 的程度。但是要想在这些因素与 FFE 之间建立确定的关系也是十分困难的。尽管如此，在实验的基础上识别特定区域和气候特征条件下径流 FFE 的存在性及其特征在径流污染的管理中仍是很有意义的。对于北京地区而言，控制初期径流污染将成为比较有效的治理措施。

7.5 分析与讨论

（1）径流曲线的形态与降雨过程线类似，波动幅度相对较小，或消除降雨过程线中的某些峰值。径流曲线滞后于降雨过程线 5~20min，屋面的径流系数在 0.80~0.98；路面的径流系数在 0.87~0.97，与设计规范中基本相等。

（2）径流污染物的浓度是由累积排放规律决定的，路面雨水径流的污染物浓度高于屋面雨水径流，且涉及的影响因素更为复杂。路面雨水径流与屋面雨水径流中 COD、TN、TP 的浓度均超过《地表水环境质量标准》GB 3838—2002 中 V 类水的要求。

（3）各类污染物之间的相关性均处于显著性水平（$R=0.1$）以上。屋面雨水径流中，颗粒物与有机物和阴离子之间的相关系数较大（>0.5），而与氮磷等营养物质的相关系数较小（<0.5）；路面雨水径流中，营养物质与颗粒物的相关性有所增加。所以说，在控制路面雨水径流污染时使用滞留沉降系统可以同时有效地去除有机物、营养物质和阴离子，但在控制屋面雨水径流时，对氮磷等营养物质的协同去除能力会有所降低，需考虑使用其他手段单独去除。

（4）径流中各类物质大多存在初期冲刷现象，并受到污染物种类、下垫面特征、降雨强度和雨型等因素的影响。SS 初期冲刷现象较其他几类污染物更为明显，路面较屋面更容易形成初期冲刷，低强度降雨不容易形成有机物和营养物质的初期冲刷现象。

第8章 石家庄市道路路面雨水径流污染调查

8.1 调 查 目 的

为获得石家庄市市内主干道路径流雨水污染状况，开展本次调查。

8.2 实施调查单位/人员及调查时间

实施调查单位/人员：

河北科技大学：张春会、冯宝叶、袁伟涛、戴凌云等；

石家庄市政设计研究院有限责任公司：关彤军、程树斌、王雯、杨倩、马志中等；

实施调查时间：2017年5月。

8.3 调 查 方 法

8.3.1 样品采集概况

1. 采样区域及具体地点

具体检测点位与下垫面类型见表8.3-1。

具体检测点位与下垫面类型   表8.3-1

序号	下垫面类型	检测点位
1	市内道路沥青路面	南二环与裕翔街道路交叉口二环路桥下雨水口
2	市内道路沥青路面	河北科技大学东门外裕翔街边雨水排水口
3	市内道路沥青路面	西二环与中山路道路交叉口高架桥下雨水落水口
4	市内道路沥青路面	西二环与中山路道路交叉口路边雨水排水口

2. 采样时间及降雨情况

采样时间与降雨情况统计表见表8.3-2。

采样时间与降雨情况统计表   表8.3-2

采样时间		降雨量（mm）	降雨历时（h）	降雨前晴天日数（d）
2017年	5月3日	19.2	3.5	15日

8.3.2 样品采集方式

每一个采样点安排 2 人用纯净水瓶采样。1h 内每隔 5min 采样 1 次，1h 后约 20～30min 采样 1 次，直到雨水收集口形不成径流，无法取样为止。

8.3.3 检测方法

指标检测方法见表 8.3 3。

指标检测方法 表 8.3-3

序号	基本项目	检测方法
1	pH	—
2	温度	—
3	溶解氧	—
4	电导率	—
5	SS	滤纸过滤法
6	COD	重铬酸钾法
7	BOD_5	—
8	总氮	紫外分光光度法
9	氨氮	纳氏试剂分光光度法
10	总磷	钼酸铵分光光度法
11	Zn 离子	电感耦合等离子体法
12	Pb 离子	电感耦合等离子体法

8.4 调查数据及分析

城市道路雨水径流污染物数据如图 8.4-1 所示：

图 8.4-1(a) 为 4 个采样点 COD 质量浓度随降雨历时的演变规律。由图 8.4-1(a) 可知，4 个采样点的 COD 质量浓度最大值在 336～612mg/L，河北科技大学东门口（采样点 2）的 COD 浓度最大；COD 浓度最大出现在降雨开始的 30min 之内，之后随着降雨历时增加而逐渐衰减，在 90min 后趋于稳定。

图 8 4-1(h) 为 SS 的质量浓度随降雨历时的演变规律。由图 8.4-1(b) 可知，4 个采样点 SS 的最大浓度在 720～1654mg/L，悬浮物也随降雨历时增加而衰减，在 90min 后趋于稳定。

图 8.4-1(c) 为 NH_3-N 的质量浓度随降雨历时的演变规律。由图 8.4-1(c) 可知，NH_3-N 的最大质量浓度在 12.50～21.10mg/L，其最大值一般出现在降雨开始的 30min 内。NH_3-N 的质量浓度随降雨历时呈衰减的趋势，在 90min 左右开始趋于稳定。从分布来看，石家庄西部（采样点 3 和采样点 4）比东部（采样点 1 和采样点 2）的 NH_3-N 高。

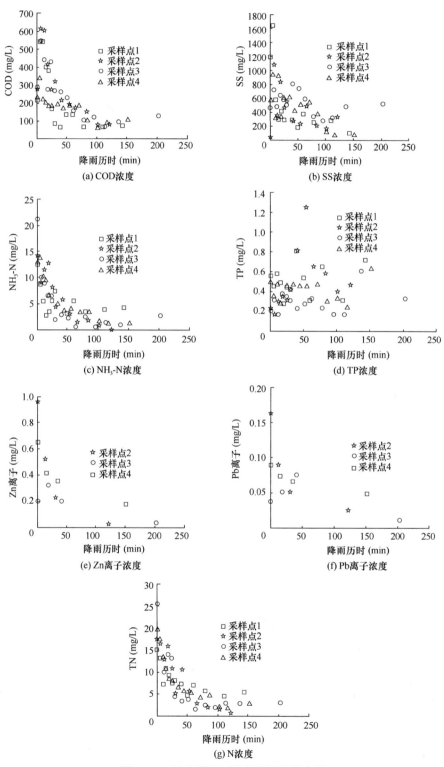

图 8.4-1 城市道路雨水径流污染物浓度

图 8.4-1(d) 为 4 个采样点 TP 的质量浓度随降雨历时的演化规律。由图 8.4-1 (d) 可知，4 个采样点的 TP 质量浓度在 0.2～1.2mg/L，基本上围绕 0.5mg/L 上下波动，随降雨时间的增加没有明显的规律性。

图 8.4-1(e) 和图 8.4 1(f) 分别为采样点 2、采样点 3 和采样点 4 的 Zn 离子和 Pb 离子的质量浓度随降雨历时的演化规律。采样点 2 的 Zn 离子和 Pb 离子的质量浓度最大值分别为 0.96mg/L 和 0.16mg/L，

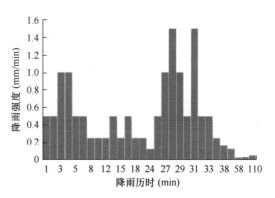

图 8.4-2　降雨量

采样点 3 的 Zn 离子和 Pb 离子的质量浓度最大值分别为 0.32mg/L 和 0.05mg/L，采样点 4 的 Zn 离子和 Pb 离子的质量浓度最大值分别为 0.65mg/L 和 0.09mg/L，这 3 个采样点的 Zn 离子和 Pb 离子的质量浓度总体上随降雨历时增加而衰减。

图 8.4-1(g) 为 TN 的质量浓度随降雨历时的演变规律。从图 8.4-1(g) 可以看出，TN 的最大质量浓度在 17.61～25.40mg/L，其最大值一般出现在降雨初期 30min 内。TN 的质量浓度随降雨历时呈衰减的趋势，在 90min 左右开始趋于稳定。

天然雨水的降雨量如图 8.4-2 所示。

8.5　分 析 与 讨 论

8.5.1　道路雨水径流污染物浓度计算方法

石家庄市道路雨水径流中 SS 主要来源于路面侵蚀风化、化石燃料燃烧、大气沉降、交通车辆磨损及尾气排放等。道路径流雨水中 COD 主要来源于土壤侵蚀、动物排泄物、交通车辆磨损和尾气排放、城市绿化的枯枝落叶等产生的有机物质等。道路雨水径流中营养物质如磷和氮主要来源于公园和绿地农药化肥的施用、动物排泄物、机动车辆磨损等。Zn 和 Pb 离子主要来源于含铅汽油和轮胎磨损等，在道路雨水径流中浓度较低，主要富集于种植土表层 20cm 范围内。由于种植土绿化带一般 5 年更换表层种植土一次，道路雨水径流中 Zn 和 Pb 离子对地下环境污染不大。综上，重点研究种植土绿化带对 COD，SS，TP 和 NH_3-N 的净化性能，所以下面只考虑 COD，SS，TP 和 NH_3-N 的浓度设计值。

从道路雨水水质调查结果看，道路雨水径流污染物的浓度随降雨历时而衰减，若使用真实的、随时间变化的道路雨水径流污染物浓度，设计计算将异常困难。另外在物理模型试验中，配制污染物浓度随时间变化的雨水十分困难。在数值分析中，需要输入污染物浓度边界条件。然而，从调查数据来看，不同地点、不同降雨的调查结果通常不一致，这使得数值模拟的结果存在争议性，综上所述，在工程实际应用中，需要基于调查数据给出石家庄道路雨水径流污染物设计浓度的取值方法。

对于调查结果，按加权平均法计算污染物的加权平均浓度，其时间加权平均浓度为：

$$x = \frac{\sum\limits_{1}^{n} t_i y_i}{\sum\limits_{1}^{n} t_i} \tag{8.5-1}$$

式中　x——污染物加权平均浓度，mg/L；

　　　t_i——第 i 时间区段；

　　　y_i——与其对应的污染物浓度，mg/L；

　　　n——时间区段总数。

其雨量加权平均浓度为：

$$x = \frac{\sum\limits_{1}^{n} q_i x_i}{\sum\limits_{1}^{n} q_i} \tag{8.5-2}$$

式中　q_i——时间 t_i 对应的降雨量，mm。

时间加权平均浓度反映了一段时间内污染物浓度的平均水平，雨量加权平均浓度反映了降雨量对污染物浓度的影响，式（8.5-2）中分子部分实际是污染物的总量。

8.5.2　时间加权平均浓度

对于种植土、绿化带这类具有净化入渗雨水水质作用的海绵道路结构，需要考察 3 年重现期的 12h 长历时降雨及年降雨过程中出水水质是否达标。从道路雨水径流污染调查结果来看，道路雨水径流污染物浓度随降雨历时增加而衰减，大约在 90min 后开始趋于稳定，于是把长历时降雨的污染物演化分为 2 个时间段，第 1 个时间段为 90min 以内，第 2 个时间段为 90min 以后。利用式（8.5-1），结合调查结果，获得 2 个时间段的浓度加权平均值见表 8.5-1。

在表 8.5-1 中选取 90min 内和 90min 后同一指标中最大污染物质量浓度作为长历时降雨的污染物设计浓度建议值，见表 8.5-1 中的加粗字体数据，即为 90min 内道路雨水径流污染物质量浓度的设计建议值，COD 为 237.96mg/L，SS 为 559.22mg/L，NH₃-N 为 5.6mg/L，TP 为 0.59mg/L。90min 后道路雨水径流污染物质量浓度的设计建议值，COD 为 97.35mg/L，SS 为 422.67mg/L，NH₃-N 为 4.11mg/L，TP 为 0.58mg/L。

时间加权平均法的石家庄市道路雨水径流

长历时污染物质量浓度建议值（mg/L）　　　　　　　　　　　　表 8.5-1

采样点/指标		COD	SS	NH₃-N	TP
1	90min 内	180.23	404.83	4.77	0.51
	90min 后	72.42	166.39	4.11	0.58
2	90min 内	237.96	403.44	5.60	0.59
	90min 后	80.64	290.22	0.23	0.45

续表

采样点/指标		COD	SS	NH₃-N	TP
3	90min 内	248.38	559.22	3.90	0.27
	90min 后	97.35	422.67	1.40	0.38
4	90min 内	180.72	524.61	5.49	0.41
	90min 后	91.8	88.07	1.31	0.46

8.5.3 雨量加权平均浓度

利用式（8.5-2）获得 4 个采样点的雨量加权平均浓度，见表 8.5-2。

雨量加权平均法的石家庄市道路雨水径流长历时污染物质量浓度建议值（mg/L）　　　　表 8.5-2

采样点/指标		COD	SS	NH₃-N	TP
1	90min 内	363.60	521.90	5.02	0.52
	90min 后	72.42	166.39	4.11	0.58
2	90min 内	363.92	584.20	9.19	0.40
	90min 后	80.64	289.70	0.23	0.45
3	90min 内	337.51	614.10	6.36	0.31
	90min 后	97.35	423.30	1.40	0.38
4	90min 内	207.34	642.80	8.07	0.37
	90min 后	91.8	87.50	1.31	0.46

由表 8.5-2 可知，90min 内道路雨水径流污染物的质量浓度设计建议值，COD 为 363.92mg/L，SS 为 642.80mg/L，NH₃-N 为 9.19mg/L，TP 为 0.52mg/L；90min 后道路雨水径流污染物的质量浓度设计建议值，COD 为 97.35mg/L，SS 为 423.30mg/L，NH₃-N 为 4.11mg/L，TP 为 0.58mg/L。

第9章 上海市某高地下水位地区透水铺装雨水径流污染调查

9.1 调查目的

透水铺装是我国大中城市海绵城市建设的重要措施之一，但高地下水位地区透水铺装的下渗水很可能造成地下水污染。为考察不同面层及结构层组成的透水铺装设施下渗水水质及其对地下水可能的影响，本章描述了 3 种不同构造的应用规模透水铺装，在实际降雨条件下现场考察透水铺装下渗水水质，并与现场地下水水质进行对比，以便为海绵城市建设规划与工程设计提供支撑。

9.2 实施调查单位/人员及调查时间

实施调查单位/人员：金建荣、李田、时珍宝；

实施调查时间：2016 年 3 月～2016 年 8 月。

9.3 调查方法

9.3.1 样品采集概况

1. 采样区域及具体地点

在同济大学校园内一处停车场建造了 3 个实验性透水铺装单元和 1 个不透水铺面对照单元（称为设施 0），4 个单元的面积均为 6m×6m 且无额外汇水面积。在距离设施约 10m 处设 1 处地下水观测井，用于地下水位的观测以及现场地下水样本的采集。设施表面标高 3.28m，现场实测地下水高程变化范围为 2.23～2.84m。4 个单元的具体结构组成与编号见表 9.3-1，其中混凝土缝隙透水砖的缝隙宽度为 3～4mm，设施 Ⅰ 与设施 Ⅱ 在找平层下垫有无纺土工布，3 个透水铺装设施底部均设有 HDPE 防渗膜，并于底部设置穿孔排水管。

实验设施结构组成 表 9.3-1

编号	构造	深度（mm）	结构材料
设施 0	面层	150	普通水泥混凝土
	结构层	300	粒径 20～40mm 碎石

续表

编号	构造	深度（mm）	结构材料
设施Ⅰ	面层	150	透水混凝土
	结构层	300	粒径 20～40mm 碎石
设施Ⅱ	面层	60	混凝土缝隙透水砖
	找平层	20	粒径 0.5～1.0mm 粗砂
	基层	150	5%水泥｜粒径 15mm 以下碎石的水泥稳定碎石
	垫层	200	粒径 20～40mm 碎石
设施Ⅲ	面层	60	混凝土缝隙透水砖
	找平层	20	粒径 0.5～1.0mm 粗砂
	基层	150	粒径 15mm 以下碎石
	垫层	200	粒径 20～40mm 碎石

各设施面层均做出 1%～2% 的坡度，并于低端设置排水沟以收集表面产流，通过排水管接入邻近的观测井，观测井面积为 2.5m×1.2m。各设施底部出流与表面径流分别连接到置于观测井中的 60°三角堰，各三角堰配置超声波液位计与数据记录仪，可以连续准确检测流量过程。在距离实验地点约 100m 处屋顶安装 SL3-A 翻斗式雨量计监测场地的降雨情况。

2. 采样时间及降雨情况

在 2016 年 3 月至 2016 年 8 月期间对 16 场设施产生出流的降雨事件进行了水质监测，其中降雨量小于 10mm 的降雨事件 2 场，10～24.9mm 的 9 场，25～49.9mm 的 1 场，大于 50mm 的 4 场，监测降雨事件的特征见表 9.3-2。相关降雨事件包括了不同类型的降雨，水质监测结果具有代表性。设施实验初期表面渗透性能较好，基本无表面径流产生；后期渗透速率有所下降，在暴雨期间部分产流，径流系数达到 0.1～0.2。

监测降雨事件的降雨特征 表 9.3-2

特征值	平均值	中值	最大值	最小值
降雨量（mm）	28.5	22.7	63.9	8.5
降雨历时（h）	14.3	12.5	31.0	1.0
平均降雨强度（mm/h）	4.45	2.0	25.1	0.6
前期晴天数（d）	3.6	2.0	14.0	0.8

9.3.2 样品采集方式

4 个停车单元相邻并列，设施 0 的干、湿沉降负荷与其他 3 个相同，其径流水质与流量过程可以作为其他设施进水的代表。分别采集其他 3 个设施的底部出流代表无防渗膜设施的下渗水。径流发生初期间隔 5～10min 采集一次样品，后期间隔 30～60min 采集一次样品，具体根据降雨强度与历时情况确定。观测井内地下水样品使用蠕动泵抽取。样品使用 1L 聚乙烯采样瓶收集，采集后 24h 内检测，未能及时检测的置于 4℃冰箱内贮存不超过 48h。本文中除重金属、高锰酸盐指数及电导率以外的所有指标均检测过程样，结合流量监测结果计算单次降雨的事件平均浓度（EMC），混合样则由过程样按过程流量配置而成。

9.3.3 检测方法

水质检测指标包括 TSS、COD、TP、TN、NH_4^+-N、NO_3^--N、重金属离子、高锰酸盐指数、石油类、pH、电导率。主要水质指标采用国家标准检测方法，TSS 用重量法，COD 采用比色法（HACHDRP2010），TP 采用过硫酸钾消解-钼锑钪分光光度法，TN 采用过硫酸钾氧化-紫外分光光度法，NH_4^+-N 采用纳氏试剂光度法，NO_3^--N 采用酚二磺酸分光光度法，石油类采用红外分光光度法（MAI-50G），重金属采用电感耦合等离子质谱法（Agilent 7700），测定元素包括 Cr、Mn、Cu、Zn、Pb。pH 使用 METTLER TOLE-DO FE20pH 计测量，电导率使用 METTLER TOLEDO FE30 电导率计测量。

本文采用 IBM SPSS 20 进行正态性分析，结果显示所有数据均符合正态分布规律。由于多数指标测定值的方差不齐，故用 Games-Howell 法进行单因素方差分析，主要对 3 种透水铺装设施相互之间下渗水水质差异的显著性进行分析，并分析了 3 种透水铺装设施下渗水与设施 0 径流的主要监测指标差异的显著性。

9.4 调查数据及分析

9.4.1 水质净化效果

1. N、P 去除情况

监测降雨事件各透水铺装设施下渗液与设施 0 径流的 TN、NH_4^+-N、NO_3^--N、TP 的质量浓度分布情况如图 9.4-1 所示。其中，3 种设施出水的 TN 和设施Ⅰ的 NH_4^+-N 与设施 0 径流无显著差异（P＞0.05），而 TP 呈现显著差异（P＜0.05）。此外，仅设施Ⅰ与另 2 种设施出水相互之间 NH_4^+-N 存在显著差异，3 种设施出水 P 及其他形态的 N 相互之间均无显著差异。表明 3 种不同构造设施对 N、P 的去除效果相近。

设施Ⅱ与设施Ⅲ的 NH_4^+-N 的去除效果明显优于设施Ⅰ，这主要由于粗砂找平层的生物转化作用，而设施Ⅰ中并不存在这样的结构。3 种设施均发生了明显的 NO_3^--N 释放现象，这是由于被设施截留的 TN 或 NH_4^+-N 在好氧环境中产生了硝化作用，产生的 NO_3^--N 被出水带出。

2. COD 与 TSS

监测降雨事件各透水铺装设施下渗液与设施 0 径流 TSS、COD 的质量浓度分布情况如图 9.4-2 所示，3 种设施对 COD 与 TSS 均有良好的去除效果，且设施相互之间 TSS 和 COD 去除效果没有显著差异，无论地面径流水质如何波动，降雨出流过程中出水 TSS 含

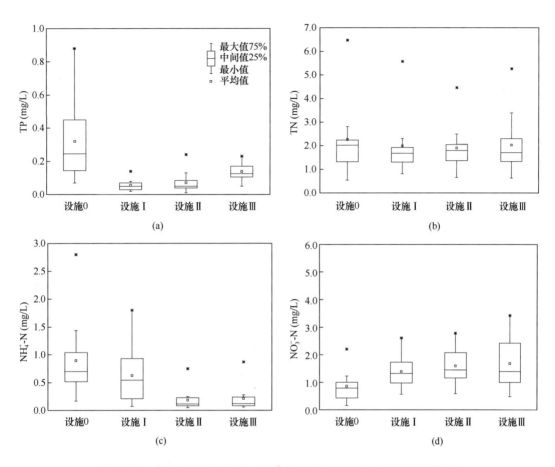

图 9.4-1　各设施进出水 TN、NH₄⁺-N、NO₃⁻-N、TP 的质量浓度情况

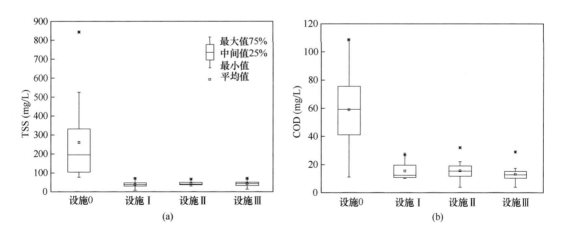

图 9.4-2　各设施进出水 TSS 及 COD 质量浓度情况

量稳定保持在 30~50mg/L。表明不同构造的透水铺装均可对径流中 TSS 起到很好的截留、过滤作用。COD 的去除主要由于设施结构层的截留作用,被拦截的 COD 逐渐在结构层填料表面被降解。

3. 重金属与石油类

各透水铺装设施下渗液与设施 0 径流中 Cr、Mn、Cu、Zn、Pb 和石油类的质量浓度分布情况如图 9.4-3 所示。3 种设施对 Mn、Cu、Zn 及石油类去除效果良好,平均去除率分别达到 84%、62%、59%、65%;而对 Cr 与 Pb 的去除效果较差,平均去除率仅为43%、42%。设施表面径流中重金属含量偏高,可能与停车场用地原为金工实习工厂有关。设施Ⅱ与设施Ⅲ的重金属去除能力可能主要归结于找平层中粗砂的过滤作用,而设施Ⅰ更多是由于其对径流较强的碱化作用使得 pH 升高从而导致重金属元素析出。3 种设施出水 pH 均值分别为 11.15、9.43、8.91(表 9.4-1)。设施Ⅱ与设施Ⅲ对出水的碱化作用较弱,然而,其找平层粗砂的过滤作用较设施Ⅰ强,结果表现为 3 种设施的重金属去除效果之间不存在显著差异。设施Ⅱ与设施Ⅲ对石油类的去除主要由于找平层粗砂与土工布的过滤作用,以及后续的生物降解作用,设施Ⅰ不具备这样的结构,其下渗水的石油类含量波动范围大,但是,平均值与另外两个设施相近,结果为 3 个设施去除效果之间不存在显著差异。

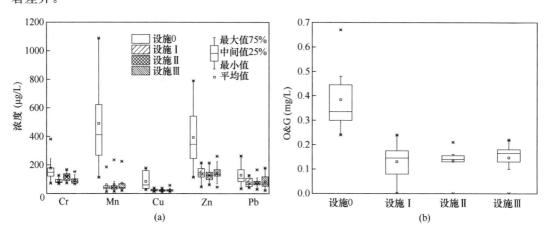

图 9.4-3 各设施中主要重金属及石油类质量浓度情况

9.4.2 设施出流与地下水水质的对比

从地下水观测井内采集 6 次地下水样本,现场地下水与 3 种设施出流的高锰酸盐指数(OC)、pH、电导率(Cond.),以及其他水质指标检测结果见表 9.4-1。由表 9.4-1 可知,设施出水 pH、TN、NO_3^--N 质量浓度均远大于现场地下水;NH_4^+-N、TP、COD、SS 及OC 与现场地下水相近;仅电导率小于地下水。根据上海浅层地下水背景值的研究结果,3 种设施下渗水 OC、pH 与检测重金属的含量明显高于背景值。其中,3 种设施均增大了出水 pH,且设施Ⅰ出水的 pH 明显大于另两个设施,这是因为设施Ⅰ由水泥现浇,水泥中 $CaCO_3$ 及 $MgCO_3$ 提高了出水的 pH。设施 0 径流电导率小于 3 种透水铺装,因此由电导率测定结果可以得出，设施下渗水中常规离子含量高于径流中含量，但低于现场地下水实测值，径流经透水铺装下渗不会增加浅层地下水的总含盐量。

3 种设施与现场地下水污染物平均质量浓度情况

表 9.4-1

项目	设施 I	设施 II	设施 III	现场地下水	《地下水质量标准》GB/T 14848—1993 V类标准值（2018 年废止）
OC（mg/L）	4.82 (2.38~8.38)	5.47 (2.8~8.74)	4.90 (2.1~9.45)	5.02 (4.75~5.39)	>10
pH	11.15 (10.97~11.35)	9.43 (8.86~10.24)	8.91 (8.21~9.35)	7.34 (7.28~7.46)	<5.5，>9
Cond.（μS/cm）	541 (412~645)	261 (170~320)	299 (226~338)	748 (722~763)	/
TN（mg/L）	1.99 (0.81~5.57)	1.9 (0.32~4.46)	2.03 (0.63~5.26)	0.86 (0.69~1.02)	/
NH_4^+-N（mg/L）	0.63 (0.07~1.80)	0.19 (0.05~0.75)	0.22 (0.06~0.87)	0.55 (0.16~0.90)	>0.5
TP（mg/L）	0.06 (0.02~0.14)	0.07 (0.03~0.24)	0.13 (0.05~0.23)	0.12 (0.08~0.16)	/
NO_3^--N（mg/L）	1.40 (0.57~2.61)	1.6 (0.59~2.78)	1.68 (0.48~3.42)	0.30 (0.26~0.33)	>30
COD（mg/L）	15.6 (10.2~26.3)	15.6 (4.0~22.1)	13.2 (4.0.2~29.0)	23.2 (18.0~29.0)	/
TSS（mg/L）	38 (24~52)	42 (12~67)	43 (13~70)	35 (29~40)	/
Cr（μg/L）	87 (68~127)	119 (73~167)	91 (67~152)	—	>100
Pb（μg/L）	76 (41~128)	80 (29~166)	82 (22~179)	—	>100

括号中表示检测数据的最小值和最大值；"/"表示该项在相关标准中并未给出；"—"表示该项未对其进行检测。

参照《地下水质量标准》GB/T 14848—1993，表 9.4-1 设施出水中除 OC、NO_3^--N 以外，其余指标次降雨出水质量浓度多次达到《地下水环境质量标准》GB 3838—2002 中 V类水质标准，特别是 Cr 和 Pb。监测结果表明高地下水位地区透水铺装设施下渗水存在污染浅层地下水的风险。

9.5 分 析 与 讨 论

（1）本文使用的 3 种透水铺装设施均能有效去除径流中 TP、COD 和 TSS 等污染物，而对 TN 的去除效果较差。混凝土缝隙透水砖铺面对 NH_4^+-N 去除效果明显优于透水混凝土。NO_3^--N 出现了明显的释放现象，出水含量普遍高于对照设施。

（2）3 种透水铺装设施对 Mn、Cu、Zn 具有良好的去除效果，不同设施之间的去除率无显著差异，上述重金属平均去除率分别为 84%、62%、59%。对石油类的平均去除率为 65%，不同设施的去除率无显著差异。

（3）众多降雨事件设施出水 OC、pH、TN 及本研究检测的重金属含量均大于现场地下水实测值或当地背景值。且设施出水多项指标均符合《地下水环境质量标准》GB 3838—2002 中 V 类水质标准。因此，透水铺装设施下渗水在高地下水位地区存在污染地下水的风险。

第10章 苏州市枫桥工业园区雨水径流污染调查

10.1 调查目的

随着点源污染逐步得到控制，对城市非点源污染的治理日显重要。由于对城市非点源污染进行监测并建立相应数据库的难度大、费用高，我国在这方面的工作尚处于起步阶段，缺乏系统的城市非点源污染监测资料，大部分的研究局限于住宅区与商业区，缺乏对工业区的监测研究。本报告考察了苏州市枫桥工业园区内某路段的雨水径流水质特性，在此基础上探讨了其非点源污染的特性，以期为工业区非点源污染的工程性控制措施的实施提供依据。

10.2 实施调查单位/人员及调查时间

实施调查单位/人员：田永静、李田、何绍明、钟爱诚、董鲁燕；

实施调查时间：2006年11月～2008年9月。

10.3 调查方法

10.3.1 样品采集概况

1. 采样区域及具体地点

选取苏州市枫桥工业园区的湘江路段作为研究区域。湘江路全长为5.7km，宽为20m，沥青混凝土路面，双向单车道，非机动车道与人行道共用，道路两侧设路基石，外侧为高于地坪的绿化带。区域内主要分布着医疗仪器、机械制造、包装加工等企业。排水体制为分流制，管线总长为585m，管径为400～800mm，管底坡度为0.0008～0.0012，雨水按照就近入河的原则重力自流排入河道。系统汇水面积为2.89hm²，其中绿化面积占15%，屋面占45%，路面占40%，估算综合径流系数为0.79。

2. 采样时间及降雨情况

2006年11月～2008年9月，共采集了14场有效降雨事件（降雨间隔>3d，累计降雨量>2.5mm）的过程样品，相应降雨事件的降雨特性参数见表10.3-1。

监测降雨事件的特性   表 10.3-1

项目	平均值	最小值	中值	最大值
降雨量（mm）	15.0	3.0	5.5	54.5
降雨强度（mm/h）	7.1	1.3	3.6	28.4
降雨历时（min）	159	50	130	525
前期晴天数（d）	8	3	7	20

10.3.2 样品采集方式

在接近排水系统出口的窨井采集径流样品。自产生径流开始到结束，按初密后疏的时间间隔采集径流样品，一般采样间隔为5～20min。同时利用 Nivus PCM Pro 管道流量计监测出流口径流的流量。相关降雨事件的参数通过设在采样点附近的翻斗式雨量计获得。

10.3.3 检测方法

每个样品采集1L，样品由苏州市城市排水监测站按照国家标准方法统一分析，分析指标包括 COD、SS、NH_3-N、TN、TP。

10.4 调查数据及分析

10.4.1 径流污染物的变化规律

图 10.4-1 给出了3场典型降雨的污染物浓度变化过程。

图 10.4-1(a) 为典型的小雨过程，降雨量为 3.5mm，平均降雨强度为 3.0mm/h，前期晴天数为 20d，由于受径流冲刷动能小的限制，污染物浓度变化较为平缓。图 10.4-1(b) 为典型的中雨过程，降雨量为 10.5mm，平均降雨强度为 5.1mm/h，前期晴天数为 12d，污染物浓度受降雨强度的影响而波动，但总体呈下降趋势。图 10.4-1(c) 为典型的大雨过程，总降雨量达 34mm，5min 内的最大降雨量高达 7.5mm，是一次具有较强冲刷作用的降雨事件，平均降雨强度为 17.0mm/h，前期晴天数为 3d。与图 10.4-1(a)、(b) 所示的降雨相比，图 10.4-1(c) 雨水径流的污染物浓度变化幅度较大，在第一波阵雨的作用下，污染物浓度急剧上升，这是由于强大的冲刷动能运移了较多的污染物，但由于径流的稀释作用又使污染物浓度迅速下降；第二波强降雨使污染物浓度又经历了一次剧烈的变化过程，这是由于第一波降雨历时仅 15min，还没有完全将污染物冲刷干净，尤其是管道内的沉积物；经过两次强降雨冲刷后大部分污染物已被冲刷干净，因此，第三波降雨仅使污染物浓度小幅回升，之后便趋于稳定。由以上分析可知，降雨特性对径流水质的变化规律具有重要影响。

10.4.2 径流污染物的事件平均浓度

由于同一场降雨过程中污染物的浓度变化很大，因此，用事件平均浓度（EMC），即

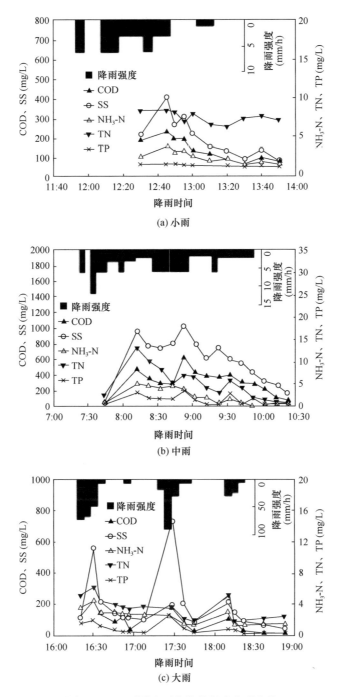

图 10.4-1 不同降雨事件的径流水质变化

以瞬时流量为权数求得的一场降雨事件的径流污染物平均浓度。能够更好地表征降雨事件中径流的污染特性。根据同步进行的径流流量监测结果，表 10.4-1 列出了监测到的有效降雨事件的污染物 EMC 统计结果 ($n=14$)，可知湘江路的雨水径流水质变化范围较大，其中 SS 的变化幅度最大，其最大值与最小值之比达到 26；5 种污染物指标的 EMC 中值浓度均超过《地表水环境质量标准》GB 3838— 2002 中 V 类水质标准。

湘江路段雨水径流污染物的 EMC   表 10.4-1

项目	平均值	最小值	中值	最大值
COD（mg/L）	172	45	119	423
SS（mg/L）	352	44	188	1 135
NH_3-N（mg/L）	3.1	0.88	2.30	8.53
TN（mg/L）	6.87	2.01	6.35	21.38
TP（mg/L）	1.01	0.26	0.80	2.68

10.4.3 径流污染物负荷

由于径流排污的随机性，使得由一场降雨所导致的次降雨污染负荷的代表性较差，本文采用式（10.4-1）计算年雨水径流污染负荷。

$$L = 0.01\alpha\psi PCA \tag{10.4-1}$$

式中 L——排水区域的年污染负荷，kg/a；

α——径流修正系数（典型值一般取 0.9）；

ψ——排水区域的综合径流系数；

P——年降雨量，mm/a；

C——事件平均浓度，mg/L；

A——排水区域面积，hm^2。

利用表 10.4-1 中的污染物 EMC 中值，根据式（10.4-1）计算年污染负荷（苏州市年降水量按 1000mm 计）。结果表明，COD 污染负荷为 2445kg/a[单位面积污染负荷为 846kg/($hm^2 \cdot a$)]，SS 污染负荷为 3863kg/a[单位面积污染负荷为 1337kg/($hm^2 \cdot a$)]，NH_3-N 污染负荷为 47kg/a[单位面积污染负荷为 16kg/($hm^2 \cdot a$)]，TN 污染负荷为 130kg/a[单位面积污染负荷为 45kg/($hm^2 \cdot a$)]，TP 污染负荷为 16kg/a[单位面积污染负荷为 6kg/($hm^2 \cdot a$)]。说明该工业区的径流水质很差，土壤侵蚀问题比较严重。

在国内，由于工业用地的径流污染资料相对匮乏，所以仅将湘江路段的径流污染负荷与其他类型用地的进行比较。与上海市的调查结果相比，湘江路段的 COD 负荷比其他用地类型的偏低，但 SS 负荷却与交通区和商业区的相近，且明显高于居住区的。所以，SS 污染负荷高是工业区的主要特点。控制 SS 污染是削减工业区径流污染负荷的有效措施。

10.4.4 初期效应及污染物相关性

初期效应是指在一场降雨中，初期雨水携带了这场降雨所产生的大部分污染负荷。由于处理初期冲刷径流比处理全部径流要经济，某些处理措施在径流污染物浓度较高的情况下能获得更高的运行效率，分析初期效应是否存在及其程度，对进行非点源污染控制具有重要意义。

本文采用 Geiger 提出的 M—V 曲线法分析湘江路段雨水径流是否存在初期效应。结果表明，湘江路段雨水径流的初期效应不明显。因此，单纯设置初期雨水截流设施对湘江路段雨水系统出流污染控制不具有实际意义。

试验还对 164 组瞬时雨水径流样品的 COD、SS、NH₃-N、TN、TP 等指标进行了相关性分析。结果表明，在 95% 置信水平下，各污染物之间均呈正相关，且就 SS 与其他污染物之间的相关性而言，SS 与 COD 的相关性大于 SS 与 TP 的相关性大于 SS 与 TN 的相关性。这为采取物理处理措施减少 SS 负荷，进而相应地削减其他污染物负荷提供了可能。

10.5 分 析 与 讨 论

苏州市枫桥工业园区的径流水质较差，其污染物的变化受降雨特性的影响较大。该工业区的污染负荷是国外工业用地的 2～7 倍，与国内其他类型用地的相比，SS 污染负荷较高；该工业区雨水径流的初期效应不明显，单纯设置截流设施进行非点源污染控制不具有实际意义；SS 与其他污染物指标具有相关性，控制 SS 污染，即可同时削减其他污染物负荷，是改善该工业区非点源污染的有效措施。

第 11 章　镇江城市雨水径流污染特征研究

11.1　调　查　目　的

随着中国城市人口的急剧增长和工业生产的快速发展，城市水体污染日益严重，从而对城市生态环境构成了严重的威胁。对镇江市主要土地使用功能区进行地表径流水质的采样分析，确定城市土地不同功能区地表径流中固体悬浮物的粒径分布、污染物的浓度、变化规律及主要污染物的输出形态，为控制城市水体污染、改善城市水环境质量，提供基础数据和科学依据。

11.2　实施调查单位/人员及调查时间

实施调查单位/人员：边博、朱伟、黄峰、卞勋文；

实施调查时间：2006 年 5 月～8 月。

11.3　调　查　方　法

11.3.1　样品采集概况

1. 采样区域及具体地点

具体检测点位与下垫面类型见表 11.3-1。

具体检测点位与下垫面类型　　　　　　　　　　　　　　　表 11.3-1

功能区	位置	环境特征
交通繁忙区	电力路、中华路、解放路	平均车流量为 1438 辆/h，大型车辆所占比例为 18.6%
居民区	西柴院	平均人流量为 651 人/h，平均交通流量中汽车为 121 辆/h，摩托车为 306 辆/h
河滨公园	古运河	平均人流量为 386 人/h
商业区	斜桥街	平均人流量为 2561 人/h

2. 采样时间及降雨情况

采样时间与降雨情况统计表

表 11.3-2

降雨日期 (年-月-日)	降雨量 P (mm)	降雨历时 T (h)	平均降雨强度 I (mm/h)	最大降雨强度 I_{max} (mm/h)	样品数
2006-5-9	20.2	2.5	8.3	14.2	18
2006-5-12	18.21	3.1	6.8	17.6	18
2006-5-25	26.3	2.6	13.5	25.3	18
2006-6-8	30.2	2.7	12.1	28.9	18
2006-6-28	15.1	2.8	6.2	16.1	18
2006-7-6	20.8	3.3	8.2	20.3	17
2006-7-19	26.7	3.5	9.6	23.1	18
2006-7-25	34.2	2.7	12.5	30.2	16
2006-8-6	26.6	4.2	7.8	25.5	15
2006-8-17	41.2	3.8	10.3	20.31	18

11.3.2 样品采集方式

城市雨水径流污染的产生与人类的活动密不可分，由于人类活动的差异性，产生污染的程度也不一样，选取土地不同使用功能区作为地表径流的采样区域，降雨时采用自制的取样工具用聚乙烯瓶在集水井处收集径流样品，按时间点 1min、5min、10min、15min、20min、30min、50min、80min 和 120min 分别采样，各场降雨的特征见表 11.3-2。样品采集后，贴上标签，编好号码，并且记录采样地点、日期、采样起止时间等，并对样品进行预处理，以备实验分析使用。

11.3.3 检测方法

水样一部分直接用于测定总氮（TN）、总磷（TP）和氨氮（NH_4^+-N），另一部分经 0.45um 滤膜过滤后分析可溶性氮（DN）、可溶性磷（DP）和固体悬浮物（SS），以上指标均按标准方法测定，颗粒态氮（PN）和颗粒态磷（PP）为 TN 与 DN、TP 与 DP 的差值。COD 用 HACHDRB200COD 多功能水质分析仪，SS 用重量法，溶解性固体（TDS）和电导率（EC）用电导率仪，pH 和浊度分别用 HACH、sensION1 和 2100P TURBI-DIMETER，SS 粒径用 NSY-2 型宽域粒度分析仪测定，总固体（TS）为 SS 与 TDS 之和。

11.4 调查数据及分析

11.4.1 城市功能区地表径流固体悬浮物粒径分布

城市地表径流中的固体物质，是由于交通污染（汽车尾气排放、汽车橡胶轮胎老化磨损、车体自身的磨损、路面材料的老化磨损）、空气的干、湿沉降（工业粉尘，建筑扬尘）和水对地表土壤的侵蚀等因素造成的，由图 11.4-1 可知，交通繁忙区、河滨公园、居民区和商业区小于 $5\mu m$ 的黏土颗粒依次占总量的 32.7%、27.2%、6.6%、9.1%，交通繁忙区的细颗粒的比重是各功能区中最大的。

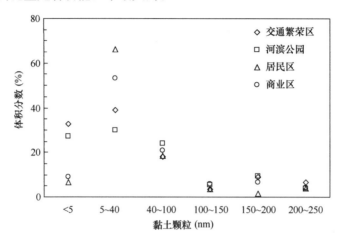

图 11.4-1　城市功能区地表径流中固体悬浮物的粒径分布

11.4.2　城市功能区的地表径流污染物特征

1. 地表径流水质特征分析

城市大气-地面环境系统中，有多种污染物在降雨的淋洗、冲刷过程中，随降水径流汇入水体，造成非点源污染。氮和磷是雨水径流营养盐负荷的主要元素，因此可通过对它们的分析、了解雨水径流污染对于城市水环境的影响。镇江市 2006 年 10 次典型雨水径流的水质特征见表 11.4-1，各功能区径流污染都比较严重，土地不同使用功能的差异致使其径流污染程度不同。

镇江市城市降雨地表径流的水质特征　　　　　　　　　　　　表 11.4-1

水质指标	交通繁忙区 样品数（13）	居民区 样品数（10）	河滨公园 样品数（8）	商业区 样品数（9）
pH	8.1±0.30	6.94±0.21	6.89±0.32	6.38±0.44
SS（mg/L）	202.5±101.31	332.1±50.52	353.6±103.14	455.6±204.51
浊度（NTU）	290±182.02	305±193.14	365±201.21	493±258.24
EC（μS/cm）	90.0±50.21	201.8±34.23	368.2±32.14	393.8±103.41
TDS（mg/L）	60.4±20.43	101.0±30.11	184.3±30.54	192.0±80.92
TS（mg/L）	162.9±78.40	233.1±81.52	337.9±143.64	537.56±302.62
TN（mg/L）	2.12±1.22	3.73±1.86	10.88±3.45	17.52±3.12
DN（mg/L）	1.86±0.43	3.17±1.21	10.18±1.08	16.59±3.10

续表

水质指标	交通繁忙区 样品数（13）	居民区 样品数（10）	河滨公园 样品数（8）	商业区 样品数（9）
NH_4^+-N（mg/L）	0.49±0.31	0.92±0.43	7.57±2.31	15.20±3.12
TP（mg/L）	0.86±0.68	1.04±0.93	1.89±1.68	2.35±1.87
DP（mg/L）	0.12±0.09	0.23±0.13	0.35±0.21	0.68±0.32
COD（mg/L）	264.7±15.62	363.4±50.23	384.2±30.51	445.8±186.13

2. 地表径流的物理性指标分析

pH 是反映地表径流水质特征的基本指标之一，pH 的大小影响径流中污染物的吸附作用以及赋存形态的变化。由表 11.4-1 可知，镇江市地表径流 pH 范围在 5.94～8.40，平均值大小顺序为交通繁忙区＞居民区＞河滨公园＞商业区。其中在交通繁忙区道路的两边还有一些污染比较严重的企业，例如蓄电池厂、钛白粉厂、印染厂等，它们所产生的工业灰尘，带有的碱性物质以及路面磨损后所产生的细小颗粒沉积于道路表面，从而交通繁忙区地表径流的 pH 明显高于其他功能区。

城市地表径流中挟有大量的固体悬浮物，在进入到受纳水体后，由于扰动再悬浮带来的影响是非常严重的。粒径小于 $100\mu m$ 的城市地表颗粒容易在一定的外动力条件下（如风、车辆行驶）以悬浮方式进入大气并长期滞留，粒径小于 $66\mu m$ 的街道灰尘在微风的作用下很容易扬起，因此在人流量和车流量比较大的商业区，一方面由于较大人流量产生的废弃物，另一方面该区易悬浮于空中的小颗粒物，均在降雨的淋洗和冲刷下进入径流，使得商业区径流中的 SS 浓度和浊度明显高于其他功能区。

3. 地表径流的营养盐指标分析

城市径流中含有大量的营养盐物质，表 11.4-1 中镇江市不同功能区径流中总氮和总磷浓度平均值变化为商业区＞河滨公园＞居住区＞交通繁忙区，此差异受车流量、下垫面及污染物排放状况等影响。径流中磷较多地吸附于颗粒物上，当 SS 的负荷增大时，磷的负荷也随之增大。商业区地表径流中 SS 含量大，附近有建筑施工（建筑工地是磷的一个重要来源地）以及生活产生的污染源，因此该区中磷的含量最高；河滨公园园林绿化时肥料的使用、树叶和碎草的腐烂产生的磷，使得该区径流中磷含量较大；居民区生活中使用含磷物质以及对花草的施肥会进入径流；机动车辆的排放物、大气的干湿沉降和路面植被的施肥是交通繁忙区径流中磷的主要来源。

地表径流中氮在降雨以及形成产流的过程中，由于整个环境的变化和有机质的矿化作用，使得氮的形态发生较大变化。径流中氮主要源于大气的干湿沉降、化肥的施用、物质的腐烂、机动车的排放、宠物的粪便等。商业区店铺较多，餐饮后食物的残渣以及洗涮用水倾倒于路面或者集水井旁，周围环境较差，径流水样混浊和恶臭程度高于其他功能区，该区径流中氮主要源于生活污染；河滨公园径流中氮与绿化施肥以及大气干湿沉降有关；车辆的排放物和过渡带植物的施肥是交通繁忙区径流中氮的主要来源。

商业区径流污染物浓度均很高，SS 浓度最高为 978mg/L，高出城市污水 SS 浓度许多，高浓度的 SS 成为径流中有机物和营养盐吸附的载体，因此，SS 的去除是镇江市雨水径流污染治理的有效途径。尽管氮和磷的浓度低于城市污水，但远高于《地表水环境质量标准》GB 3838—2002 中 V 类水质标准。镇江市年平均降雨量为 1088.2mm，径流大部分经下水道或直接排入河流，这必将对水体造成很大污染，镇江市要治理氮和磷污染，控制商业区地表径流污染是关键。

11.4.3 城市功能区污染物浓度随降雨历时的变化规律

径流中污染物在来源、物质组成等方面存在较大的差别，降雨时径流中污染物随降雨历时发生明显变化。从 2006 年 10 次降雨中选取日期分别为 2006 年 5 月 12 日、2006 年 5 月 25 日、2006 年 6 月 8 日和 2006 年 7 月 25 日的 4 次典型降雨，分析镇江城市功能区径流中污染物随降雨历时变化曲线（图 11.4-2～图 11.4-5）。由图 11.4-2～图 11.4-5 可知，降雨初期污染物浓度较高，随降雨历时的延长污染物浓度逐渐下降，并趋于稳定，个别指标变化曲线有起伏。晴时地面上积累大量污染物，在降雨初期被雨水冲刷汇聚于径流，随着降雨历时的延长地面累积的污染物由于降雨的冲刷被径流迅速带走，从而使污染物浓度大幅度降低。

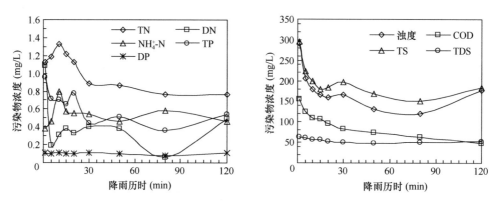

图 11.4-2 交通繁忙区污染物浓度随降雨历时变化（2006 年 5 月 12 日）

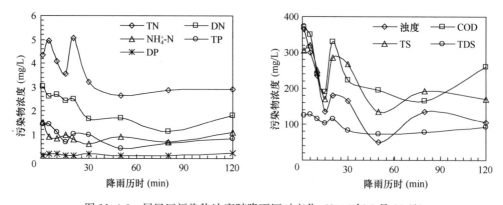

图 11.4-3 居民区污染物浓度随降雨历时变化（2006 年 5 月 25 日）

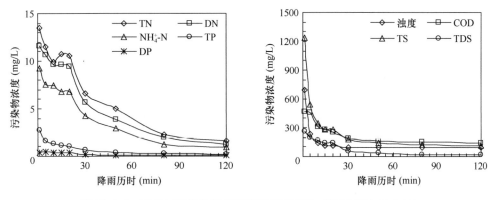

图 11.4-4　商业区污染物浓度随降雨历时变化（2006 年 6 月 8 日）

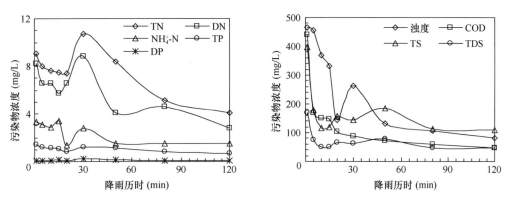

图 11.4-5　河滨公园污染物浓度随降雨历时变化（2006 年 7 月 25 日）

图 11.4-2 中交通繁忙区（电力路），径流初期 TN、DN、NH_4^+-N 浓度随降雨历时的增加而降低，10min 时达到峰值，然后随降雨历时的增加呈整体下降趋势。TP 浓度变化曲线具有起伏性的特点，随时间的增加呈递减趋势，可能受降雨强度的影响较大。DP 变化幅度很小，受降雨强度影响较小。浊度、COD、TS、TDS 随降雨历时变化曲线相似，随历时呈逐渐降低趋势。图 11.4-3 中居民区（西柴院）径流初期 TN 浓度 20min 时达到峰值后迅速下降，DN、NH_4^+-N 和 TP 浓度均随降雨历时的增加而平缓地降低，120min 时浓度均反常回升，可能源于外界污染源的瞬时排放，DP 变化幅度依然较小。浊度、COD、TS 浓度初期随降雨历时的增加迅速地下降至 15min 时的最低值，随后 20min 时达峰值，但并未超过径流初始的污染物浓度。

图 11.4-4 中商业区（斜桥街）TN、DN、NH_4^+-N、TP 浓度随降雨历时变化曲线极为相似，前 20min 污染物浓度均很高，浓度变化较为平缓，20min 后浓度急剧下降，源于该时刻降雨强度突然变大。浊度、COD、TS 浓度在 0～5min 内变化剧烈，随后趋于平缓，可能与商业区人流量、车流量较大，餐饮业发达有关，同时与该路段为沥青路面，地表比较粗糙，易于积累沉积物有关。因此，商业区在降雨初期污染负荷较大，特别是 TS 的负荷很高。图 11.4-5 中河滨公园 TN、DN、NH_4^+-N、TP 浓度降雨初期到 30min 之前，

变化较平缓，30min时径流中氮浓度达到峰值而后急剧下降，浊度也具有这样的变化特征，COD、TS浓度前5min变化剧烈，5min后变化较为平缓，变化趋势基本类似。DP、TDS随降雨历时浓度变化很小，说明降雨特征的变化对它们的影响较小。

11.4.4 城市功能区径流中污染物的形态输出

镇江城市功能区颗粒态氮（PN）和颗粒态磷（PP）平均值占总氮、总磷平均值的百分数见图11.4-6。径流中颗粒态氮占总氮的百分数范围为5.2%～15.1%，说明径流中以溶解态氮为主，其中居民区颗粒态氮含量最高，可能与居民区的环境状况和生活习惯有关；径流中固体物质以颗粒悬浮为主，其中商业区固体悬浮物占径流中总固体物质比例接近70%；各功能区中，颗粒态磷占总磷的百分数都超过了80%。因此，镇江市地表径流中固体悬浮物和颗粒态磷是污染物输出的主要形态，颗粒物是地表径流治理的首要对象，选择治理技术时应考虑颗粒物的去除效率。通过沉积或过滤去除城市地表径流中悬浮颗粒物，可以有效减少污染物含量，改善城市水体的水质状况，但经过沉积或过滤的城市地表径流，仍然不能忽视通过沉积或过滤不能去除的地表径流中含量较高的溶解态氮。

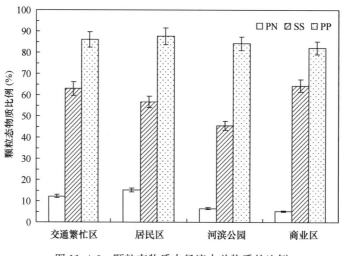

图11.4-6 颗粒态物质占径流中总物质的比例

11.4.5 城市功能区雨水径流污染物之间的相关分析

地表径流中的固体物质是径流水质的重要指标和其他污染物的吸附载体，分析径流中固体物质与其他污染物的相关性，能够有效地预测污染物的浓度，促进城市雨水径流污染的治理。镇江市城市功能区地表径流中污染物相关分析（表11.4-2），交通繁忙区、居民区、河滨公园和商业区中SS与TP相关性较高，说明了径流中以颗粒态磷为主，浊度和SS相关性较高反映了SS是影响径流浊度的主要因素；COD与TDS的相关性较高，反映了径流中溶解态的COD所占的比重较大；河滨公园和商业区中TDS与TN，DN有较高的相关性，说明这两功能区径流中以溶解态氮为主；商业区除了DP，其他污染性指标与

SS，TDS 相关性都比较高，说明径流中固体物质与该区径流中其他污染物有着密切的关系，这可能与商业区较复杂的自然和社会环境有关。由于径流中污染物来源的复杂性及污染物排放的差异性，因此，城市功能区地表径流中污染物指标的相关性存在较大变化，对其变化原因还需深入研究。

镇江市城市功能区地表径流中污染物相关分析　　　　　表 11.4-2

功能区	交通繁忙区		居民区		商业区		河滨公园	
	SS	TDS	SS	TDS	SS	TDS	SS	TDS
NH$_4^+$-N	0.1916	0.0122	0.0025	0.2272	0.9501	0.9614	0.0176	0.4589
TN	0.1273	0.0159	0.5056	0.4028	0.9201	0.8355	0.0415	0.818
DN	0.5118	0.2707	0.1697	0.4139	0.903	0.9593	0.0742	0.8595
TP	0.6139	0.6572	0.7168	0.6423	0.9855	0.9735	0.8495	0.3249
DP	0.3192	0.1515	0.0073	0.0306	0.1118	0.2723	0.0002	0.1812
COD	0.6581	0.7895	0.4788	0.6879	0.6409	0.8403	0.1941	0.8873
浊度	0.9495	0.7832	0.5953	0.7295	0.9986	0.9163	0.6312	0.2028

11.5 分析与讨论

（1）镇江市地表径流中主要传输粒径小于 $150\mu m$ 的颗粒物，特别是 $5\sim40\mu m$ 粒径段的颗粒在城市水环境中要予以特别的关注。

（2）商业区径流中污染物浓度均较大，SS 浓度高达 $978mg/L$，对于商业区地表径流的治理是控制城市雨水径流污染的关键；高负荷的 SS 是径流中有机物和营养盐吸附的载体，对于 SS 的去除是治理镇江雨水径流污染的有效途径。

（3）地表径流中污染物随雨水径流历时的变化取决于降雨特征、路面交通流量、周围环境特征以及土地使用功能等，降雨初期径流中污染物浓度较高，随降雨历时延长污染物浓度逐渐下降并趋于稳定，个别污染物指标变化有起伏。

（4）镇江市地表径流中磷主要为颗粒态，氮主要为溶解态，通过 SS 浓度预测径流中与其相关的污染物浓度，促进雨水径流污染的有效治理。

第12章 济南市不同下垫面雨水径流污染调查

12.1 调 查 目 的

济南市水资源贫乏，雨水利用是解决水资源短缺的一条有效途径。雨水水质对雨水处理技术和利用方式的选择有重要的影响，通过对济南市不同取水点的雨水水质进行监测，了解雨水形成径流后污染物变化规律，可为济南市雨水资源化提供基础数据。

12.2 实施调查单位/人员及调查时间

实施调查单位/人员：

山东建筑大学：李梅、张克峰、陈淑芬及研究生于晓晶、隋涛；

实施调查时间：2007年5月～10月。

12.3 调 查 方 法

12.3.1 样品采集概况

采样区域及具体地点见表12.3-1。

具体检测点位与下垫面类型   表 12.3-1

序号	下垫面类型	检测点位	特征
1	平顶沥青油毡屋面	大观园人民商场附近某居住区屋面	十五年前的住宅楼，屋面材料旧
2	平顶水泥屋面	山东建筑大学松三学生公寓屋面	近几年新建的宿舍楼，屋面材料新
3	坡顶瓦屋面	燕山小区某住宅屋面	屋面材料新，污染小
4	沥青石子路面	山东建筑大学松三学生公寓附近路面	步行街道，机动车辆少
5	沥青路面	解放桥路口路面	机动车辆多

12.3.2 样品采集方式

采样时间安排在2007年5月～10月，共进行9次集中采样，采样时间分别为径流形成开始计为0min，随后分别在10min，40min，70min，100min时进行采样；采用纯净矿泉水瓶自制取样器取样，纯净矿泉水瓶保存水样。

12.3.3 检测方法

相关指标检测和数据处理采用《水和废水检测分析方法》（第四版）中标准方法。指标检测方法见表12.3-2。

指标检测方法 表 12.3-2

序号	基本项目	检测方法	分析仪器
1	色度	稀释倍数法	—
2	pH	便携式 pH 计法	PHS-3B 精密 pH 计
3	SS	采用重量法测定	FA-2004 电子天平
4	COD	采用重铬酸盐法	JH-12 型 COD 恒温加热器
5	氨氮	采用纳氏试剂紫外分光光度法	UV-2100 紫外可见光分光光度计
6	总氮	采用过硫酸钾氧化紫外分光光度法	UV-2100 紫外可见光分光光度计
7	总磷	采用钼锑抗分光光度法	UV-2100 紫外可见光分光光度计
8	Cl^-、SO_4^{2-}	采用离子色谱分析方法	DX-80 离子色谱仪

12.4 调查数据及分析

12.4.1 不同下垫面雨水水质指标比较

1. 不同屋面雨水水质

从多次对济南市的屋面雨水的测试与分析中可以看出，平顶沥青油毡屋面雨水径流的水质比水泥、瓦屋顶屋面污染严重，其中坡顶瓦屋面的雨水水质最好。屋面雨水水质变化具有随机性，但污染最严重的屋面雨水径流一般都发生在每年最初几场雨或夏季高温期。如图 12.4-1、图 12.4-2 所示，5 月份和 6 月份油毡屋面的初期雨水水质一般较差。

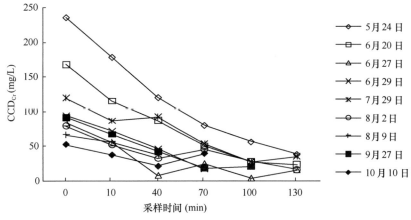

图 12.4-1 油毡屋面雨水径流 COD_{Cr} 随径流时间变化曲线图

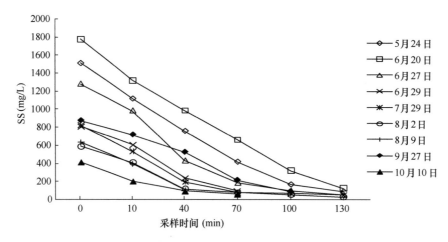

图 12.4-2 油毡屋面雨水径流 SS 随径流时间变化曲线图

如图 12.4-3～图 12.4-6 所示，6 月份瓦屋面、水泥屋面初期雨水水质较差。天然雨水中各指标的浓度较低，初期径流中较高浓度的污染物来自屋面，这是因为在冬春旱季里屋顶积累了大量的沉积物，在雨季来临时被冲刷下来，从而使径流污染物浓度升高。

济南市在 10 年前已经禁止使用污染严重的三油四毡材料作为屋面材料，目前，大部分屋面材料已经变成了水泥砂浆和砖瓦。流经水泥屋面的雨水，去除前 10min 内的初期径流以后，COD_{Cr} 的浓度不大于 200mg/L，SS 的浓度小于 700mg/L，如图 12.4-3 和图 12.4-4；流经坡屋顶瓦屋面的雨水，去除前 10min 内的初期径流后，COD_{Cr} 的浓度将小于 50mg/L，SS 的浓度小于 100mg/L，如图 12.4-5 和图 12.4-6，其水样澄清，水质较好。

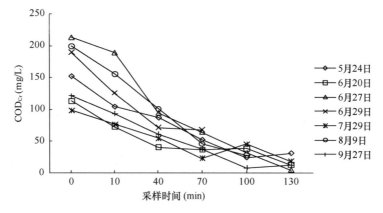

图 12.4-3 水泥屋面雨水径流 COD_{Cr} 随径流时间变化曲线图

2. 不同路面雨水水质

路面雨水径流主要污染物来自干、湿污染物颗粒沉降、大气中淋溶的污染物，垃圾的积聚和交通运输等。污染物组成与性质和路面材料、路面老化程度、路面清洁度以及水土流失等因素有关，因此其随机性和变化幅度很大。特别是市区主要交通道路污染因素更多。

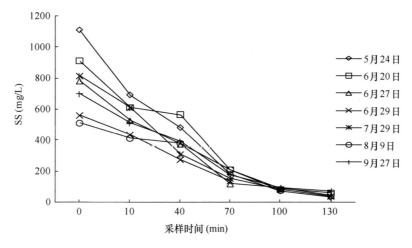

图 12.4-4 水泥屋面雨水径流 SS 随径流时间变化曲线图

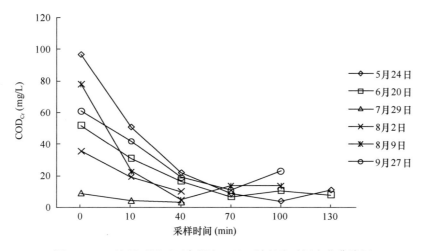

图 12.4-5 坡顶瓦屋面雨水径流 COD_{Cr} 随径流时间变化曲线图

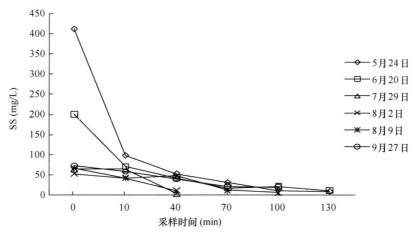

图 12.4-6 坡顶瓦屋面雨水径流 SS 随径流时间变化曲线图

道路初期雨水 COD_{Cr} 和 SS 浓度比较高,如图 12.4-7~图 12.4-10。从图中数据可得出,路面雨水径流水质变化随机性虽然很大,有波动,但总体规律为初期径流污染最严重,COD_{Cr} 和 SS 浓度高;受降雨强度、降雨量和降雨间隔时间等因素的影响;随降雨历时的延长,浓度逐渐下降。在交通道路上,由于来往车辆等随机因素的影响,后期径流污染的浓度也会再出现一些小峰值。

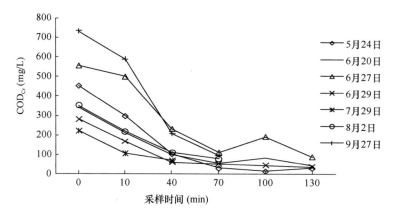

图 12.4-7 解放桥路面雨水中 COD_{Cr} 随径流时间的变化曲线图

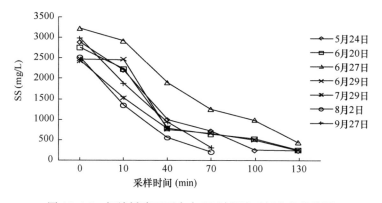

图 12.4-8 解放桥路面雨水中 SS 随径流时间变化曲线图

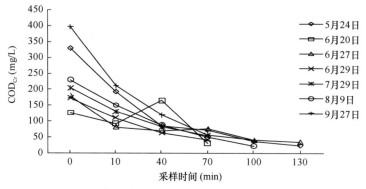

图 12.4-9 学校路面雨水 COD_{Cr} 随径流时间变化曲线图

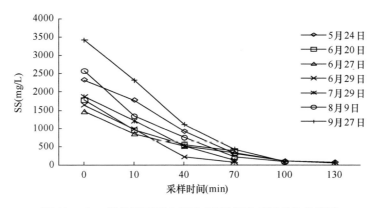

图 12.4-10 学校路面雨水径流 SS 随径流时间变化曲线图

路面雨水径流水质取决于以下 4 个因素：

（1）车流量情况。根据实验可得出在车流量相对较少的校区，雨水径流的水质相对较好；

（2）路面污染物的积累和日常清洁维护的程度；

（3）汇水面大小及污染状况；

（4）降雨强度、降雨量和降雨间隔时间。

12.4.2 雨水水质随雨水径流时间变化趋势分析

1. 色度随雨水径流变化趋势

从收集水样来看，初期路面雨水呈现黑褐色，30min 后水样变为黄褐色，经过 3h 以上的沉淀以后，其水样颜色逐渐变为浅黄色。油毡屋面的初期雨水呈黄色，之后随采样时间延长颜色逐渐变淡，但经过沉淀后水样仍呈现浅黄色。学校水泥屋面雨水和瓦屋面的初期雨水呈现灰色，随采样时间延长逐渐澄清。如图 12.4-11 所示，路面雨水的色度要远远大于屋面雨水的色度，并且随着采样时间的延长，色度变小。

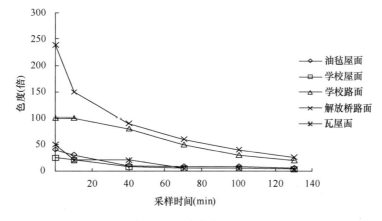

图 12.4-11 不同下垫面雨水色度随径流时间变化曲线图

2. pH 随雨水径流变化

如图 12.4-12 所示，屋面和路面的 pH 介于 7.0～8.0，流经不同下垫面（除瓦屋面以外）的雨水随采样时间延长，pH 有上升的趋势；流经瓦屋面的雨水在降雨初期 pH 增大，之后随着降雨历时的增长而逐渐减小。学校屋面雨水 pH 随采样时间不同变化明显，而瓦屋面、油毡屋面和路面雨水的 pH 变化平缓，并且同一时间内流经机动车路面的雨水 pH 偏大。这是由于各下垫面（除瓦屋面）表面比较粗糙，积留在表面缝隙中的污染物不容易被冲洗掉，但容易受降雨的侵蚀，由于后期雨水径流流速缓慢，下垫面内的物质会因浸泡时间长而被携带进径流中去，导致后期径流的 pH 增大。瓦屋面是坡状屋顶，瓦材料表面平滑，不容易滞留污染物，所以除初期雨水带走大量附着在材料表面的污染物致使 pH 增加外，后期雨水随降雨历时的增加其 pH 逐渐减小。对于一般地下水人工回灌水质要求、城市杂用水水质要求及景观用水的再生水水质要求而言，pH 在 6.0～9.0，不同下垫面的雨水径流的 pH 可满足要求。

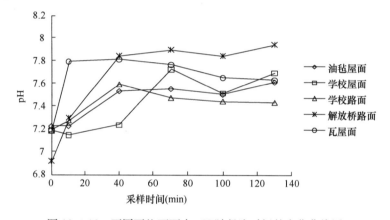

图 12.4-12　不同下垫面雨水 pH 随径流时间的变化曲线图

3. 污染物浓度随径流时间变化趋势

如图 12.4-13 和图 12.4-14，对雨水 COD_{Cr} 和 SS 分析结果表明，在降雨形成过程中，屋面和路面雨水在初期径流刚形成时污染物浓度达到最高值，其中 COD_{Cr} 随降雨历时延

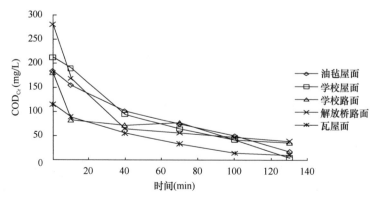

图 12.4-13　不同下垫面雨水中 COD_{Cr} 随径流时间变化曲线图

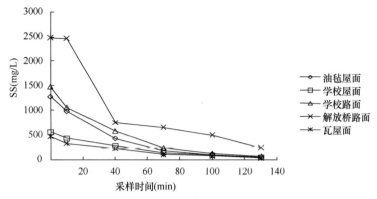

图 12.4-14 不同下垫面雨水中 SS 随径流时间变化曲线图

长，浓度逐渐下降并趋于稳定。屋面雨水 SS 在径流形成 10min 以后，大幅下降，从水泥和瓦屋面再次取得的水样变得澄清，从油毡屋面所取得水样从形成径流时的黄褐色变成了浅黄色，路面 SS 浓度高，一般在径流形成 50min 以后，水样才逐渐澄清。降雨后期屋面雨水 COD$_{Cr}$、SS 分别可维持在 20mg/L 以下和 50mg/L 以下，后期路面雨水 COD$_{Cr}$ 可维持在 50mg/L 左右，SS 在 350mg/L 左右。可见，屋面雨水在去除前 10min 的初期径流后，水质较好，基本可以利用，而路面雨水需要进一步处理。

4. 氨氮、总氮、总磷随径流时间的变化趋势

如图 12.4-15，氨氮浓度在 2～15mg/L，随降雨历时延长其浓度有减小趋势，当降雨 60min 后逐渐趋于平稳。相比而言，在降雨初期水泥屋面、瓦屋面和机动车路面的氨氮浓度较高，到了后期几种下垫面径流氨氮浓度都在 2～4mg/L，根据城市杂用水标准，氨氮要求在 10～20mg/L，可见流经不同下垫面的雨水能够满足要求。由图 12.4-16、图 12.4-17 可知，总氮在 2～16mg/L，总磷在 0.05～0.5mg/L，随降雨历时的延长两者都呈下降趋势，降雨后期，总氮浓度在 2～6mg/L，总磷浓度在 0.05～0.2mg/L。根据景观用水再生水的水质标准，总氮含量为 15mg/L，总磷含量为 0.5～2.0mg/L，由此可知去除初期径流后，雨水水质基本满足要求。

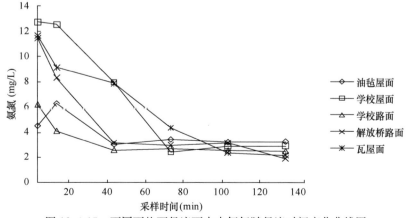

图 12.4-15 不同下垫面径流雨水中氨氮随径流时间变化曲线图

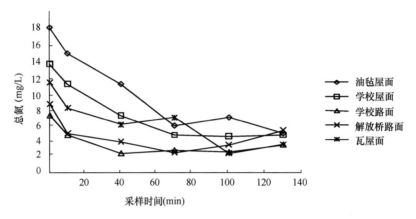

图 12.4-16　不同下垫面雨水中总氮随径流时间变化曲线图

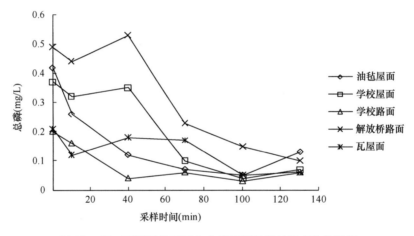

图 12.4-17　不同下垫面雨水中总磷随径流时间变化曲线图

5. 阴离子随降雨历时的变化分析

如图 12.4-18、图 12.4-19 所示，雨水中的 Cl^-、SO_4^{2-} 浓度随着雨水径流时间的增加

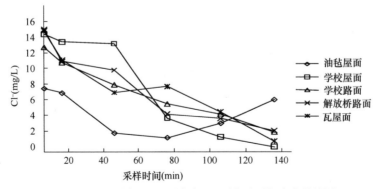

图 12.4-18　不同下垫面雨水中 Cl^- 随径流时间变化曲线图

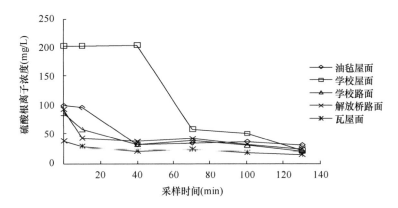

图 12.4-19 不同下垫面雨水中 SO_4^{2-} 随径流时间变化曲线图

而逐渐减小，可以看出流经水泥屋面的雨水中阴离子的含量较大，降雨后期，两种离子的浓度都出现大幅度下降，例如 Cl^- 浓度在 $6mg/L$ 以下，SO_4^{2-} 浓度在 $50mg/L$ 以下，低于《生活饮用水卫生标准》GB 5749—2006 所要求的标准（氯化物 $250mg/L$、硫酸盐 $250mg/L$）。

12.4.3 济南市城区雨水径流污染物冲刷规律研究

研究雨水径流对污染物的冲刷规律对于雨水利用系统的水质控制和非点源污染控制有重要的意义。国外研究者已建立一些相关的模型，如统计模型和机理模型等。但由于非点源污染具有随机性、非连续性、广泛性、滞后性、潜伏性等特点，使得它的机理非常复杂，加上地域差别，导致一些模型适用性降低，对径流污染定量的准确度有一定的影响。通过济南市 2007 年雨水径流监测数据，得出了济南市城区雨水径流污染物的冲刷模型和规律。

1. 不同汇水面污染物冲刷曲线及冲刷模型

应用最广泛的冲刷模型是 SWMM 模型和 STORM 模型采用的"一阶负荷模型"，该模型描述地面污染物随径流时间的变化率与降雨强度以及停留在地面上的污染物量的关系，表达式为：

$$p_t = p_0 e^{-kr(t-t_0)} \tag{12.4-1}$$

式中 k——冲刷系数，mm^{-1}；

$\quad\quad r$——降雨强度，mm/h；

$\quad\quad t$——径流时间，h；

$\quad\quad p_0$——计算开始时刻地面污染物量；

$\quad\quad p_t$——计算时刻 t 时地面污染物量。

该模型不能直接给出径流中污染物量的变化，使用不方便。

根据对济南城区的天然雨水、屋面、路面的雨水径流污染物（COD_{Cr}、SS、TP、TN、NH_3-N 等）浓度随时间变化的大量实测曲线统计分析，得出以下城市径流污染物浓度变化的一般表达式：

$$C_t = C_0 e^{-K \cdot t} \tag{12.4-2}$$

式中 C_0——初始时径流中的污染物浓度，mg/L；

        C_t——径流过程中 t 时刻的污染物浓度，mg/L；

       K——综合冲刷系数，表征降雨强度、汇水面性质和污染物性状等综合影响因素，min^{-1}；

       t——形成径流后的降雨持续时间，min。

式（12.4-2）比式（12.4-1）更简捷直观，便于测定和控制应用。如图 12.4-20、图 12.4-21 为不同汇水面雨水径流 COD_{Cr} 及 SS 曲线，图 12.4-22～图 12.4-24 为 TN、TP、NH_3-N 曲线，表 12.4-1 的数据反映出拟合方程的拟合度均较好。

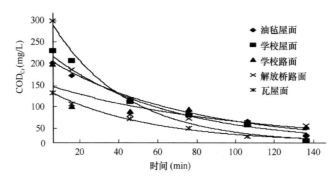

图 12.4-20   不同下垫面雨水中 COD_{Cr} 随径流时间曲线图

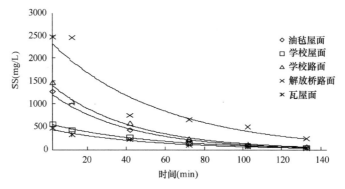

图 12.4-21   不同下垫面雨水中 SS 随径流时间曲线图

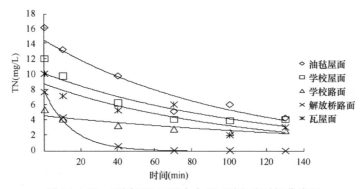

图 12.4-22   不同下垫面雨水中 TN 随径流时间曲线图

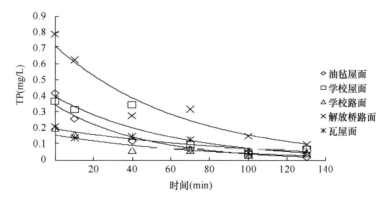

图 12.4-23 不同下垫面雨水中 TP 随径流时间曲线图

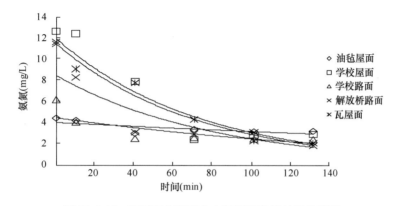

图 12.4-24 不同下垫面雨水中氨氮随径流时间曲线图

雨水径流对 COD_{Cr}、SS、TN、TP 和氨氮的冲刷曲线拟合 表 12.4-1

拟合		汇水面				
		水泥屋面	油毡屋面	瓦屋面	解放桥路面	学校路面
COD_{Cr}	拟合方程	$Y=271.4e-0.02t$	$Y=198.1e-0.01t$	$Y=114.3e-0.02t$	$Y=185.7e-0.01t$	$Y=127e-0.01t$
	拟合度	$R^2=0.870$	$R^2=0.945$	$R^2=0.989$	$R^2=0.826$	$R^2=0.809$
SS	拟合方程	$Y=555.1e-0.01t$	$Y=1206e-0.02t$	$Y=443.5e-0.02t$	$Y=2327e-0.01t$	$Y=1415e-0.02t$
	拟合度	$R^2=0.994$	$R^2=0.994$	$R^2=0.980$	$R^2=0.932$	$R^2=0.996$
TN	拟合方程	$Y=10.15e-0.0087t$	$Y=14.54e-0.01t$	$Y=8.82e-0.01t$	$Y=7.85e-0.06t$	$Y=4.58e-0.005t$
	拟合度	$R^2=0.838$	$R^2=0.897$	$R^2=0.755$	$R^2=0.984$	$R^2=0.816$
TP	拟合方程	$Y=0.399e-0.017t$	$Y=0.346e-0.02t$	$Y=0.195e-0.0099t$	$Y=0.714e-0.015t$	$Y=0.157e-0.013t$
	拟合度	$R^2=0.800$	$R^2=0.977$	$R^2=0.805$	$R^2=0.940$	$R^2=0.824$

续表

拟合		汇水面				
		水泥屋面	油毡屋面	瓦屋面	解放桥路面	学校路面
氨氮	拟合方程	$Y = 11.98e - 0.014t$	$Y = 4.05e - 0.024t$	$Y = 11.49e - 0.014t$	$Y = 8.50e - 0.012t$	$Y = 4.48e - 0.006t$
	拟合度	$R^2 = 0.801$	$R^2 = 0.543$	$R^2 = 0.963$	$R^2 = 0.814$	$R^2 = 0.642$

需要说明，式（12.4-2）是通过济南市城区一个雨季的冲刷实测数据得出的城区径流对汇水面污染物冲刷规律的一般表达，部分降雨冲刷过程符合该模型。但当有汇水面大而且复杂、不规整、污染物分布不均匀性显著、降雨强度变化较大或地面有来往机动车辆等随机因素干扰时，可能出现偏差，主要表现在冲刷过程中或后期会出现浓度波动现象。

2. 冲刷规律的主要影响因素

（1）径流污染物初始浓度的影响

通过对 2007 年不同月份济南市屋面和路面雨水径流水质的数据分析，得出屋面和路面雨水初期径流的 COD_{Cr} 范围为 $100 \sim 800mg/L$。同一径流表面，当冲刷强度一定，初期浓度越大，经历相同的降雨历时，末期浓度越大；初期浓度越大，要达到相同的末期浓度，所需要的时间越长；但降雨历时越大，由不同初期浓度所引起的末期浓度的差别越小。

对屋面而言，沥青油毡屋面较水泥屋面和瓦屋面的初期 COD_{Cr} 浓度高，瓦屋面的初期浓度最低，在同一场降雨中，油毡屋面后期径流的浓度也相对较高；而路面的污染、来往车辆和清扫状况直接影响径流的初期浓度，进而影响路面雨水径流对污染物的冲刷规律。

（2）冲刷强度的影响

通过对大量数据的统计分析和冲刷模型的比较发现，当汇水面上的污染物状况一定，降雨强度和汇水面性质是影响 K 值的主要因素。

当降雨历时相同，不同降雨冲刷强度下的径流污染物浓度相差较大，降雨强度越大，达到某一末期浓度所需时间越短。

在实际降雨过程中，屋面主要以溶解性或小颗粒污染物为主，冲刷过程波动很小；而路面的颗粒较大，汇水面不均匀，有滞留作用，并且受来往车辆和雨前路况清扫等复杂因素的综合影响，冲刷过程波动较大。

冲刷规律的波动一般由某些随机因素引起，尤其易出现在降雨强度波动大，污染物颗粒较大、路面不平整、来往车辆多或降雨后期等情况下。而绝大多数的降雨冲刷均符合一般规律，尤其屋面干扰因素小，其降雨冲刷大多符合规律。

（3）综合影响

实际条件下，雨水径流对面源污染物的冲刷规律受各种因素的交叉作用、综合影响，机制复杂，如冲刷强度会影响初期浓度，初期浓度也影响冲刷强度（K 值）。一般而言，在同一场降雨中，由于汇水面积小而平整，屋面的 K 值一般比路面大。

12.4.4　雨水水质比较和分析

对济南市不同下垫面进行雨水收集监测，指标数值为去除前 10min 的初期径流雨水后多次测试的平均值，与《城市污水再生利用　景观环境用水水质》GB/T 18921—2002 和《城市污水再生利用　城市杂用水水质》GB/T 18920—2002 比较见表 12.4-2。

济南市雨水径流水质指标及回用水标准比较　　　　　　表 12.4-2

汇水地点	COD_{Cr} (mg/L)	SS (mg/L)	pH	TP (mg/L)	TN (mg/L)	NH_3-N (mg/L)	氯化物 (mg/L)	色度 (倍)
油毡屋面	32.70	507.0	7.29	0.14	10.5	3.87	4.29	16
学校屋面	85.05	351.5	7.25	0.16	6.27	6.82	8.29	13
解放桥路面	101.22	969.3	7.49	0.31	3.87	5.74	7.02	66
学校路面	88.95	587.5	7.29	0.31	3.42	2.69	4.58	50
景观用水水质标准	—	10～20	6.0～9.0	0.5～1.0	15	5	—	30
城市杂用水水质标准	—		6.0～9.0	—		10～20		30

济南市屋面雨水和路面雨水，在最初形成径流 10min 内水质较差，但是去除前 10min 的初期径流雨水，与《城市污水再生利用　景观环境用水水质》GB/T 18921—2002 指标相比，SS 不符合标准、氨氮略有超标，路面雨水的色度超标，这是由于车辆轮胎摩擦和行人等多种因素造成的；与《城市污水再生利用　城市杂用水水质》GB/T 18920—2002 标准相比，路面雨水的色度超标。雨水经过简单处理工艺（如沉淀，在去除 SS 的同时便可以去除部分氨氮、有机物和色度）即可回用作景观用水或城市杂用水。因此济南市雨水利用的潜力很大，可充分利用雨水作为第二水源。

12.5　分析与讨论

（1）通过对天然降雨的水质和不同下垫面的雨水水质进行分析，得出污染主要来自于各汇水面的材料及对应污染情况。屋面雨水水质受屋面的材料、坡度、气温、降雨强度、降雨量及降雨历时等诸多因素的影响。平顶沥青油毡屋面雨水径流的水质优于水泥屋面，坡顶瓦屋顶屋面雨水水质最好，路面雨水水质受路面污染情况和清扫程度的影响，实验得出市区主要交通道路解放桥比校区路面雨水污染严重，道路初期雨水的 COD 和 SS 浓度有时可能超过城市污水。

（2）通过实验得出济南城区径流污染物浓度变化的模型，主要是雨水径流对 COD_{Cr}、SS、TN、TP 和氨氮的冲刷曲线拟合，冲刷规律受径流污染物初始浓度、冲刷强度（K 值）及其综合因素的影响。在同一场雨中，屋面的 K 值一般比路面大。

（3）雨水径流主要污染物是有机污染物和悬浮性固体。前 10min 的初期雨水水质较差。

（4）雨水水质的指标很多，本次研究只选取其中几个指标进行了测试，应对有关金属指标进行进一步检测，例如 Cu、Pb、Zn 等；其次仅测试了 2007 年一年内降雨的雨水水质情况，只能初步反映城区屋顶和道路径流的水质现状。由于雨水水质变化波动大，随机性大，所以需要更多的数据进行支持。

（5）本次研究对于济南市城区下垫面分析还不够全面，雨水水质随径流时间的变化规律建立在不同下垫面的基础上，尚需进一步详细分类和计算。

第 13 章　澳门城市雨水径流污染调查

13.1　调　查　目　的

本调查在澳门遴选不同土地利用和下垫面的城市汇水区，采用雨水径流现场监测手段，旨在掌握城市雨水径流污染特征，为澳门下水道系统和沿岸雨水排放口的污染物预测控制和整治的管理策略提供科学依据。

13.2　实施调查单位/人员及调查时间

实施调查单位/人员：

清华大学环境科学与工程系：黄金良、杜鹏飞、赵冬泉；

澳门大学科技学院：欧志丹、王志石；

澳门民政总署渠务处：李梅香、何万谦；

实施调查时间：2005 年 4 月～8 月。

13.3　调　查　方　法

13.3.1　样品采集概况

1. 采样区域及具体地点

在澳门选择下垫面分别为屋面、路面、商住混合区和公园绿地汇水区。①屋面汇水区：在民政总署渠务处选取铁皮屋和混凝土屋面各一处。由于铁皮生锈程度不同，又分出两汇水区分别采样。三个屋面汇水区基本情况如下：铁皮屋汇水区 A，时间约 10 年，生锈较严重，面积约 450m²；铁皮屋汇水区 B，时间约 5 年，较少生锈，面积约 200m²；混凝土屋面，面积约 64m²。②孙逸仙大马路汇水区：面积约 3875m²，属沥青公路，中间有约 1.5m 宽的绿化隔离带，双车道，每车道宽约 7m，车流量约为 500～2400 辆/h。日交通流量可达 18000 辆。③雅廉访汇水区：分流制管道系统，面积 13.65km²，平均坡度 4%。土地构成中商住混合区占 52%，住宅区占 15%，绿地面积占 28%，学校等其他用地占 5%。④二龙喉汇水区：雅廉访汇水区的上游，面积 4.67km²，平均坡度 20%，绿地面积占 70% 以上，其余为路面等。⑤新马路汇水区：合流制管道系统，面积 3.8km²，平均坡度 5.4%，商住混合区占 86%，9% 为政府机关用地，5% 为住宅区。

2. 采样时间及降雨情况

试验小区 2005 年 6 月~8 月暴雨监测及取样情况见表 13.3-1。

采样时间与降雨情况统计表　　　　　　　　　　　　　　　表 13.3-1

采样日期	降雨量（mm）	降雨历时（min）	样品数（个）	备注：采样地点
6 月 14 日	5.2	35	7+7	铁皮屋 2 处采样
6 月 21 日	6.6	97	12	孙逸仙大马路采样
7 月 21 日	4.6	25	8+8+6+6+1	屋面 3 处，孙逸仙大马路、雨水空白样
8 月 9 日	7.2	58	10+11	二龙喉、雅廉访
8 月 16 日	15.2	81	7+6+10+11	屋面 3 处、雅廉访
8 月 21 日	3.4	122	12	雅廉访
8 月 24 日	2.4	80	12	雅廉访

13.3.2　样品采集方式

在屋面汇水区通过工程措施，将屋面雨水引流。并进行人工采样。每场雨采 8 个样。取样频次为：降雨 60min 内每隔 10min 采一个样，之后每隔 30min 采一个样。每个水样为 1000mL。

在二龙喉、雅廉访和孙逸仙大马路 3 个汇水区选定雨水井处做工程安置自动采样器（ISCO 6712）。通过调试设定采样频率进行自动采样。在降雨初始冲刷阶段，自产流起的 30min 内，每隔 5min 自动采一个样，30min 至 60min 每隔 10min 自动采一个样，60min 至 120min，每隔 30min 自动采一个样。一场暴雨采样 12 个，每个水样为 950mL。

13.3.3　检测方法

样品的检测项目包括：pH、TSS、TN、TP、COD_{Mn}、TOC、Pb、Zn、Fe、Cu。检测工作由澳门总政总署化验所负责。检测方法主要根据《水和废水监测分析方法》（第四版）。具体方法见表 13.3-2。

指标检测方法　　　　　　　　　　　　　　　表 13.3-2

序号	基本项目	检测方法
1	pH	便携式 pH 计法
2	TSS	重量法（烘干）
3	TN	钼锑抗分光光度法
4	TP	钼锑抗分光光度法
5	COD_{Mn}	高锰酸钾法
6	TOC	非色散红外线吸收法
7	Pb	火焰原子吸收法（原子吸收分光光度法）
8	Zn	火焰原子吸收法（原子吸收分光光度法）
9	Fe	火焰原子吸收法（原子吸收分光光度法）
10	Cu	火焰原子吸收法（原子吸收分光光度法）

13.4 调查数据及分析

13.4.1 不同城市下垫面汇水区雨水径流水质分析

根据 2005 年 6 月～8 月的暴雨监测数据，分别统计雅廉访汇水区（商住混合区为主）、二龙喉汇水区（公园绿地为主）、孙逸仙大马路和屋面汇水区雨水径流水质参数最高值、最低值及算术平均值，并与《地表水环境质量标准》GB 3838—2002 中 V 类水质标准进行对照，见表 13.4-1（1）和表 13.4-1（2）。

由表 13.4-1（1）可知，商住混合区汇水区 TN、TP、COD$_{Mn}$多场雨水径流平均值超过《地表水环境质量标准》GB 3838—2002 中 V 类水质标准值 2～4 倍以上。二龙喉公园绿地汇水区 TN、TP 均超过《地表水环境质量标准》GB 3838—2002 中 V 类水质标准值 2 倍多。孙逸仙大马路路面雨水径流主要污染物是 COD$_{Mn}$，其均值超过《地表水环境质量标准》GB 3838—2002 中 V 类水标准值 3 倍多。由表 13.4-1（2）可知，铁皮屋的 Zn、COD$_{Mn}$、TN 降雨平均浓度均超出《地表水环境质量标准》GB 3838—2002 中 V 类水质标准。混凝土屋面雨水径流的 TN 平均浓度超出《地表水环境质量标准》GB 3838—2002 中 V 类水质标准。

澳门城市试验汇水区雨水径流水质特征（雅廉访汇水区）　表 13.4-1（1）

含量范围 （均值）	雅廉访汇水区（商住 混合区为主）	二龙喉汇水区 （公园绿地为主）	孙逸仙大马路汇水区 （城市路面）	新马路合流 制汇水区干 期水质*
pH	7～7.6(7.2)	6.4～7.6(7)	7.4～8.1(7.6)	6.9
TSS(mg/L)	10～536(119.3)	15～904(167.3)	20～612(112.75)	103.5
Zn(mg/L)	0.008～0.185(0.0537)	0.016～0.059(0.042)	0.028～0.112(0.065)	0.116
Pb(mg/L)	0.0011～0.0153(0.0032)	0.0012～0.0124(0.005)	0.0076～0.0228(0.012)	0.012
Cu(mg/L)	0.0014～0.0248(0.0049)	0.0036～0.0063(0.0049)	0.0117～0.0227(0.0158)	0.015
TOC(mg/L)	3.2～159(19.5)	6～96.2(33.1)	—	106.7
COD$_{Mn}$(mg/L)	7.3～496(67.97)	—	5～65(45.2)	459
TN(mg/L)	0.94～19.7(4.62)	1.7～16.4(4.97)	0.34～2.76(1.55)	33.7
TP(mg/L)	0.42～3.78(1.79)	0.08～3.94(0.8)	0.12～0.71(0.35)	2.31

澳门半岛城市试验汇水区雨水径流水质特征　表 13.4-1（2）

含量范围 （均值）	铁皮屋 A(生锈)	铁皮屋 B (不生锈)	混凝土	雨水空 白样	《地表水环境 质量标准》 GB 3838— 2002 V 类 标准值
pH	6.4～7.1(6.85)	6.6～7(6.8)	7.5～7.9(7.8)	4.2	6～9
Zn(mg/L)	6.6～17.9(8.93)	4.13～16.8(8.6)	0.008～0.091(0.026)	0.149	≤2

续表

含量范围 (均值)	铁皮屋 A(生锈)	铁皮屋 B (不生锈)	混凝土	雨水空 白样	《地表水环境 质量标准》 GB 3838— 2002 V 类 标准值
Pb(mg/L)	0.005~0.0394(0.0161)	0.0015~0.0729(0.0205)	0.0011~0.0166(0.0045)	0.0114	≤0.1
Cu(mg/L)	0.0026~0.0106(0.00585)	0.0029~0.0111(0.0057)	0.0031~0.0102(0.007)	0.003	≤1
TOC(mg/L)	5.6~31.3(13.4)	5.6~20.5(9.97)	4.2~9.1(6.5)	4.9	—
COD$_{Mn}$(mg/L)	13.7~92(48.52)	30~97(52.3)	5~26(12.75)	16	≤16
TN(mg/L)	1.53~5.6(2.8)	1.35~6.52(2.82)	1.22~2.96(2.08)	1.6	≤2

划下划线的数字为超标;"—"为无或缺失数据;新马路合流制汇水区干期取样时间 4 月 17 日、5 月 19 日、6 月 24 日和 8 月 3 日非降雨时期(干期)在主要用水时间所取混合水样。

COD$_{Mn}$浓度排序依次是:合流制干期>商住混合区>铁皮屋面>路面>混凝土屋面。合流制干期 COD 浓度均值达到 459mg/L,远超出《地表水环境质量标准》GB 3838—2002 中 V 类水质标准。铁皮屋的平均 COD$_{Mn}$浓度是混凝土的 4 倍左右,瞬时浓度超出《地表水环境质量标准》GB 3838—2002 中 V 类水质标准值 5 倍以上,反映了屋面材料对屋面雨水径流水质的影响。TSS 浓度除屋面雨水径流外,在其他汇水区的结果显示,公园绿地为最高,其次为雅廉访商住混合区和路面汇水区,合流制干期水样 TSS 值最小。公园绿地覆盖度不高的苗圃是导致 TSS 高的原因。

TN 浓度的排序:合流制干期>公园绿地>商住混合区>铁皮屋>混凝土屋面>路面>空白雨水样。合流制干期 TN 浓度值达 33.7mg/L,超出《地表水环境质量标准》GB 3838—2002 中 V 类水标准值 15 倍多。公园绿地雨水径流的 TN 平均浓度值也达 4.97mg/L,超出《地表水环境质量标准》GB 3838—2002 中 V 类水质标准值 2.5 倍,这与公园绿地苗圃施肥有关。从测定的 TP 看,以合流制干期径流水质最高。

Zn 浓度的排序是:铁皮屋>空白雨水样>合流制干期>路面>商住混合区>公园绿地>混凝土屋面。Zn 是铁皮屋面雨水径流最主要的污染物,其平均浓度值达到 8.6~8.9mg/L,超出《地表水环境质量标准》GB 3838—2002 中 V 类水质标准值 4 倍多,尤其是铁皮屋的个别水样水质超标更是达 8 倍以上。混凝土屋面 Zn 平均浓度为 0.026mg/L,铁皮屋面雨水径流的 Zn 平均浓度是混凝土屋面的 300 倍以上。

Pb 浓度的排序:铁皮屋>合流制干期、路面>空白雨水样>商住混合区>公园绿地>混凝土屋面。重金属 Cu 排序依次是:路面>合流制干期>混凝土屋面>铁皮屋面>商住混合区、公园绿地>空白雨水样。从各个试验小区看,重金属 Pb、Cu 平均浓度值都在《地表水环境质量标准》GB 3838—2002 中 V 类水质标准范围之内。

pH 的排序依次是:混凝土屋面>路面>商住混合区>公园绿地>合流制干期>铁皮屋>空白雨水样。混凝土的 pH 变幅范围在 7.5~7.9,平均值为 7.8,远高于铁皮屋的 6.8。其原因可能与混凝土屋面材料有关。空旷处采集的雨水混合样 pH 呈强酸性,酸雨会致使铁皮屋面的 Zn 淋失。随着 pH 的下降,径流中的 Zn、Pb、Fe 浓度具有上升的趋势。澳门铁皮屋面雨水径流中含有高浓度的 Zn 是酸雨与铁皮材料中 Zn 淋失共同作用的结果。据调查，澳门有近 60% 的屋面材料为铁皮屋，应加强控制铁皮材料在屋顶的使用。

13.4.2 城市汇水区水质参数随降雨过程历时变化

图 13.4-1 为雅廉访汇水区和二龙喉汇水区 2005 年 8 月 9 日雨水径流主要污染物浓度随降雨历时变化。

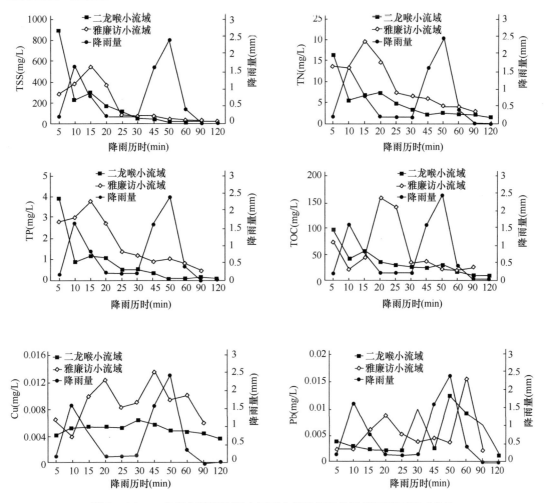

图 13.4-1 二龙喉和雅廉访汇水区雨水径流污染物浓度随降雨历时变化

由图 13.4-1 可知，尽管雨型呈双峰状，后期雨量增大，但随着降雨的持续，二龙喉汇水区的 TSS、TN、TP 和 TOC 浓度峰值出现在第一个水样，并迅速回落，有持续下降的趋势。雅廉访汇水区的 TSS、TN、TP 和 TOC 浓度峰值出现在降雨 15~20min 后，随后浓度降低。两个汇水区 Pb 浓度呈锯齿状，出现两浓度峰值。尤其是二龙喉汇水区的第二个浓度峰值，也是瞬间浓度的最高值，出现在降雨 50min 后，此时降雨量也最大。而雅廉访汇水区的第二个峰值即瞬时浓度的最高值出现在降雨 60min 后，稍滞后于雨量峰值，该现象与降雨特征和流域面积有关。

从两不同土地利用的汇水区降雨过程中几个主要污染物的瞬时浓度看，二龙喉汇水区 TSS 浓度峰值接近 1000mg/L，高于雅廉访汇水区近一倍，这与二龙喉汇水区存在覆盖度不高的苗圃有关。由于初始冲刷带来的 TSS，导致二龙喉汇水区 TP 浓度峰值也较高，并稍高于雅廉访汇水区的 TP 峰值。此外，雅廉访汇水区的 TN、TOC、Pb、Cu、TP 的浓度峰值和瞬时浓度大多高于二龙喉汇水区，这是由于商住混合区污染来源较公园绿地更多。

13.4.3 干期长度及降雨强度的影响分析

以雅廉访汇水区 2005 年 8 月 9 日、8 月 16 日、8 月 21 日和 8 月 24 日 4 场降雨事件的主要污染物浓度分析降雨强度和干期长度对同一汇水区雨水径流主要污染物产污特征的影响（图 13.4-2）。

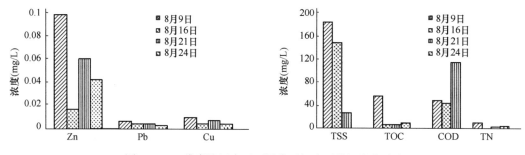

图 13.4-2 雅廉访汇水区不同降雨场次平均污染物浓度

从 4 场降雨的干期长度排序看，8 月 9 日＞8 月 24 日＞8 月 16 日＞8 月 21 日（表 13.4-2）。

雅廉访汇水区监测场次降雨特征　　　　　　　　　　　　　　表 13.4-2

降雨场次	降雨强度 (mm/min)	雨前情况	
		干期长度（h）	干期前一场降雨量及历时
8 月 9 日	0.12	85.37	2.2mm，4min
8 月 16 日	0.19	16.370	13.6mm，20min
8 月 21 日	0.03	9.2	64mm，50.4h
8 月 24 日	0.03	56.7	5.8mm，3.6h

结果表明，基本上污染物平均浓度高低与降雨前的干期长度呈正相关，尤其是 TSS、TOC、TN。重金属 Zn、Pb 和 Cu 的这种趋势不明显，但仍以干期时间最长的场次（8 月 9 日）的各污染物浓度最高。雨量最大的 8 月 9 日的降雨干期长度最长，虽然降雨量不及 8 月 16 日的 1 倍，降雨强度也较小，但其各种测定的污染物平均浓度却是 4 场降雨中最高的（没有检测的项目除外）。另外 8 月 24 日降雨，干期长度第二，COD、TOC、TN、Zn 的平均浓度值都大于 8 月 21 日或 8 月 16 日降雨中的浓度值。

表 13.4-3 为 4 场降雨第一个水样浓度的对照。TN、TOC 的浓度值的排序与干期长短排序一致。干期最长的 8 月 9 日初始径流的各种污染物浓度值最高，高出其余干期长度较短的降雨场几倍甚至 20 余倍；初始水样 TSS 和 TN 浓度分别是干期最短的 8 月 21 日降雨的 20 余倍和 8 倍，是降雨量、降雨强度最大但干期仅为 16.37h 的 10 余倍和 5 余倍，TOC 是其他场次的 8～20 倍，Fe 浓度也是其他场次的 3.5～11 倍。

雅廉访汇水区不同降雨场次第一个水样浓度对照表（mg/L）　　　表 13.4-3

降雨场次	TSS	浊度/NTU	TN	COD	TOC	Zn	Pb	Cu	Fe
8 月 9 日	904	—	16.4	—	96.2	0.046	0.0039	0.0042	1.27
8 月 16 日	80	26	3.98	74	8.7	0.016	0.0016	0.0034	0.34
8 月 21 日	42	14	2.2	28	4.7	0.02	<0.0011	<0.0007	<0.1
8 月 24 日	—	9.8	7.12	61	12	0.027	<0.0011	0.003	0.26

由以上分析发现，干期长度与降雨强度是影响雨水径流尤其是初始产流水质的重要因素，反映了累积与冲刷过程之间的重要关系。

13.5 分 析 与 讨 论

（1）不同城市下垫面汇水区雨水径流水质差异明显，表现在：商住混合分流制汇水区 TN、TP、COD$_{Mn}$ 多场降雨平均浓度值分别超过《地表水环境质量标准》GB 3838—2002 中 V 类水质标准值 2～4 倍以上，为主要污染物。公园绿地汇水区 TN、TP 均超过《地表水环境质量标准》GB 3838—2002 中 V 类水质标准值 2 倍多。城市路面雨水径流的主要污染物是 COD$_{Mn}$，其均值超过《地表水环境质量标准》GB 3838—2002 中 V 类水质标准值 3 倍多。铁皮屋面的 Zn、COD$_{Mn}$、TN 降雨平均浓度超出《地表水环境质量标准》GB 3838—2002 中 V 类水质标准，是屋面雨水径流的主要污染物。混凝土的 TN 平均浓度值超出《地表水环境质量标准》GB 3838—2002 中 V 类水质标准。干期合流制小区 COD$_{Mn}$、TN 浓度远高于其他试验汇水区雨水径流的水质。金属尤其是 Zn 和 Pb 铁皮屋面雨水径流远高于其他的试验小区，应控制澳门屋面材料，尤其是铁皮的使用。

（2）典型降雨场次污染物浓度历时变化过程表现出初始水样浓度值最高，后逐渐降低的特点，尤其是 TSS、TN、COD 表现更为明显。土地利用、流域面积和降雨特征是影响城市雨水径流污染特征的主要因素。尤其初始冲刷某些污染物的水质极差，是雨水径流后期浓度的几十倍，说明雨水径流水质控制宜针对初期雨水，雨污分流管道系统加强对雨水管道中初期雨水的治理控制。

（3）干期长度与降雨强度是影响暴雨初始产流水质的重要因素。干期时间越长，初始产流的 TSS、COD、TN、TP 浓度值越高。

第14章　重庆市城市雨水口地面雨水径流污染浓度模型研究

14.1　调　查　目　的

地表径流冲刷下垫面会携带大量的污染物通过排水管进入受纳水体，一些有毒的有机物及重金属也随之进入，对受纳水体造成影响，并可能产生潜在的二次污染。通过调查雨水径流污染，准确了解城市排水管渠内污染物负荷对制定水质保护方案，提出保护水体的合理措施具有重要意义。

14.2　实施调查单位/人员及调查时间

实施调查单位/人员：曾晓岚；

实施调查时间：2000 年 7 月～9 月。

14.3　调　查　方　法

14.3.1　样品采集概况

1. 采样区域及具体地点

具体检测点位与下垫面类型见表 14.3-1。

具体检测点位与下垫面类型　　　　　　　　　表 14.3-1

雨水口	下垫面类型	检测点位
I	柏油路面、不透水屋面、人行道	重庆沙坪坝区原重庆建筑大学后校门截水点
II	混凝土路面、人行道、不透水屋面、绿地	重庆沙坪坝区原重庆建筑大学校园内实验楼综合楼旁道路上的截水点

2. 采样时间及降雨情况

采样时间与降雨情况见表 14.3-2。

采样时间与降雨情况统计表　　　　　　　　　表 14.3-2

采样时间（年-月-日）	降雨过程起止时间	降雨量（mm）	降雨历时（min）	降雨强度（mm/min）
2000-7-28	8：35～13：17	21.6	282	0.08

采样时间（年-月-日）	降雨过程 起止时间	降雨量 （mm）	降雨历时 （min）	降雨强度 （mm/min）
2000-8-6	11：06～11：56	2.8	50	0.06
2000-8-6	17：52～19：00	1.6	68	0.02
2000-8-11	15：50～18：55	37.8	95	0.40
2000-8-26	17：03～次日 9：42	8.7	999	0.01
2000-8-28	17：47～次日 11：05	10	1038	0.01
2000-9-6	2：43～次日 17：35	29.3	292	0.10
2000-9-8	0：36～20：00	10.3	1176	0.01

14.3.2　样品采集方式

路面开始形成径流时，对雨水口Ⅰ和Ⅱ的每场雨每隔 5min 测量三次，记录数据包括降雨日期、降雨开始时间、测量时间、雨水口入口处设计汇流历时、雨水口过水断面平均流速等值。

14.3.3　检测方法

指标检测方法见表 14.3-3。

指标检测方法　　　　　　　　　　　　　　　　表 14.3-3

序号	基本项目	检测方法	测量次数
1	SS	标准重量法	对每个雨水口，每场所测降雨取三个不同时刻且每个时刻用两次平行水样测量
2	氨氮	纳氏试剂光度法	同上
3	总磷	钼锑抗分光光度法	同上
4	COD	HACH-COD 测量仪	对每个雨水口，每场所测降雨取三个不同时刻水样进行测量
5	BOD$_5$	HACH-BOD 测量仪	同上

14.4　调查数据及分析

14.4.1　不同汇水面污染物分布

对多场降雨的雨水径流污染指标进行超标指标的统计分析，结果见表 14.4-1、表 14.4-2。

雨水径流主要污染指标浓度范围（mg/L） 表 14.4-1

径流主要 污染指标	雨水口Ⅰ	雨水口Ⅱ	《地表水环境质量标准》 GB 3838—2002 Ⅴ类标准值	最高超标
SS	0.143~13.658	0.07~10.464	10	约 1.4 倍
NH$_3$-N	0.5~37	0.5~25.5	2	约 18.5 倍
TP	0.520~3.249	0.19~4.524	0.4	约 11.3 倍
COD	79~736	10~353	40	约 18.4 倍
BOD$_5$	13.2~124	8.7~41	10	约 12.4 倍

雨水径流主要污染指标平均浓度（mg/L） 表 14.4-2

径流主要 污染指标	雨水口Ⅰ	雨水口Ⅱ	《地表水环境质量标准》 GB 3838—2002 Ⅴ类标准值	平均超标
SS	1.68	1.60	10	——
NH$_3$-N	13.93	6.33	2	约 7 倍
TP	1.39	1.15	0.4	约 3.5 倍
COD	271.05	131.38	40	约 7 倍
BOD$_5$	59.29	25.60	10	约 6 倍

从表中可以看出，SS、COD$_{Cr}$、BOD$_5$、NH$_3$-N、TP 等指标存在超标现象。COD$_{Cr}$、NH$_3$-N 指标有较大的超标现象，最高超标 18.4 倍、18.5 倍，平均超标 7 倍，其中雨水口Ⅰ径流产生的 COD$_{Cr}$、NH$_3$-N 最多，该雨水口的地面覆盖主要是柏油路面、不透水屋面及人行道，几乎无非铺砌路面和绿地，且其包括了市区交通干道的集水流域（人口多、土地面积小），大量超标的 COD$_{Cr}$、NH$_3$-N 由雨水管道排入河道后对水体水质会产生一定的污染。另外，TP、BOD$_5$ 也存在超标现象，最高超标 11.3 倍、12.4 倍，平均超标 3.5 倍、6 倍，其中雨水口Ⅰ径流相对于雨水口Ⅱ径流产生的 TP 与 BOD$_5$ 较高，可能是由于雨水口Ⅰ集水流域人口多，建筑密度较雨水口Ⅱ大有一定关联。对比汇水面主要污染指标可知，污染物浓度大小顺序为：雨水口Ⅰ＞雨水口Ⅱ。

14.4.2 不同降雨时间污染物分布

1. 同一场降雨

地表径流污染物浓度在径流初期逐步上升达到一个最高值，之后随着降雨时间的延续，污染物浓度逐步降低，在整个径流污染过程中整体表现为初期径流中污染物浓度高于后期径流中污染物浓度。图 14.4-1 至图 14.4-4 为雨水口Ⅰ、雨水口Ⅱ径流主要污染物 SS、NH$_3$-N、TP、COD 浓度随降雨时间的变化。图中可以看出，在雨水径流 10~20min 污染物浓度变化最大，即为初期径流。初期径流污染严重，可通过调入市政污水管进行弃流。

2. 降雨强度的影响

径流污染物的出流过程随降雨量、降雨强度等降雨特性不同有较大的变化。图 14.4-5 为雨水口Ⅰ在两种降雨特征下的污染物出流过程。图 14.4-5 为 2000 年 8 月 6 日降雨事件，降雨量为 2.8mm，平均降雨强度为 0.06mm/min。由图 14.4-5 可知，径流初期污染物 SS、COD 浓度较高，分别达到 0.705g/L、0.218g/L，随着降雨时间的延续，污染物浓度有逐步降低现象，其中 SS 降低幅度较大。图 14.4-6 为 2000 年 8 月 28 日降雨事件，降雨

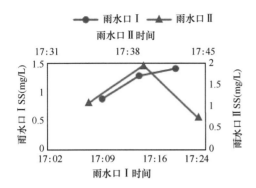

图 14.4-1 径流的 SS 浓度随降雨时间的变化

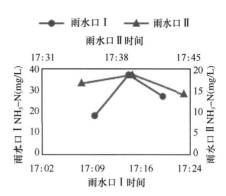

图 14.4-2 径流的 NH_3-N 浓度随降雨时间的变化

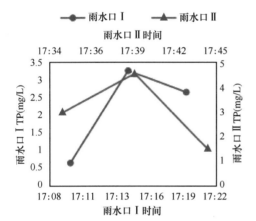

图 14.4-3 径流的 TP 浓度随降雨时间的变化

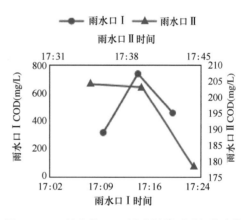

图 14.4-4 径流的 COD 浓度随降雨时间的变化

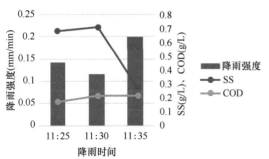

图 14.4-5 8月6日雨水口 I 污染物出流浓度和降雨强度随降雨时间的变化

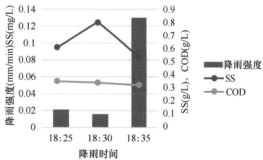

图 14.4-6 8月28日雨水口 I 污染物出流浓度和降雨强度随降雨时间的变化

量为 10mm，平均降雨强度为 0.01mm/min。由图 14.4-6 可知，径流初期 SS、COD 浓度最高分别为 0.799mg/L、0.350mg/L，随着降雨时间的延续，污染物没有大幅度降低，浓度在一定范围内波动，降低趋势缓慢。

3. 各月份径流水质变化

图 14.4-7 为 7 月份、8 月份、9 月份污染物 SS、NH_3-N、TP、COD、BOD_5 的浓度变化。雨水口 I 在 7 月份的 SS、TP、COD 浓度较其他月份高，差异显著，NH_3-N、BOD_5 浓度在 8 月份最高。雨水口 II 在 7 月份、8 月份的 SS、TP 浓度较 9 月份高，NH_3-N、COD 浓度在 8 月份最高。在所测月份中，雨水口 I 的 NH_3-N、TP、COD、BOD_5 浓度都比雨水口 II 高。

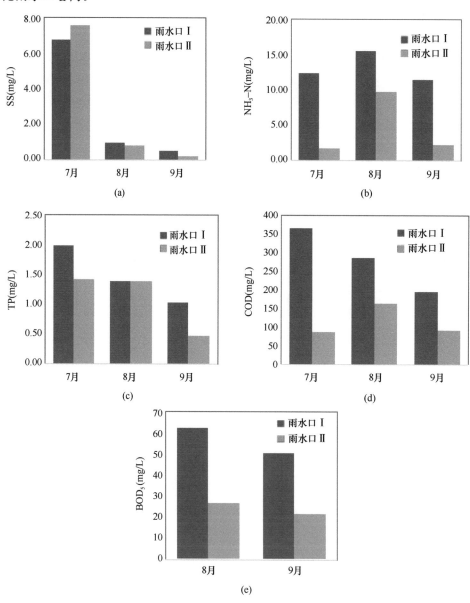

图 14.4-7 雨水口 I 和 II 径流污染月变化

14.4.3　不同指标相关性分析

（1）对雨水口Ⅰ径流污染物浓度进行分析，SS 和 COD、$NH_3\text{-}N$ 均具较大的相关性，相关系数分别是 0.9997、0.9989，如图 14.4-8 所示。

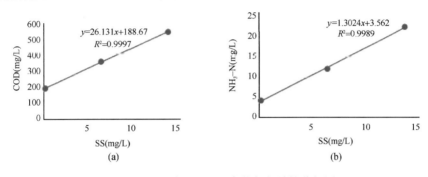

图 14.4-8　雨水口Ⅰ径流各指标相关性分析图

（2）对雨水口Ⅱ径流污染物浓度进行分析，SS 和 COD、TP 之间具有较好的相关性，相关系数分别是 0.9014、0.9085，如图 14.4-9 所示。

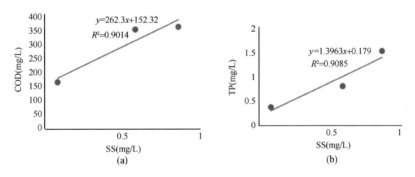

图 14.4-9　雨水口Ⅱ径流各指标相关性分析图

由图 14.4-8、图 14.4-9 可以看出地表雨水径流中 SS 和其他污染指标都具有一定的线性相关性，其原因主要为：颗粒物占地表沉积物的 60% 以上，是污染物的主要组成成分，同时颗粒物又是其他多种污染物的载体，如悬浮态金属基本不具有溶解性，绝大部分附着在颗粒物上，进入雨水径流，SS 值越大雨水中重金属含量也会随之增大。利用该相关性可以在雨水处理中通过去除 SS 达到去除其他污染物的目的。

14.5　分析与讨论

（1）雨水口Ⅰ径流比雨水口Ⅱ径流污染严重，雨水径流的 10～20min 污染物浓度变化最大，即为初期径流。

（2）雨水口Ⅰ径流 SS 和 COD、$NH_3\text{-}N$ 具有很好相关性。雨水口Ⅱ径流 SS 和 COD_5、$NH_3\text{-}N$ 具有较高的线性相关性。

第15章　滇池北岸面源污染的时空
特征与初期冲刷效应调查

15.1　调查目的

随着科技的发展和对滇池治理投入的增加，流域内生活点源和工业污染源逐步得到控制，城市点源对水体污染的贡献率逐年下降。同时，由于昆明城市化进程的加快使得区域内可渗透地表的面积比例越来越小，由雨水径流导致的城市面源污染问题开始受到人们的关注。对滇池流域特别是滇池北岸昆明主城区雨水径流污染的基础研究，对于后期利用模型或其他手段进行城市面源污染负荷的估算具有重要意义，同时也可为城市面源控制措施的制定提供科学依据。为此，以不同功能区和不同类型下垫面雨水径流的时空分布特征及污染物初期冲刷效应为主要研究内容，对滇池北岸昆明主城区雨水径流污染特征进行了分析。

15.2　实施调查单位/人员及调查时间

实施调查单位/人员：何佳；

实施调查时间：2009 年 5 月～2010 年 5 月。

15.3　调查方法

15.3.1　样品采集概况

1. 采样区域及具体地点

滇池流域多年平均降雨量为 1035mm，5 月～10 月为雨季，降水占全年的近 80%，其中 6 月、7 月、8 月降雨量总和占全年降水的 60%，滇池流域降雨具有降雨集中、降雨频繁、降雨历时短、雨峰出现较早、以小到中雨和阵雨为主的特点。滇池北岸昆明主城区面积约为 250km²，其中道路、屋顶、庭院等不透水下垫面面积约为 176km²，约占主城区面积的 70.4%。可见，在点源污染得到有效控制的背景下，雨水径流污染对地表水体所造成的危害将日益凸显。

将滇池北岸区域划分为中心商住区、居民商住区、休闲商住区、工业商住混合区、城郊接合部、交通道路 6 类功能区类型；根据不透水下垫面的地表功能，划分为屋顶、庭院、道路 3 类。在此基础上选择有代表性的采样点收集径流水样。

2. 采样时间及降雨情况

雨样基本信息如下：降雨事件Ⅰ，发生时间为 2009 年 5 月 19 日，总降雨量为 6.7mm，降雨时间为 10：30～11：40，历时 70min，降雨强度为 0.10mm/min，前期晴天累积时间为 36h；降雨事件Ⅱ，发生时间为 2009 年 8 月 10 日和 8 月 11 日，总降雨量为 33.5mm，降雨时间为 22：50～次日 03：00，历时 250min，降雨强度为 0.13mm/min，前期晴天累积时间为 112h；降雨事件Ⅲ，发生时间为 2009 年 9 月 21 日，降雨时间为 08：30～13：59，历时 330min，总降雨量为 3.87mm，降雨强度为 0.01mm/min，前期晴天累积时间为 90h；降雨事件Ⅳ，发生时间为 2010 年 4 月 26 日，总降雨量为 12.2mm，降雨时间为 14：36～18：36，历时 240min，降雨强度为 0.05mm/min，前期晴天累积时间为 24h；降雨事件Ⅴ，发生时间为 2010 年 5 月 28 日，降雨时间为 12：58～13：50，历时 52min，总降雨量为 8.8mm，降雨强度为 0.17mm/min，前期晴天累积时间为 13h。

15.3.2 样品采集方式

在降雨达到一定降雨强度后即刻开始采样，同时用雨量计记录降雨强度。采样开始 1h 内每 10min 取样一次，其后 2h 内每 30min 取样一次，其后 3h 内每 60min 取样一次，其后每 120～180min 取样一次（视降雨历时而定），直至降雨结束。针对降雨断断续续的情况，降雨过程中，第一次降雨停止至第二次降雨开始间隔时间超过 6h 即视为本次降雨结束，否则继续采样。

15.3.3 检测方法

雨水径流水质分析指标包括降雨量、SS、TN、NH_3-N、NO_3^--N、TP、TDP、COD。样品在规定的 24h 保存时间内，按照国家相关标准方法进行检测，SS 测定之前，雨水样品用 0.45μm 滤膜过滤，经过 103～105℃烘干称重；COD 的测定采用重铬酸盐法；NH_3-N 的测定采用纳氏试剂光度法；NO_3^--N 的测定采用镉柱还原法；TP 的测定采用钼酸铵分光光度法。试验误差均小于±10%。

15.4 调查数据及分析

15.4.1 不同功能区雨水径流污染特征

检测结果表明，中心商住区雨水径流的 COD、TN、NH_3-N、NO_3^--N、TP、TDP、SS 分别为（9～90）mg/L、（0.54～2.08）mg/L、（0.502～0.75）mg/L、（0.004～0.078）mg/L、（0.145～0.774）mg/L、（0.072～0.162）mg/L、（18～272）mg/L；居民商住区雨水径流的 COD、TN、NH_3-N、NO_3^--N、TP、TDP、SS 浓度分别为（9～213）mg/L、（0.98～11.03）mg/L、（0.628～1.923）mg/L、（0.038～1.808）mg/L、（0.073～1.144）mg/L、（0.061～1.005）mg/L、（74～1162）mg/L；休闲商住区雨水径流的 COD、TN、NH_3-N、NO_3^--N、TP、TDP、SS 分别为（32～262）mg/L、（0.884～5.12）mg/L、（0.629～2.425）mg/L、

$(0.331\sim1.506)$mg/L、$(0.073\sim0.399)$mg/L、$(0.036\sim0.173)$mg/L、$(14\sim20024)$mg/L；工业商住混合区雨水径流的 COD、TN、NH_3-N、NO_3^--N、TP、TDP、SS 分别为 $(13\sim278)$mg/L、$(2.62\sim9.55)$mg/L、$(0.782\sim3.2)$mg/L、$(0.528\sim1.714)$mg/L、$(0.085\sim0.425)$mg/L、$(0.032\sim0.418)$mg/L、$(92\sim1169)$mg/L；城郊接合部雨水径流的 COD、TN、NH_3-N、NO_3^--N、TP、TDP、SS 分别为 $(6\sim432.5)$mg/L、$(2.48\sim12.92)$mg/L、$(0.614\sim3.798)$mg/L、$(0.702\sim1.966)$mg/L、$(0.36\sim1.445)$mg/L、$(0.089\sim0.717)$mg/L、$(11\sim126)$mg/L；交通道路雨水径流的 COD、TN、NH_3-N、NO_3^--N、TP、TDP、SS 分别为 $(25\sim2130)$mg/L、$(1.56\sim22.01)$mg/L、$(0.498\sim6.772)$mg/L、$(0.165\sim1.967)$mg/L、$(0.052\sim3.412)$mg/L、$(0.026\sim1.964)$mg/L、$(50\sim1304)$mg/L。可知，不同功能区的路面雨水径流污染情况存在差异性。昆明市区内的交通道路主要依靠人工清扫，机械清扫和路面冲洗频率低，污染物去除效果差，有利于污染物累积，因此各污染物浓度远大于其他功能区；城郊接合部径流污染程度仅次于交通道路，其 COD 和氮、磷类污染物浓度较商住区高，由于此区域的特殊性导致其环境卫生管理措施不完善，存在生活垃圾乱堆乱放、地表卫生管理水平低下等情况。居民商住区、休闲商住区、工业商住区径流污染情况区别不大，中心商住区径流水质较其他区域略好。另外，同一功能区下城市雨水径流污染物浓度变化大，这是由于不同次降雨特征所致。

15.4.2 不同下垫面径流污染特征

在单一场次的降雨过程中，一般采用降雨径流事件平均浓度（EMC）来表示雨水径流全过程中排放某污染物的平均浓度。滇池北岸昆明主城降雨过程中，不同类型下垫面雨水径流中污染物的 EMC 值统计结果表明，下垫面对地表径流产生影响的关键在于地表功能，晴天污染物累积于道路、庭院、建筑屋顶等各种不透水地表，受降雨冲刷、溶解形成的径流污染程度不同，在空间上呈面状分布。

不同类型下垫面径流污染中，道路径流的污染物浓度最高。影响道路径流污染的因素很多，例如汽车行驶过程中排放废气产生污染物、汽车零件如轮胎等在地面磨蚀而产生的灰尘、人类活动导致污染物在地表积累、绿化带施肥后经雨水冲刷带来大量氮磷类污染物。总体说来，人类及交通活动是街道径流最主要的污染源，交通流量、公路条件、磨蚀情况、汽车排放情况等决定了污染强度。

屋顶径流的污染物浓度较其他类型下垫面径流的低，基本符合《地表水环境质量标准》GB 3838—2002 中的Ⅴ类水质标准，其污染源主要为大气干湿沉降以及屋面材料的分解物质。

庭院内路面雨水径流污染物浓度比屋顶的稍高，其污染源主要为垃圾的堆积、落叶等有机物的分解、少部分居民生活污水的就地排放以及庭院内车辆的行驶和雨水对车辆表面的冲刷等。

将各类型下垫面雨水径流中污染物的 EMC 值与《地表水环境质量标准》GB 3838—2002 中的要求相比较，屋顶径流除总氮外，其余各污染物浓度基本符合《地表水环境质量标准》GB 3838—2002 中的Ⅴ类水质标准；庭院和道路径流的污染物浓度均超过了《地表水环境质量标准》GB 3838—2002 中的Ⅴ类水质限值，其中 COD 浓度超标最为明显。

15.4.3 不同指标相关性分析

1. 雨水径流污染的时间变化

考察了 5 场降雨不同类型下垫面的径流污染物浓度随时间的变化，发现污染物浓度变化在各下垫面内部的表现不同。总体说来，污染物浓度随降雨时间延长表现为下降趋势。COD 和 TN 随时间衰减较为明显；而 NH_3-N、NO_3^--N、TP 和 TDP 浓度随时间的变化趋势并不明显。

降雨强度表现出对污染物浓度变化幅度的影响，降雨强度较大则各污染物浓度随时间变化的幅度较大；而降雨强度较小时，除 COD 和 TN 外，污染物浓度基本不随时间变化。

2. 径流初期冲刷效应分析

对于城市面源及溢流污染控制，径流初期冲刷效应是研究的重点。采用 $L(F)$ 曲线进行分析。$L(F)$ 曲线是在一次雨水径流过程中以累积径流量同总径流量之比（即标准累积径流比率）为横坐标，以相应径流中污染物累积负荷同总负荷量之比（即标准累积污染物比率）为纵坐标作图所得曲线，曲线的斜率是单位径流中污染物的量（无量纲）。因此，当 $L(F)$ 曲线的斜率＞1 时，说明污染物负荷的排放要快于径流的输出；反之，则污染物的排放要慢于径流的输出。所以，$L(F)$ 曲线在坐标平面 45°对角线之上，说明存在初期冲刷，同 45°对角线的偏离程度代表初期冲刷的程度；$L(F)$ 曲线在坐标平面 45°对角线下方，说明不存在初期冲刷。当 $L(F)$ 曲线同 45°对角线重合，说明污染负荷的排放是等比例径流的排放，即在径流过程中污染物的浓度保持不变。因此，通过 $L(F)$ 曲线可以定量化研究城市径流污染的初期冲刷特征。

不同下垫面和降雨条件下的 $L(F)$ 曲线如图 15.4-1 所示（以降雨事件Ⅱ为例进行说

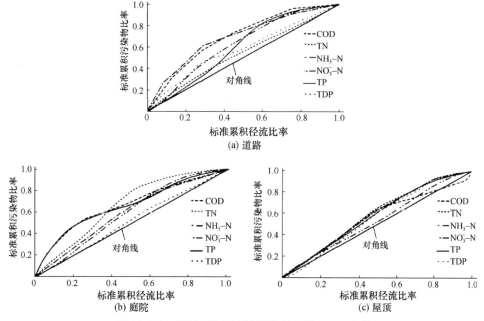

图 15.4-1 不同下垫面和降雨条件下的 $L(F)$ 曲线

明）。可以看出，不同污染物在不同下垫面的初期冲刷效应因受多种因素影响而表现出不同的规律。降雨事件Ⅱ的初期冲刷效应较为明显，这主要是因为其降雨强度大且前期累积时间较长。而从下垫面类型考虑，庭院的初期冲刷效应大于街道和屋顶的。表现出较明显初期冲刷效应时污染物的 L/V（负荷量与径流量的比值）大约在（0.4/0.2）～（0.6/0.2），即初期 20% 的径流携带的污染负荷达到了 40%～60%。

15.5　分　析　与　讨　论

（1）庭院和道路径流的污染物浓度均超过了《地表水环境质量标准》GB 3838—2002 中的 V 类水质限值和污水综合排放一级标准，若滇池北岸昆明市区地表径流不加处理直排入河道可能会使滇池被污染。

（2）不同功能区的路面雨水径流污染情况存在差异性。交通道路（街道）径流中各污染物浓度远大于其他功能区；城郊接合部径流污染程度仅次于交通道路的，管理水平低下是造成城郊接合部区域面源污染的主要原因；各商住区径流污染情况区别不大，中心商住区径流水质较其他区域略好。

（3）不同类型下垫面雨水径流污染特征差异性较大，污染物 EMC 值排序为：道路＞庭院＞屋顶。

（4）降雨强度表现出对污染物浓度变化幅度的影响；污染物浓度的时间变化在各下垫面内部的表现不同，COD 和 TN 随时间衰减较明显，而 NH_3-N、NO_3^--N、TP 和 TDP 浓度随时间的变化不明显。

（5）不同污染物在不同下垫面的初期冲刷效应因受多种因素影响而表现出不同的规律；虽存在一定的初期冲刷效应，但仍不利于初期雨水末端截流等工程控制，因此在滇池流域特有降雨特征条件下，城市面源控制应从源头实施。

（6）滇池北岸城市面源污染过程复杂，区域分布特点明显，单一技术很难达到控制目的，应因地制宜地选择控制措施进行组合集成，建立高效的集成技术系统。

第16章　滇池流域城市雨水径流污染调查

16.1　调　查　目　的

城市面源污染也被称为城市雨水径流污染，是指在降水的条件下，雨水和径流冲刷城市地面，污染径流通过排水系统的传输，使污染物进入受纳水体引起环境问题的现象。随着城市点源污染控制的效果日益显著和城市化进程的加快，如何定量计算和控制城市雨水径流污染成为当前亟待解决的重要课题。

16.2　实施调查单位/人员及调查时间

实施调查单位/人员：何佳；

实施调查时间：2009 年 5 月～2010 年 5 月。

16.3　调　查　方　法

16.3.1　样品采集概况

1. 采样区域及具体地点

滇池是我国著名的高原淡水湖泊，为国家治理"三湖三河"的重点之一。滇池流域包含了 29 个子流域，流域总面积 2920km²，流域内的雨水径流污染均汇入滇池。其中盘龙江流域、新河—运粮河流域、船房河—采莲河流域、金汁河—枧槽河流域、东白沙河流域、宝象河流域下游、马料河流域、洛龙河流域和捞鱼河流域 9 个子流域为主要城镇分布区域，总面积为 758.56km²。根据滇池北岸主城区排水系统分布和污水处理厂纳污范围，将滇池流域主城区分为城北、城西、城南、城东和城东南 5 个排水片区，是流域内城镇重污染区。5 个排水片区同时又分别基本对应盘龙江流域、新河—运粮河流域、船房河—采莲河流域、金汁河—枧槽河流域、东白沙河流域和宝象河流域下游 6 个子流域，对应关系见表 16.3-1。9 大子流域分布和主城区位置如图 16.3-1 所示。

5 大排水片区和子流域对应关系　　　　　　　　　表 16.3-1

排水片区	子流域	面积（hm²）
城北	盘龙江	10720.18
城东	金汁河—枧槽河	8152.09

续表

排水片区	子流域	面积（hm²）
城南	船房河—采莲河	5147.41
城西	新河—运粮河	13021.10
城东南	东白沙河、宝象河下游	11420.55

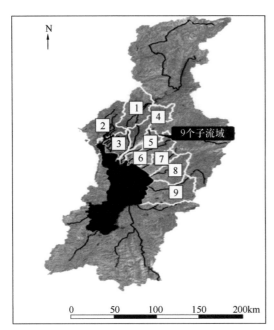
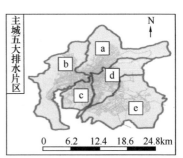
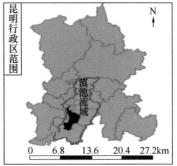

1—盘龙江流域；2—新河—运粮河流域；3—船房河—彩莲河流域；4—金汁河—视槽河流域；
5—东白沙河流域；6—宝象河流域下游；7—马料河流域；8—洛龙河流域；9—捞鱼河流域
a—城北片区；b—城西片区；c—城南片区；d—城东片区；e—城东南片区

图16.3-1 滇池流域地理位置

依托前期开展的雨水径流采样工作，通过对采样点进行水质监测，得出不同类型下垫面的雨水径流污染特征和降雨径流事件平均质量浓度（Event Mean Concentration，EMC）。将滇池流域划分为中心商住区、居民商住区、休闲商住区、工业商住混合区、城郊接合部、交通道路6类功能区；根据不透水下垫面的地表功能，将下垫面划分为屋顶、庭院、道路、绿地4类。在此基础上选择有代表性的6个采样点，收集雨水径流水样，同时充分考虑土壤中氮磷在该地含量较高的因素，水样澄清后测定。

2. 采样时间及降雨情况

采样时间及降雨情况见表16.3-2。

采样时间与降雨情况统计表   表16.3-2

采样日期（年-月-日）	降雨量 （mm）	降雨时间	降雨历时 （min）	降雨强度 （mm/min）	前期晴天累积时间 （h）
2009-5-19	6.7	10：30～11：40	70	0.10	36

采样日期（年-月-日）	降雨量（mm）	降雨时间	降雨历时（min）	降雨强度（mm/min）	前期晴天累积时间（h）
2009-8-10～2009-8-11	33.5	22：50～次日 03：00	230	0.15	112
2009-9-21	3.9	08：30～13：59	330	0.01	90
2010-4-26	12.2	14：36～18：36	300	0.04	24
2010-5-28	8.8	12：58～13：50	52	0.17	13

16.3.2 样品采集方式

用量雨计记录计算整场降雨强度，在降雨开始并达到一定强度后开始采样。采样开始 1h 内每 10min 取样一次，其后 2h 内每 30min 取样一次，其后 3h 内 60min 取样一次，其后每 120～180min 取样一次（视降雨历时而定），直至降雨结束。针对降雨过程中短暂停止，在第 1 次停止至第 2 次开始间隔时间超过 6h 即视为该次降雨结束，否则，继续采样。

16.3.3 检测方法

雨水径流水质分析指标包括：降雨量、化学需氧量（COD）、总氮（TN）、氨氮（NH_3-N）、硝酸盐氮（NO_3^--N）、总磷（TP），可溶性总磷（TDP）。样品在规定的 24h 保存时间内，按照国家环境监测标准方法进行污染指标测试，检测方法分别为：COD 测定采用重铬酸盐法；TN 测定采用凯氏氮法；NH_3-N 测定采用纳氏试剂光度法；NO_3-N 测定采用镉柱还原法；TP 测定采用钼酸铵分光光度法；TDP 测定采用过硫酸钾氧化-钼蓝比色法，测定偏差均小于 ±10%。

16.4 调查数据及分析

16.4.1 雨水径流污染特征分析

通过检测，得出了不同类型下垫面的雨水径流污染物 EMC 值，见表 16.4-1。

不同下垫面类型雨水径流污染物 EMC 值（mg/L）　　　　表 16.4-1

下垫面	COD	TN	NH_3-N	NO_3^--N	TP	TDP
屋顶	36.6	4.53	1.64	0.70	0.24	0.25
庭院	118	5.04	1.20	1.13	0.47	0.22
道路	407	8.78	2.10	0.79	1.07	0.25
绿地	220	9.73	1.25	1.60	0.65	0.41

不同类型下垫面雨水径流污染特征差异性较大，在产生雨水径流的 4 种下垫面中，EMC 顺序为：道路＞绿地＞庭院＞屋顶。

16.4.2 降雨产流研究

降雨产流计算首先依据下垫面透水特征分为透水区和不透水区。不透水区产流时只需从降雨中扣除初损填洼量,未满足初损前不产流,满足初损后则全面产流;透水区除了填洼损失,还有下渗损失,下渗模型分为 Horton 模型、Green-Ampt 模型、SCS 模型 3 种。为充分考虑降雨下渗对径流污染的影响,采用 Green-Ampt 入渗模型计算雨水径流产生的污水量。下渗率 f 的计算公式如下:

$$f = \frac{K}{L_f}(H_0 + H_c + L_f) \tag{16.4-1}$$

式中　K——湿润峰面以上的土壤水力传导度(与下渗率 f 单位相同);

　　　H_0——地面表面水深(常忽略不计);

　　　H_c——毛细管作用水头;

　　　L_f——地面表面到湿润峰面的距离。

由以上可得产流的计算式为:

$$Q = i - I_r - \frac{\Delta V}{F} - f \tag{16.4-2}$$

式中　Q——产流量;

　　　i——降雨量,mm;

　　　F——汇流面积;

　　　I_r——累积入渗量;

　　　ΔV——汇流区新增水量。

根据滇池流域的城区特点,将土壤水力传导度 K 和湿润前峰的毛细水头 H_c 分别取值 2.5mm/h、29.6mm。

16.4.3 城市土地利用与下垫面类型分析

土地利用类型不同,其污染特性也不同。下垫面组成不同,造成的地表径流也有很大差异。以 QuickBird 影像为数据源,借助遥感软件 ERDAS IMAGINE9.2 对影像数据进行预处理,在已有底图及实地考察的基础上完成校正、分类、评价和分类后处理等一系列过程实现研究区下垫面类型分类,并采用 GIS 技术对下垫面类型进行分类人工验证,将滇池流域 9 个子流域及主城 5 大排水片区的建成区下垫面分成屋顶、庭院、道路、绿地,以及其他类型(包括农田、荒地、水体)5 类。

16.4.4 下垫面分类结果

采用监督分类和人工目视解译修正的方法,分类得到滇池流域内屋顶、庭院、道路、绿地及其他类型面积比例分别为 13.8%、11.6%、5.2%、3.8% 及 65.6%,分类结果见表 16.4-2。

滇池流域下垫面组成（km²）　　　　　表 16.4-2

子流域名称	屋顶	庭院	道路	绿地	其他
盘龙江	1821.05	1560.62	580.29	411.49	6346.73
新河—运粮河	2315.70	1843.74	1009.01	803.64	7049.01
船房—采莲河	1412.59	1381.87	621.91	289.04	1442.01
金汁河—枧槽河	1883.54	1337.11	771.71	490.76	3668.97
东白沙河	1020.32	869.92	194.75	206.49	1102.46
宝象河下游	1028.15	969.92	444.17	304.54	5279.82
马料河	191.50	167.11	46.50	56.01	4286.31
洛龙河	208.77	169.69	79.90	96.25	7365.20
捞鱼河	230.28	195.81	62.12	87.95	11837.33
合计	10111.90	8495.79	3810.36	2746.17	48377.84

其中滇池北岸主城区范围内建成区的屋顶、庭院、道路、绿地及其他类型面积比例分别为 33.0%、15.1%、8.2%、25.5% 及 19.8%，见表 16.4-3。

滇池北岸主城建成区下垫面组成（km²）　　　　　表 16.4-3

片区名称	绿地	屋顶	道路	庭院	其他	总面积
城北	3.81	15.21	5.40	12.61	9.57	46.60
城南	2.89	14.13	6.22	13.82	11.79	48.85
城西	4.44	18.16	8.09	13.44	8.62	52.75
城东	4.91	18.84	7.72	13.37	5.99	50.83
城东南	3.91	14.28	5.39	9.14	12.44	45.16
合计	19.96	80.62	32.82	62.38	48.41	244.19

16.4.5 雨水径流污染负荷

在对降雨产流过程及地表径流污染特征研究的基础上，计算 2008 年滇池流域城市雨水径流量及污染负荷，结果见表 16.4-4。

滇池流域 2008 年雨水径流污染分布（t）　　　　　表 16.4-4

子流域名称	径流量	COD	TN	TP
盘龙江	3.85×10^7	4.90×10^3	2.14×10^2	17.47
新河—运粮河	5.05×10^7	7.24×10^3	2.97×10^2	24.61
船房—采莲河	3.27×10^7	4.52×10^3	1.84×10^2	15.66
金汁河—枧槽河	3.89×10^7	5.43×10^2	2.24×10^7	18.61
东白沙河	2.03×10^7	2.26×10^3	1.09×10^2	8.51
宝象河下游	2.38×10^7	3.34×10^3	1.37×10^2	11.48
马料河	4.08×10^6	4.95×10^2	2.27×10	1.80
洛龙河	4.70×10^6	6.65×10^2	2.81×10	2.27
捞鱼河	4.97×10^6	6.34×10^2	2.86×10	2.25
合计	2.18×10^8	2.95×10^4	1.24×10^3	102.66

  滇池流域径流量和污染负荷受子流域面积、下垫面等因素的影响，区域内雨水径流和污染负荷主要集中在新河—运粮河、金汁河—枧槽河流域、船房河—采莲河流域、盘龙江流域，COD、TN、TP污染负荷累积贡献率约为93.9%、93.6%、93.8%。

  滇池北岸昆明主城区内的建成区对整个滇池流域雨水径流中COD、TN、TP的贡献率分别为79.1%，81.2%，79.5%、80.3%。在昆明主城区中，城西片区和城东片区对昆明主城区雨水径流、COD、TN、TP的贡献率相当，略高于城北片区和城南片区。主要是由于城西片区所含面源纳污面积较大，造成了径流污染略大；而城东片区则属于老城区，城镇化程度较高，雨水径流污染负荷比重也相对较大，见表16.4-5。

2008年主城建成区污染负荷产生量比较（t）   表16.4-5

片区名称	径流量（m³）	COD	TN	TP
城北	3.28×10^7	4.41×10^3	1.87×10^3	1.54×10^3
城西	3.92×10^7	5.58×10^3	2.26×10^3	1.90×10^3
城南	3.32×10^7	4.59×10^3	1.87×10^3	1.59×10^3
城东	3.91×10^7	5.45×10^3	2.25×10^3	1.87×10^3
城东南	2.85×10^7	3.89×10^3	1.64×10^3	1.34×10^3
合计	1.73×10^8	2.39×10^4	9.89×10^3	8.24×10^3

  综上所述，滇池北岸重污染排水区的5大排水片区产生的雨水径流污染在整个滇池流域中占绝大部分，将对滇池污染产生重要影响，因此滇池北岸5大排水片区的雨水径流污染控制，将是滇池污染治理点源控制的重要补充和有效手段。

16.4.6 雨水径流污染与点源污染比较

  随着城市化进程的加速，雨水径流产生的污染也日益严重，同时由于雨水径流具有分散性、随机性、广泛性、滞后性等特点，对其治理较难。与2008年滇池流域的点源污染相比，结果表明雨水径流污染是滇池污染的主要组成之一，如图16.4-1所示。

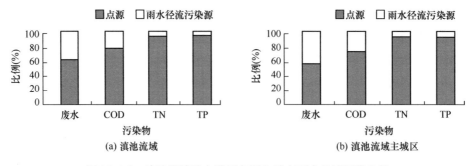

图16.4-1 滇池流域及主城区点源和城市雨水径流污染比较

  滇池流域2008年的城市雨水径流污染占总污水量的40.6%，主要污染负荷COD、TN、TP分别占总污染源的24.3%、7.4%、6.4%；滇池流域主城区的雨水径流污染占总污染量的45.1%，主要污染负荷COD、TN、TP分别占总污染源的28.7%、8.6%、

8.4%。每年由城市雨水径流造成的污染负荷与点源污染负荷相当。

16.5 分 析 与 讨 论

滇池流域由于缺乏科学的雨水综合管理设计，加之现阶段城市管网铺设不完善，城市面源污染日益严重。针对目前滇池流域的现状，提出滇池城市雨水径流污染治理的对策与建议。

(1) 实施雨水径流污染源头控制。城市雨水径流污染控制的关键在于控制初期雨水，应充分利用自然地形、地势设计适当的雨水收集排放系统；同时在合理规划土地利用和功能分区的基础上，加强城市卫生管理，扩大城市街道清扫范围、增加清扫次数、提高清扫质量、减少污染物的累积数量，从源头上控制径流污染的产生。

(2) 加强对雨水径流污染物的输送、扩散途径控制。制定土地开发法规，改变城市地表的不透水性，采用雨水和径流的渗透和过滤设施，增加植被覆盖率，以减少地表径流的排放。增加初期雨水的有效收集和处理，加大和完善管网铺设力度，完善合流制系统的截留设施，减少面源的污染范围。

(3) 实现径流污染的终端治理。为实现雨水的有效收集和达标处理，应加强雨水收集处理方法的研发，采用构筑截留雨水调蓄池、沉淀池，减少雨污混合水溢流量；利用传统的沉积塘、人工湿地、河岸湖边带和屋顶绿化等净化污染物，降低雨水径流中污染物的含量，从根本上解决末端控制问题。

第17章 西安市城市道路路面雨水径流水质特性及排污规律调查

17.1 调 查 目 的

本研究以西安市南二环路雨天路面雨水径流排水为对象，连续监测水量及水质，以探讨城市道路路面雨水径流污染源的强度、水质特性及排污规律。

17.2 实施调查单位/人员及调查时间

实施调查单位/人员：

长安大学环境工程学院：赵剑强；

实施调查时间：1999年4月23日，1999年5月2日。

17.3 调 查 方 法

17.3.1 样品采集概况

1. 采样区域及具体地点

在降雨期间对西安市南二环路路面雨水径流排水水质进行连续采样分析，采样点为机动车道一侧路边雨水口。该道路为双向6车道，人车分流，单向机动车道路面宽为12m，中央分隔带宽1m，采样点雨水口承雨面积为288m²。

同步统计了雨天采样期间的交通流量，1999年4月23日为2532辆/h（单向），其中大车占14.15%，中车占16.1%，小车占64.4%，摩托车占5.0%；1999年5月2日为2840辆/h（单向），其中大车占2.8%，中车占4.2%，小车占80.3%，摩托车占12.7%。

2. 采样时间及降雨情况

采样时间与降雨情况见表17.3-1。

采样时间与降雨情况统计表 表17.3-1

指标	1999年4月23日测试值			1999年5月2日测试值		
	样品数	范围	算术平均值	样品数	范围	算术平均值
降雨强度×10⁻³ (mm/min)	10	38～202	87.3	7	24～92	40.7

续表

指标	1999年4月23日测试值			1999年5月2日测试值		
	样品数	范围	算术平均值	样品数	范围	算术平均值
地表径流流量 (mL/s)	10	29~500	184.6	7	67.5~270	148.5

17.3.2　样品采集方式

共检测了2场降雨，每场降雨测其中一连续时间段，采样时间为1999年4月23日2：40~4：40及1999年5月2日20：35~21：45，每隔5~15min取水样一次，测流量一次，计量降雨强度一次（5~15min平均值）。

17.4　调查数据及分析

17.4.1　路面雨水径流水质特性

表17.4-1所示路面雨水径流测试结果表明，城市道路路面雨水径流排水具有很高的污染强度，SS平均浓度值大于《污水综合排放标准》GB 8978—1996中的三级标准，COD及BOD$_5$平均浓度值大于该标准的二级标准。如此高浓度的城市路面雨水径流排水对地表河流等水体水质的影响势必是相当严重的。由于测试时间段并未设计在降雨初期，而按照一般的概念，在降雨初期产生的地表径流应具有更高的污染物浓度，所以，城市路面雨水径流并非仅在降雨初期具有高的污染强度。

城市道路路面雨水径流测试结果

表 17.4-1

指标	1999年4月23日测试值				1999年5月2日测试值				《污水综合排放标准》GB 8978—1996		
	样品数	范围	算术平均值	流量加权平均浓度	样品数	范围	算术平均值	流量加权平均浓度	一级	二级	三级
SS浓度 (mg/L)	10	242~1306	602.6	595	7	456~2322	934	860	70	200	400
COD浓度 (mg/L)	10	143~624	328.1	317	7	226~835	392	362	100	150	500
溶解性COD浓度 (mg/L)	1	—	73	—	1	—	98	—	—	—	—
BOD$_5$浓度 (mg/L)	1	—	55	—	1	—	65	—	30	60	300

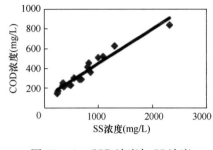

图 17.4-1　COD 浓度与 SS 浓度
相关性曲线

城市道路路面雨水径流排水生物可降解性较差。混合样 COD 的测试结果表明，溶解性 COD 占总 COD 的比例为 22%～25%，说明路面雨水径流有机污染物 COD 以非溶解性为主。回归分析表明，水质参数 SS 与 COD 之间存在较好的线性相关关系，相关曲线如图 17.4-1 所示，回归方程为：COD＝0.3485SS＋96.64，R^2＝0.9415（n＝17）；如设截距为 0，可得回归方程 COD＝0.4355SS，R^2＝0.8448，说明有机污染物 COD 与 SS 密切相关。

17.4.2　路面雨水径流排污规律

研究地表径流对受纳水体的长期影响及环境容量的影响，一般只需了解一场降雨总的排污负荷就可以了，而对于评价受纳水体所受的短期冲击影响以及排水系统的规划设计方面（如截流初期雨水进入污水处理厂的排水系统的设计就含有初期地表径流污染浓度高的概念），就需要了解地表径流的排污过程。图 17.4-2、图 17.4-3 所示 SS 及 COD 随径流时间的变化曲线图表明，路面雨水径流污染物浓度及排放速率随降雨强度的增减而呈明显的起伏变化。这与冲刷模型（Wash-off model）所描述的不透水性地表径流排污规律不符。冲刷模型是至今为止对地表径流排污过程的数学模拟中最常见的模型，由 Metcalf 等人于 1971 年提出，假设径流过程中不透水地表表层沉积物的冲刷速率与沉积的污染物量成正比，推导出径流过程中污染物浓度 C_t 随累积径流深度变化方程式：

$$C_t = \frac{k_2 P_0}{A} e^{-k_2 R_t} = C_0 e^{-k_2 R_t} \tag{17.4-1}$$

式中　P_0——暴雨开始时地表污染物量，kg；

　　A——汇流面积，m²；

　　C_0——径流开始时雨水中污染物浓度，mg/L；

　　k_2——冲刷系数（经验值），mm⁻¹；

　　R_t——暴雨开始 t 天后的累积径流深度 R_t＝累积降雨强度－蒸发量－下渗量，mm。

冲刷模型自提出之后，曾被一些研究者用于模拟实际径流的排污过程。但也有许多研究对冲刷模型提出异议。不难看出，冲刷模型表示了一个径流排污浓度 C_t 随累积径流量或径流时间单调递减的规律，这与许多测试结果是相矛盾的。本实验测试结果表现出的污染物浓度随径流时间明显的起伏变化（图 17.4-1、图 17.4-3），也说明径流排污过程不具单调递减的趋势。采用冲刷模型对本实验结果进行指数拟合，结果表明本实验结果不符合冲刷模型所描述的规律。则认为该模型仅适用于降雨强度变化不大，且降雨过程中不再有新的污染物输入到地表或这种输入可以忽略的场合，对于像公路路面这种在降雨过程中车辆交通污染物输入明显的情况，径流中污染物排放过程不符合这一模型所描述的规律。根据现场观察，其原因可能是当降雨强度较小时，降雨引起的地表径流冲刷动能不足，降雨期间新输入的污染物存在明显的积累现象，这就使得在随后的较高降雨强度时段出现新的污染物浓度高峰。

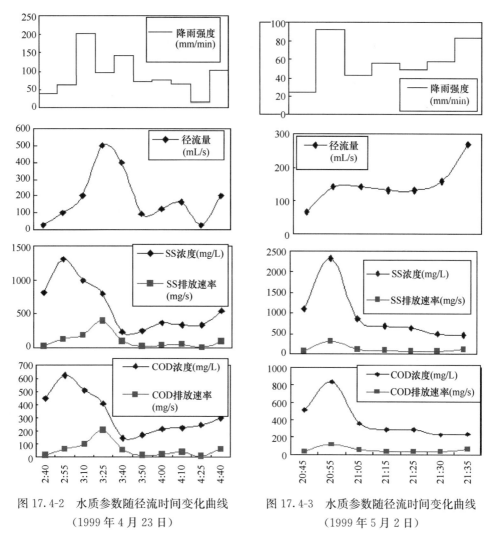

图 17.4-2　水质参数随径流时间变化曲线
（1999 年 4 月 23 日）

图 17.4-3　水质参数随径流时间变化曲线
（1999 年 5 月 2 日）

17.5　分析与讨论

　　城市道路路面雨水径流排水具有很高的污染强度，SS、COD 及 BOD_5 浓度值大于《污水综合排放标准》GB 8978—1996 中的一级、二级标准；水质参数 SS 与 COD 之间存在较好的线性相关关系；有机污染物以非溶解性为主，且生物可降解性较差。

　　城市道路路面雨水径流污染物排放不符合冲刷模型描述的排污规律。

第18章 西安市高速公路路面雨水径流水质特性及排污规律调查

18.1 调查目的

本研究以西安至临潼高速公路雨天桥面径流排水为对象,在某一时段的时间间隔内连续监测水量及水质,以探讨路面雨水径流污染源的强度、水质特性、排污规律以及对地表水体水质的影响。

18.2 实施调查单位/人员及调查时间

实施调查单位/人员:

长安大学环境工程学院:赵剑强;

实施调查时间:2000年10月10日上午9:30~11:00。

18.3 调查方法

18.3.1 样品采集概况

1. 采样区域及具体地点

在降雨期间对西安至临潼(简称西临)高速公路浐河大桥桥面径流排水水量及水质进行等时间间隔连续采样分析,采样点为大桥排水孔(落水管)。该公路为双向4车道,全封闭,全立交,设中央分隔带,带宽1m,单向机动车道路面宽为10m。桥面宽为9m。桥面采样点汇流面积为608m²。同步统计雨天交通量为372辆/h(单向),其中大型车108辆,占29.0%,中型车48辆,占12.9%,小型车216辆,占58.1%。具体检测点位与下垫面类型见表18.3-1。

具体检测点位与下垫面类型　　　　　　　　　　表 18.3-1

序号	下垫面类型	检测点位
1	高速公路	浐河大桥排水孔(落水管)

2. 采样时间及降雨情况

采样时间与降雨情况见表18.3-2。

采样时间与降雨情况统计表   表 18.3-2

采样时间		地表径流量 （mL/s）	降雨强度×10^{-3} （mm/min）
2000-10-10	9：31	161	15.5
	9：42	378	36.1
	9：53	508	47.7
	10：04	300	28.1
	10：15	232	17.3
	10：26	110	7.2
	10：37	280	25.3
	10：48	560	52

18.3.2 样品采集方式

采样时间为 2000 年 10 月 10 日上午 9：30～11：00，每隔 11min 取水样 1 次，测流量 1 次，计量降雨强度 1 次（11min 平均值）。

18.4 调查数据及分析

18.4.1 路面雨水径流水质特性

西临高速公路桥面径流测试结果   表 18.4-1

指标	取样时间（2000-10-10）								算术平均浓度 （mg/L）	流量加权平均浓度 （mg/L）	《地表水环境质量标准》 GB 3838—2002Ⅲ类标准值	《污水综合排放标准》 GB 8978—1996 一级标准
	9:31	9:42	9:53	10:04	10:15	10:26	10:37	10:48				
SS （mg/L）	200	813	288	225	228	126	239	339	307	347	（灌 100）	70
COD （mg/L）	208	412	161	64	89	58	81	148	153	167	20	100
总 Pb （mg/L）	0.21	0.77	0.18	0.10	0.09	0.05	0.10	0.15	0.21	0.23	0.05	1.0
总 Zn （mg/L）	0.46	1.34	0.36	0.21	0.20	0.15	0.27	0.32	0.41	0.45	1.0(渔 0.1)	2.0

表 18.4-1 所示西临高速公路桥面径流测试结果表明，高速公路路面排水具有较高的污染强度，污染指标值范围为 SS＝813～126mg/L，COD＝412～58mg/L，总 Pb＝0.77～0.05mg/L，总 Zn＝1.34～0.15mg/L，算术平均浓度为 SS＝307mg/L，COD＝153mg/L，总 Pb＝0.21mg/L，总 Zn＝0.41mg/L，流量加权平均浓度为 SS＝347mg/L，COD＝167mg/L，总 Pb＝0.23mg/L，总 Zn＝0.45mg/L。可见 SS 及 COD 平均浓度值大于《地表水环境质量标准》GHZB 1—1999 中 Ⅲ 类水质标准值和《污水综合排放标准》GB 8978—1996 中一级标准值，总 Pb 和总 Zn 浓度值小于《污水综合排放标准》GB 8978—1996 中一级标准值，但总 Pb 浓度值高于《地表水环境质量标准》GHZB 1—1999 中 Ⅲ 类水质标准值，总 Zn 浓度值高于《渔业水质标准》GB 11607—1989 中的标准值。

回归分析表明，各水质参数之间存在较好的线性相关关系，相关曲线如图 18.4-1 所示，回归方程为：

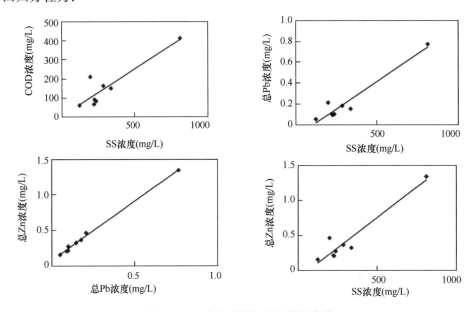

图 18.4-1　各水质指标的相关性曲线

$$COD＝0.499SS－0.7045 \qquad R^2＝0.8245$$
$$Pb＝0.001056SS－0.1181 \qquad R^2＝0.9306$$
$$Zn＝0.001732SS－0.1184 \qquad R^2＝0.9126$$
$$Zn＝1.6537Pb＋7.268 \qquad R^2＝0.9961$$

实验同时测定了混合样溶解性 COD 和 BOD 的值，结果表明溶解性 COD 为 28.4mg/L，占总 COD 的 18.6％，混合样 BOD_5 为 30mg/L，与 COD 比值为 0.2，说明高速公路路面雨水径流排水有机污染以非溶解性 COD 为主，且生物可降解性较差。

18.4.2　路面雨水径流排污规律

研究地表径流对受纳水体的长期影响及环境容量的影响，一般只需了解一场降雨总的排污负荷即可,而对于评价受纳水体所受的短期冲击影响以及排水系统的规划设计方面,就需要了解地表径流的排污过程。在以往 30 多年的研究中,对地表径流排污过程的数学模拟最常见的模型是冲刷模型(Wash-off model),其由 Metcalf 等人于 1971 年提出,假设径流过程中不透水地表表层沉积物的冲刷速率与沉积的污染物量成正比,推导出径流过程中污染物浓度 C_t 随累积径流深度变化方程式:

$$C_t = \frac{k_2 P_0}{A} e^{-k_2 R_t} = C_0 e^{-k_2 R_t} \tag{18.4-1}$$

式中　P_0——暴雨开始时地表污染物量,kg;

　　　A——汇流面积,m^2;

　　　C_0——径流开始时雨水中污染物浓度($C_0 = \frac{k_2 P_0}{A}$),mg/L;

　　　k_2——冲刷系数(经验值),mm^{-1};

　　　R_t——暴雨开始 t 天后的累积径流深度,mm。

冲刷模型自提出之后,曾被一些研究者采用,以模拟实际径流排污过程,如 Barrett 等人对美国得克萨斯州奥斯汀市的 Mopac 高速公路西 35 街路段(该路段位于居住及商业混合区,交通量为 60000 辆/d)的研究,对其中一场降雨的 TSS 实测数据分析得到:$C_t = 372e-0.34R_t$。Hardee 等人对佛罗里达州 Pade 郡某住宅区地表径流中总铅的测试数据采用最小二乘法回归分析总铅浓度与累积径流深度的相关关系,得到:$C_t = 2.5e-0.14R_t$,$R^2 = 0.8934$($n = 6$)。Haster 和 James 对得克萨斯州休斯敦市的 Hart Lane 流域地表径流测试数据,得到可沉固体排放浓度与累积径流深度的关系:$C_t = 515e-0.21R_t$,$R^2 = 0.9979$($n = 4$)。但也有许多研究对冲刷模型提出异议。不难看出,冲刷模型表示了径流排污浓度 C_t 随累积径流量单调递减的规律,由于累积径流量随径流时间的增加单调递增,所以,C_t 也随径流时间的增加单调递减,这与许多测试结果相矛盾。本实验测试结果表现出污染物浓度随径流时间的增加具有明显的起伏变化(图 18.4-2),尽管所测数据是一场降雨的一个中间时间段,也足以说明其不具有单调递减的趋势。采用冲刷模型对本实验结果进行指数拟合,得回归方程为:$C_t = 325.97e-0.1542R_t$,$R^2 = 0.0438$,可见,本实验结果不符合冲刷模型所描述的规律。作者认为,该模型仅适用于降雨强度变化不大,且降雨过程中不再有新的污染物输入到地表的场合,对于像公路路面这种在降雨过程中车辆交通污染物输入明显的情况,径流中污染物排放过程不符合这一模型所描述的规律。其原因可能是该模型没有考虑降雨期间污染物的产生和积累问题,特别是在路面雨水径流方面,当降雨强度较小时,降雨期间排放的污染物的积累现象非常明显。

18.4.3　对地表河流水质的影响

路面排水对地表水体的污染属于地表径流产生的面源污染范畴。面源污染对地表水体的影响已被证明是非常严重的,1990 年美国关于水体污染的调查表明,约 30% 水体的污染物超标是由面源污染所造成的。在我国滇池湖泊流域的大清河暴雨期悬浮物浓度比平时

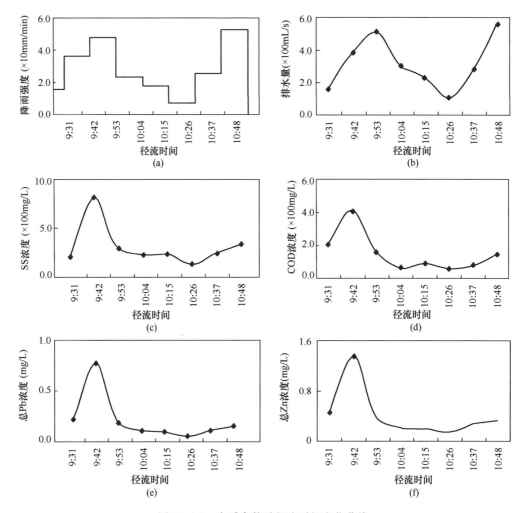

图 18.4-2　水质参数随径流时间变化曲线

均值高 22 倍，宝象河暴雨期最大悬浮物浓度是非暴雨期的 10 倍。可见地表径流是地表水体水质污染的主要来源之一。为说明浐河桥面径流对浐河水质的影响，将降雨期间及晴天时浐河水质参数值及执行的相关标准值列入表 18.4-2。

浐河降雨期间及晴天水质与相关标准对照　　　　　　表 18.4-2

水质参数	晴天	降雨期间	《地表水环境质量标准》GHZB 1—1999 中Ⅲ类水质标准值
SS(mg/L)	45	192	（灌 100）
COD(mg/L)	10	43.6	20
总 Pb(mg/L)	0.02	0.03	0.05
总 Zn(mg/L)	0.03	0.045	1.0（渔 0.1）

由表 18.4-2 可知，浐河水质在晴天时满足《地表水环境质量标准》GHZB 1—1999 中Ⅲ类水质的要求，在本次降雨期间 SS 及 COD 的值增大到晴天时的 4 倍多，总 Pb 及总 Zn 的值增大到晴天时的 1.5 倍，雨天时的 SS 及 COD 值超过标准限值。比较表 18.4-1 及表 18.4-2，可见桥面径流各水质指标平均值均高出降雨期间的河水水质指标值，以流量加权平均浓度作比较，桥面径流 SS、COD、总 Pb、总 Zn 分别是降雨期间河水的 1.8 倍、3.8 倍、7.7 倍、10 倍。说明桥面排水对河水水质有一定的影响，其影响程度取决于河流流量与桥面及汇集于此河流的路面雨水径流量的相对大小。

18.5 分 析 与 讨 论

高速公路路面雨水径流排水具有较高的污染强度，各水质参数之间存在较好的线性相关关系，有机污染以非溶解性 COD 为主，生物可降解性较差。

高速公路路面雨水径流污染物排放不符合冲刷模型描述的排污规律。

第 19 章　西安市城市主干道路面雨水径流污染特征研究

19.1　调　查　目　的

本实验以西安市城市道路径流为研究对象，在西安市南二环路建立径流采样站，利用自制流量等比例采样装置，对 2009 年 3 月～2010 年 2 月的 32 场路面雨水径流进行全程收集，测试各场次路面雨水径流特征污染物的 EMC，并就污染物分布特征、污染强度、赋存状态、相关关系、浓度影响因素以及季节变化规律进行探讨。

19.2　实施调查单位/人员及调查时间

实施调查单位/人员：陈莹、赵剑强等；

实施调查时间：2009 年 3 月～2010 年 2 月。

19.3　调　查　方　法

19.3.1　样品采集概况

1. 采样区域及具体地点

具体检测点位与下垫面类型见表 19.3-1。

具体检测点位与下垫面类型　　　　　　　　　　　表 19.3-1

序号	下垫面类型	检测点位	下垫面特征
1	城市主干道单向行驶的 3 车道桥面，专供机动车行驶，沥青混凝土路面	南二环路与南北向主轴太白路交汇的太白立交桥，在南二环跨太白路高架桥下建立路面雨水径流采样站，从桥梁落水管处采集路面雨水径流	日均车流量约 3 万辆，路拱横坡 0.2%，纵坡 0.5%，桥宽 11.0m，采样点汇流面积 410m²

2. 采样时间及降雨情况

采样时间与降雨情况见表 19.3-2。

采样时间与降雨情况统计表   表 19.3-2

降雨日期（年-月-日）	降雨量（mm）	降雨历时（min）	前期晴天时间（h）	最大降雨强度（mm/h）
2009-3-26	25.5	1920	85	1.7
2009-4-18	12.8	1020	212	2.4
2009-4-22	8.8	900	77	2.6
2009-5-8	52.5	4680	72	4.0
2009-5-14	38.6	3600	25	5.3
2009-5-21	15.7	720	81	3.5
2009-5-27	12.4	1620	106	3.0
2009-6-7	14.7	540	246	3.4
2009-6-19	42.5	360	267	16.0
2009-6-28	5.3	420	215	2.2
2009-7-8	7.8	1020	233	3.1
2009-7-10	1.8	720	46	0.7
2009-7-13	19.3	600	48	6.2
2009-7-19	3.0	30	144	3.0
2009-7-21	17.2	1740	44	3.9
2009-7-30	8.9	840	92	2.0
2009-8-1	2.9	660	26	1.4
2009-8-3	37.5	1680	29	7.2
2009-8-16	28.4	840	296	8.0
2009-8-18	5.7	840	36	3.7
2009-8-20	2.4	180	25	1.7
2009-8-21	6.2	1560	27	1.3
2009-8-28	63.2	1500	142	9.2
2009-9-7	4.0	1380	221	1.5
2009-9-11	49.0	4380	64	4.3
2009-9-19	33.6	1620	111	5.1
2009-10-6	7.1	1740	394	3.5
2009-10-8	6.0	2580	17	1.2
2009-10-11	3.7	1860	31	0.5
2009-10-30	12.9	480	446	3.4

19.3.2 样品采集方式

改造采样点排水立管，安装采样支管，排水立管内设自制的流量等比例采样器，该采样器可根据流量变化等比例地将径流量的 1/25 引入采样支管末端的收集桶，实现对整场雨水径流连续采样，获得径流全程流量等比例混合水样。采样方法如图 19.3-1 所示。

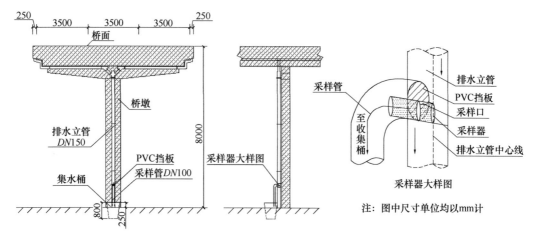

图 19.3-1 采样地点与采样方法示意

19.3.3 检测方法

降雨结束后立即将收集的流量等比例混合水样送至实验室分析水质，分析项目包括 SS、COD、溶解性 COD、NH₃-N、Pb、溶解性 Pb、Zn 和溶解性 Zn，采用《水和废水监测分析方法》（第四版）推荐方法进行测定，溶解性污染物需将水样通过 $0.45\mu m$ 滤膜过滤后测定，由于所测水样为径流全过程的流量等比例混合水样，因此测定值代表各污染指标的 EMC。

19.4 调查数据及分析

19.4.1 路面雨水径流污染强度

各场次路面雨水径流各污染指标的 EMC 值监测结果见表 19.4-1。

路面雨水径流各污染指标的 EMC 值   表 19.4-1

采样日期（年-月-日）	EMC（mg/L）							
	SS	COD	溶解性 COD	NH₃-N	总 Pb	溶解性 Pb	总 Zn	溶解性 Zn
2009-3-26	1271	527	116	6.05	0.087	/	0.186	0.060
2009-4-18	2368	734	131	2.43	0.036	/	0.299	0.154
2009-4-22	5906	974	158	1.36	0.148	/	0.413	0.156
2009-5-8	860	284	85	1.74	0.024	/	0.146	0.031
2009-5-14	1912	441	126	1.92	0.043	/	0.262	0.043
2009-5-21	1078	796	118	1.59	0.026	/	0.151	0.109

续表

采样日期（年-月-日）	EMC（mg/L）							
	SS	COD	溶解性COD	NH₃-N	总Pb	溶解性Pb	总Zn	溶解性Zn
2009-5-27	1080	390	62	2.98	0.016	/	0.197	0.058
2009-6-7	749	402	117	1.84	0.021	/	0.183	0.136
2009-6-19	2035	510	57	1.32	0.087	/	0.303	0.153
2009-6-28	1178	845	443	0.37	0.026	/	0.208	0.147
2009-7-8	1415	700	204	2.80	0.094	/	0.220	0.102
2009-7-10	2377	729	296	1.00	0.048	/	0.340	0.111
2009-7-13	852	629	102	0.69	0.020	/	0.219	0.081
2009-7-19	3173	548	195	1.50	0.049	/	0.374	0.192
2009-7-21	849	513	82	1.49	0.018	/	0.223	0.115
2009-7-30	1630	600	212	0.48	0.048	/	0.229	0.082
2009-8-1	6932	1640	152	2.89	0.128	/	0.562	0.108
2009-8-3	1456	294	98	1.05	0.057	/	0.216	0.054
2009-8-16	1110	245	90	1.88	0.042	/	0.313	0.254
2009-8-18	1126	420	148	3.48	0.051	/	0.149	0.063
2009-8-20	1704	608	164	2.11	0.038	/	0.161	0.144
2009-8-21	4209	1394	94	3.37	0.139	/	0.423	0.180
2009-8-28	1086	256	92	1.37	0.037	/	0.198	0.151
2009-9-7	960	392	104	0.81	0.038	/	0.149	0.050
2009-9-11	1699	700	104	1.53	0.030	/	0.206	0.131
2009-9-19	796	240	44	1.38	—	—	—	—
2009-10-6	2824	940	356	3.22	—	—	—	—
2009-10-8	421	348	160	5.25	—	—	—	—
2009-10-11	4041	1000	152	6.21	—	—	—	—
2009-10-30	1807	498	138	6.11	—	—	—	—
2009-12-7	5036	1902	168	2.4	—	—	—	—
2009-12-14	4873	1658	187	9.8	—	—	—	—
EMC平均值	2150	692	149	2.58	0.054	/	0.253	0.115
EMC中值	1543	574	129	1.86	0.042	/	0.219	0.111
标准差	1651.3	427.8	84.3	2.07	0.038	/	0.104	0.054
变异系数	0.77	0.62	0.57	0.80	0.70	/	0.41	0.47
《污水综合排放标准》GB 8978—1996 三级标准值	400	500	—	—	1.0*	—	5.0	—

"—"表示未监测或无该指标值；"/"表示低于检测限；"＊"表示第一类污染物排放标准限值。

通过分析可见，西安市城市道路径流各污染物 EMC 值呈正偏态分布，且呈宽幅变化。SS、COD、溶解性 COD、NH₃-N、总 Pb、总 Zn 和溶解性 Zn 的 EMC 中值分别为 1543mg/L、574mg/L、129mg/L、1.86mg/L、0.042mg/L、0.219mg/L、0.111mg/L，最大值分别是最小值的 16.5 倍、7.9 倍、10.1 倍、26.5 倍、9.3 倍、3.8 倍、8.2 倍，变异系数在 0.41~0.8，表明场次间浓度变化大，可能与影响径流污染的随机因素多有关。西安市路面雨水径流 SS 和 COD 浓度远大于国内外其他研究结果，SS、COD 的 EMC 中值分别为《污水综合排放标准》GB 8978—1996 中三级标准限值的 3.9 倍和 1.1 倍，这可能与西安市地处黄土高原南缘、大气降尘严重、降雨量较少有关；还与道路清扫频率、清扫效率和城市管理水平有关，表明西安市道路径流的主要污染物为颗粒物和有机污染物，应对上述污染物给予重点关注。

19.4.2 路面雨水径流污染指标相关关系

在路面雨水径流研究中，国外研究者普遍发现径流中许多污染物的分布特征与颗粒物的分布存在一定程度的相似性。本研究利用 32 场径流的测试数据，研究各污染指标的相关性，表 19.4-2 列出了各污染物的 Pearson 相关系数。

污染物 Pearson 相关系数   表 19.4-2

水质指标	样本数（个）	SS	COD	溶解性 COD	NH₃-N	Pb	Zn	溶解性 Zn
SS	32	1.0	0.845**	0.175	0.294	0.807**	0.903**	0.275
COD	32	0.845**	1.0	0.310	0.352*	0.664**	0.724**	0.218
溶解性 COD	32	0.175	0.310	1.0	−0.002	−0.007	0.093	0.117
NH₃-N	32	0.294	0.352*	−0.002	1.0	0.368	0.062	−0.124
Pb	25	0.807**	0.664**	−0.007	0.368	1.0	0.708**	0.201
Zn	25	0.903**	0.724**	0.093	0.062	0.708**	1.0	0.456*
溶解性 Zn	25	0.275	0.218	0.117	−0.124	0.201	0.456*	1.0

"**"表示在显著性水平 0.01 时显著相关（双侧），"*"表示在显著性水平 0.05 时显著相关（双侧）。

由表 19.4-2 可知，SS 与 COD、Pb、Zn 在显著性水平 0.01 时相关，表明径流中颗粒物是有机物、重金属的重要载体；但 SS 与溶解态污染物如溶解性 COD、NH₃-N、溶解性 Zn 的相关性不好，这可能与污染物的来源不同有关。将 SS 与相关污染物进行回归分析，获得回归方程式见式（19.4-1）。根据回归方程，已知路面雨水径流中 SS 的浓度，就可以估算其他污染物的浓度。

$$\begin{cases} COD = 0.219SS + 221.643 & R^2 = 0.714 \\ Pb = 0.0000196SS + 0.015 & R^2 = 0.652 \\ Zn = 0.0000597SS + 0.136 & R^2 = 0.816 \end{cases} \quad (19.4\text{-}1)$$

19.4.3 降雨特征对径流污染的影响

影响路面雨水径流污染的因素很多，包括地理区域、路面材料、降雨特征、土地利用类型、大气降尘、交通量、路面清扫等。本研究在固定区域采样，排除了地理区域、路面材料、土地利用类型、交通量、清扫等因素的影响，各场次径流中污染物浓度变化主要与降雨特征有关。将表征降雨特征的降雨量、降雨历时、最大降雨强度和前期晴天时间与径流污染物 EMC 值进行相关分析，用以明确降雨特征对径流污染的影响。表 19.4-3 列出了各污染物浓度与降雨特征的 Pearson 相关系数。

路面雨水径流浓度与降雨特征的 Pearson 相关系数　　　　表 19.4-3

水质指标	样本数(个)	相关系数(r)			
		降雨量	最大降雨强度	降雨历时	前期晴天时间
SS	30	−0.336	−0.246	−0.176	−0.143
COD	30	−0.486**	−0.405*	−0.193	0.149
溶解态 COD	30	−0.489**	−0.383*	−0.252	0.234
NH_3-N	30	−0.233	−0.324	0.114	0.090
Pb	25	−0.223	−0.077	−0.166	−0.132
Zn	25	−0.279	−0.078	−0.253	−0.097
溶解态 Zn	25	−0.105	−0.190	−0.437*	0.442*

"**"表示在显著性水平 0.01 时显著相关(双侧)，"*"表示在显著性水平 0.05 时显著相关(双侧)。

由表 19.4-3 可知，表征降雨特征的各因子中，降雨量与污染物浓度相关性最强且为负相关，该因子在显著性水平 0.01 时与 COD、溶解态 COD 显著相关，相关系数分别为 0.486 和 0.489，该因子对 SS 浓度也有一定程度的影响。最大降雨强度与污染物浓度也呈负相关，但其影响略小于降雨量，该因子在显著性水平 0.05 时与 COD、溶解态 COD 显著相关。降雨历时与除 NH_3-N 以外的其他污染物浓度呈负相关。前期晴天时间与溶解态 Zn 在显著性水平 0.05 时呈显著正相关，与溶解态 COD 也呈一定正相关性，但与其他指标相关性较小。降雨特征因子与污染指标的相关性顺序依次为降雨量>最大降雨强度>降雨历时>前期晴天时间。分析认为，由于采样区域道路清扫方式为每日人工与机械联合清扫，较大粒径的颗粒态污染物在日常清扫中得以去除，因此径流中颗粒态污染物浓度与前期晴天时间相关性不强，而雨前路面累积的可溶性污染物由于粒径微小较难在日常清扫时被去除而逐渐累积，并在随后的雨期径流中形成较高浓度的污染。

19.4.4　路面雨水径流污染季节变化特征

采用 SPSS15.0 软件，对 32 场径流污染物 EMC 的测试结果进行单因素方差分析(One-wayANOVA)，研究路面雨水径流污染随季节的变化规律，分析结果见表 19.4-4。

污染物浓度季节变化方差分析结果　　　　表 19.4-4

污染指标	样本数(个)	EMC 均值(mg/L)				F 检验统计量	显著性水平
		春季	夏季	秋季	冬季		
SS	32	2067.9	1992.6	1792.6	4954.5	2.361	0.093
COD	32	592.3	645.8	588.3	1780.0	7.604	0.001

续表

污染指标	样本数（个）	EMC 均值(mg/L)				F 检验统计量	显著性水平
		春季	夏季	秋季	冬季		
溶解态 COD	32	113.7	159.1	151.1	177.5	0.537	0.661
NH_3-N	32	2.58	1.73	3.50	6.10	4.371	0.012
Pb	25	0.054	0.056	0.034	—	0.279	0.759
Zn	25	0.236	0.270	0.177	—	0.831	0.449
溶解态 Zn	25	0.087	0.130	0.091	—	1.834	0.183

　　由表19.4-4可知，SS、COD和NH_3-N浓度随季节明显变化，SS和COD浓度呈现出冬、春季高，秋季最小的趋势，而NH_3-N则为夏季最低、冬季最高。上述结果与国外研究认为的径流污染浓度在雨季初期最大，随后逐渐减小，随着时间的推移又逐步增大的结论相一致。而溶解态COD、重金属Pb、Zn和溶解态Zn的浓度季节差异不大。

　　分析认为，径流污染物随季节变化规律的差异反映了污染物来源的不同。西安市位于黄土高原南缘，风沙扬尘作用强烈，自然降尘平均每月达$20\sim24t/km^2$，其中黄土粉尘占60%，煤烟粉尘约占20%，大气降尘导致的路面沉积物对径流污染的贡献不容忽视。路面雨水径流中SS、COD部分来自大气降尘，NH_3-N主要来自大气降尘，而西安市不同季节大气降尘变化明显，显著表现为春季最高、夏秋季节逐渐降低、冬季回升的态势，因此不同季节源自大气降尘的路面沉积物数量不同，进入径流中的污染物量有明显差异，而由于西安春季降水量较大而冬季降水量稀少，故径流中SS、COD的浓度呈冬季最高、春季次之、夏秋季节逐渐减少的趋势。冬季供暖季石化燃料的消耗增加导致大气中含氮化合物增多，故冬季径流中NH_3-N浓度显著高于其他季节。径流中重金属Pb、Zn和溶解态Zn主要来自交通污染源排放，因道路交通量几乎不随季节变化，故径流中重金属浓度季节差异不大，浓度变化主要与场次降雨特征有关。

19.5　分　析　与　讨　论

　　(1) 西安市城市主干道场次路面雨水径流污染物EMC值变化大，SS、COD、溶解性COD、NH_3-N、总Pb、总Zn和溶解性Zn的EMC中值分别为1543mg/L、574mg/L、129mg/L、1.86mg/L、0.042mg/L、0.219mg/L、0.111mg/L，变异系数在$0.41\sim0.8$，其中，SS、COD的EMC中值远大于国内外其他研究结果，且高于《污水综合排放标准》GB 8978—1996中三级标准限值，表明颗粒物和有机物是西安市道路径流的主要污染物，应给予重点关注。

　　(2) 西安市城市主干道路面雨水径流SS与COD、Pb、Zn在显著性水平0.01时相关，相关系数分别为0.845、0.807、0.903，表明颗粒物是径流中有机物、重金属的重要载体，SS与溶解态污染物如氨氮、溶解性COD、溶解态Zn无显著相关性。

　　(3) 表征降雨特征的因子中，降雨量、最大降雨强度与污染物浓度呈负相关；降雨历

时与除 NH_3-N 以外的其他污染物浓度呈负相关；前期晴天时间与溶解态 Zn 和溶解态 COD 呈正相关，与其他指标相关性较小，降雨特征因子与污染物浓度的相关性依次为降雨量＞最大降雨强度＞降雨历时＞前期晴天时间。

（4）西安市城市主干道路面雨水径流 SS、COD 和 NH_3-N 浓度随季节明显变化，SS 和 COD 呈冬、春季浓度高，秋季浓度最小的趋势，而 NH_3-N 则为夏季最低、冬季最高，表明路面雨水径流 SS、COD 和 NH_3-N 污染与大气降尘有关；而主要来自于交通污染源的污染物，如重金属 Pb、Zn 和溶解态 Zn 的浓度季节差异不大。

第20章 西安市南二环路太白立交高架段路面雨水径流污染调查与研究

20.1 调查目的

随着点源污染治理率的持续提高,城市地表径流对水体污染的显著贡献不断被众多研究证实。在西安市城市主干道南二环路太白立交高架段设置路面雨水径流采样点,采用人工时间间隔采样法对 2014 年 7 月～2015 年 9 月的 13 场径流事件全程采样,共获得样品207 个,测试径流过程 SS、COD、溶解态 COD、Cu、溶解态 Cu、Pb、溶解态 Pb、Cr、溶解态 Cr、Cd、溶解态 Cd 的质量浓度变化,研究降雨特征及污染物赋存类型对路面雨水径流污染质量浓度变化和负荷排放的影响。

20.2 实施调查单位/人员及调查时间

实施调查单位/人员:陈莹等;
实施调查时间:2014 年 7 月～2015 年 9 月。

20.3 调查方法

20.3.1 样品采集概况

1. 采样区域及具体地点

以西安市南二环路太白立交高架段作为采样区域采集路面雨水径流。该径流收集段为专供机动车行驶的单向 3 车道桥面,日均车流量大于 5 万辆、路拱横坡 0.2%、纵坡0.5%、桥宽 11m,采样点汇流面积 410m²。该段路面维护方式为每日定期洒水,真空吸尘车不定时清扫至少 3 次。

2. 采样时间及降雨情况

采样时间与降雨情况见表 20.3-1。

采样时间与降雨情况统计表　　　　　　　　　　表 20.3-1

序号	降雨日期 (年-月-日)	降雨量 (mm)	降雨历时 (min)	平均降雨强度 (mm/min)	最大降雨强度 (mm/min)	前期晴天时间 (d)	降雨类型
1	2014-7-10	6.0	218	0.028	0.208	10.0	小雨

续表

序号	降雨日期 (年-月-日)	降雨量 (mm)	降雨历时 (min)	平均降雨强度 (mm/min)	最大降雨强度 (mm/min)	前期晴天时间 (d)	降雨类型
2	2014-8-6	5.3	88	0.060	0.391	27.8	中雨
3	2014-8-7	10.0	240	0.036	0.185	0.5	中雨
4	2014-8-8	6.3	415	0.015	0.041	0.3	小雨
5	2014-8-12	41.0	440	0.093	0.817	3.2	大雨
6	2014-9-16	3.9	382	0.010	0.024	16.0	小雨
7	2014-10-20	7.4	380	0.020	0.052	18.8	小雨
8	2015-6-16	2.3	95	0.024	0.067	13.8	小雨
9	2015-6-23	8.1	385	0.025	0.057	9.6	小雨
10	2015-6-26	9.9	268	0.037	0.050	3.0	小雨
11	2015-8-8	24.7	87	0.283	0.850	17.7	暴雨
12	2015-8-13	7.9	78	0.101	0.331	5.5	中雨
13	2015-8-23	12.5	119	0.105	0.376	10.3	大雨

20.3.2 样品采集方式

降雨期间采用人工时间间隔采样法在桥梁排水立管采样。采样原则为：径流开始30min 内，用聚乙烯瓶每 5min 采样一次，30min～1h 每 10min 采样一次，1～2h 每 20min 采样一次，2～3h 每 30min 采样一次，此后每 1h 采样一次直至径流终止，采样时若降雨强度变化较大则随机加密采样次数，每次采样 500mL，共获得样品 207 个。采样期间采用 JFZ-01 型数字雨量计同步观测降雨特征。

20.3.3 检测方法

场次径流结束后将水样送至实验室分析水质。分析项目包括 SS、COD、溶解性COD、4 种重金属（Cu、Pb、Cr、Cd）总量及溶解态含量。SS 采用重量法测定，COD采用快速密闭催化消解法测定，重金属采用电感耦合等离子体质谱法（ICP-MS）测定，溶解态污染物需将水样经 0.45μm 滤膜过滤后再行测定。

20.4 调查数据及分析

20.4.1 降雨类型划分及数据处理

1. 降雨类型划分

本研究团队自 20 世纪 90 年代开始对西安市上百场雨水径流事件进行了长时间序列的观测，基于对所监测径流事件降雨过程降雨强度变化情况的整理和统计，探明西安市降雨具有较明显的特征，基本可概化为 3 种类型，即降雨量小、降雨强度较平均的 I 型降雨，初期降雨强度大的前峰型 II 型降雨和多峰型 III 型降雨，详见表 20.4-1 和图 20.4-1。本研究所观测的 13 场降雨事件 I、II、III 型降雨分别为 6 场、5 场和 2 场，可知西安市多见 I、II 型降雨。

降雨类型分类 表 20.4-1

类型	降雨特征	降雨场次	示意
I 型	雨量小、降雨强度较平均的降雨事件	2014-8-8、2014-9-16、2014-10-20、2015-6-16、2015-6-23、2015-6-26	ⓐ
II 型	初期降雨强度大的前峰型降雨事件	2014-8-6、2014-8-7、2015-8-8、2015-8-13、2015-8-23	ⓑ
III 型	多峰降雨事件	2014-7-10、2014-8-12	ⓒ

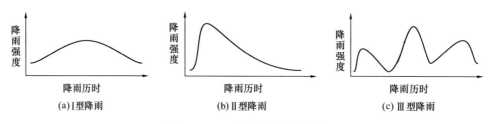

(a) I 型降雨　　　　(b) II 型降雨　　　　(c) III 型降雨

图 20.4-1　西安市降雨雨型分类

2. 分析方法

（1）EMC 估算

根据事件平均浓度（Event mean concentration，EMC）的定义，采用式（20.4-1）估算场次径流 EMC 值。

$$EMC = \frac{M}{V} = \frac{\int_0^T c(t)Q(t)\,\mathrm{d}t}{\int_0^T Q(t)\,\mathrm{d}t} \approx \frac{\sum_{i=1}^n C_i V_i}{\sum_{i=1}^n V_i} \tag{20.4-1}$$

式中　M——径流排放某污染物的总质量，g；

$\quad\quad V$——径流体积，m^3；

$\quad c(t)$——径流过程某污染物质量浓度随时间 t 的分布，mg/L；

$\quad Q(t)$——t 时刻的径流量，m^3/s；

$\quad\quad T$——径流总历时，s；

$\quad\quad n$——时间分段数；

$\quad\quad C_i$——第 i 时间段样品某污染物的质量浓度，mg/L；

$\quad\quad V_i$——第 i 时间段的径流体积，m^3。

（2）初期冲刷效应判别

1）判别方法

初期冲刷效应即初期径流不成比例地携带大部分污染负荷的现象，是相关学者研究污染负荷排放特征的常用指标。本研究采用 Deletic 对初期冲刷的严格定义，即初期30％的径流携带超过80％的污染物即认为初期冲刷效应强烈作为冲刷程度的判据，基于 Bertrand 提出的对实测所得无量纲 $M(v)$ 曲线进行数据拟合，通过拟合指数 b 定量表征初期冲刷程度大小。不同 b 值将 $M(v)$ 曲线分为 6 个区域，具体见图 20.4-2，拟合公式见式（20.4-2）。

$$Y = X^b \tag{20.4-2}$$

式中　Y——累积污染物排放率；

　　　X——累积径流率；

　　　b——拟合指数。

2）FF30 计算

FF30 指占径流体积 30％的初期径流携带的污染负荷率，是表征初期冲刷程度的定量指标，计算见式（20.4-3）。

$$FF_{30} = 0.3^b \tag{20.4-3}$$

式中　b——拟合指数。

3）数据处理方法

本研究实验数据采用 SPSS17.0 进行分析和处理，拟合指数 b 采用曲线回归方法确定。

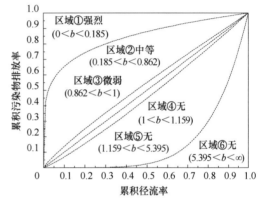

图 20.4-2　$M(v)$ 曲线分区及其含义

20.4.2　西安市路面雨水径流污染水平

受篇幅限制，且因部分场次降雨特征及径流污染状况类似，选择 7 场径流事件污染测试结果进行径流污染水平分析，见表 20.4-2。从中可见，西安市城市道路径流 SS、COD 污染严重，变化显著，不仅表现为单场径流过程污染物质量浓度峰值、底值差异巨大，不同场次径流污染物质量浓度也呈宽幅变化，各场次径流 SS、COD 质量浓度峰值范围为 1608～5260mg/L、500.9～1791.0mg/L，均大于《污水综合排放标准》GB 8978—1996 中三级标准值，最高超标 13.15 倍、3.58 倍，多数场次径流 SS 的 EMC 值大于《污水综合排放标准》GB 8978—1996 中三级标准值，全部场次径流 COD 的 EMC 值大于《污水综合排放标准》GB 8978—1996 中二级标准值。可见 SS、COD 是西安市路面雨水径流的主要污染物，需重点关注；重金属污染也不容忽视，Pb、Cr 污染水平较高，多数场次径流 Pb 的 EMC 值、全部场次 Cr 的质量浓度峰值均超过《地表水环境质量标准》GB 3838—2002 中Ⅲ类水质标准值，不经处理直接排放将对受纳水体环境质量造成较为严重的影响。

西安市路面雨水径流污染测试结果 表 20.4-2

采样场次		SS (mg/L)	COD (mg/L)	溶 COD (mg/L)	Cu (μg/L)	溶 Cu (μg/L)	Pb (μg/L)	溶 Pb (μg/L)	Cr (μg/L)	溶 Cr (μg/L)	Cd (μg/L)	溶 Cd (μg/L)
2014-8-6	底值	158	181.1	32.8	35.9	5.2	20.7	0.2	13.2	1.6	0.3	0.03
	峰值	2080	778.3	269.6	148.1	20.3	122.0	0.8	199.0	5.2	1.4	0.14
	EMC	1194	498.0	79.7	87.4	12.3	74.1	0.3	57.8	2.4	0.9	0.05
2014-8-7	底值	90	149.1	19.9	36.0	3.4	23.1	0.1	16.2	1.3	0.3	0.03
	峰值	2542	1791.0	149.1	210.0	39.4	245.0	0.7	95.2	3.9	2.7	0.13
	EMC	848	482.3	45.7	70.8	9.9	74.8	0.2	37.2	1.8	0.9	0.05
2014-8-12	底值	210	109.0	18.0	14.1	4.6	45.4	0.2	8.8	1.2	2.4	0.04
	峰值	1608	1058.4	185.1	46.1	33.2	172.2	0.7	72.2	4.9	8.9	0.20
	EMC	365	228.5	31.6	20.9	9.8	73.7	0.3	17.4	1.6	3.5	0.07
2014-9-16	底值	148	104.7	13.2	22.4	3.1	22.7	0.1	18.0	1.0	0.8	0.04
	峰值	1976	800.3	55.2	92.9	11.3	98.0	0.5	66.6	4.9	1.7	0.11
	EMC	477	211.5	27.4	36.8	5.9	38.5	0.2	27.2	1.8	1.1	0.06
2014-10-20	底值	154	90.3	14.2	31.4	14.3	22.6	0.4	11.2	2.4	1.5	0.11
	峰值	1812	500.9	54.1	169.7	63.2	168.8	1.3	52.8	5.3	9.4	0.45
	EMC	886	288.1	25.4	103.6	26.3	86.2	0.6	35.5	3.4	4.1	0.21
2015-6-16	底值	200	289.6	36.3	65.6	20.5	36.0	0.2	20.6	1.9	1.2	0.02
	峰值	1688	1014.2	109.2	209.5	90.1	107.7	0.7	55.9	6.0	2.3	0.08
	EMC	1007	649.4	107.5	148.7	37.1	78.7	0.6	40.6	3.2	2.0	0.05
2015-8-8	底值	368	42.4	44.0	19.8	14.0	5.8	0.2	7.5	5.7	0.2	0.05
	峰值	5260	1339.0	218.0	125.2	46.8	48.2	0.8	55.5	1.3	0.9	0.25
	EMC	3181	815.6	59.7	80.8	17.5	23.4	0.3	32.0	1.9	0.6	0.10
《污水综合排放标准》 GB 8978—1996 标准值	一级	70	100	—	500							
	二级	150	150		1000	—	1000	—	1500		100	—
	三级	400	500		2000							
《地表水环境质量标准》 GB 3838—2002 Ⅲ类水质标准值		—	20	—	1000	—	50	—	50	—	5	

20.4.3　降雨特征及污染物赋存类型对径流过程污染质量浓度的影响

尽管路面雨水径流污染排放受前期路面污染物累积（与前期晴天时间、道路清扫水平、其他随机排污因素有关）和雨水径流冲刷（与降雨量、降雨强度变化、雨期交通等因素有关）影响，机制复杂，但本研究结果证明，降雨特征对不同类型污染物排放的影响非常明显，也即同类型的降雨事件具有相似的径流污染排放特征，包括污染物浓度变化趋势、浓度峰值出现的时间以及径流后期浓度的相对稳定等。限于篇幅，结合降雨特征分类，选择 2014 年 9 月 16 日降雨代表 I 型小雨、2014 年 8 月 7 日降雨代表 II 型中雨、2014 年 8 月 12 日降雨代表 III 型大雨，就不同类型雨水径流事件各污染指标的质量浓度变化特征进行分析。3 场径流事件全程各污染指标质量浓度变化测试结果见图 20.4-3～图 20.4-5。

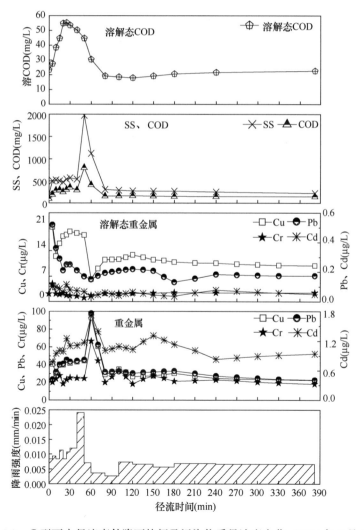

图 20.4-3　I 型雨水径流事件降雨特征及污染物质量浓度变化（2014 年 9 月 16 日）

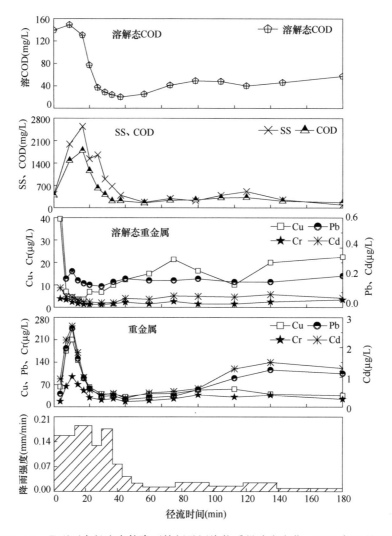

图 20.4-4　Ⅱ型雨水径流事件降雨特征及污染物质量浓度变化（2014 年 8 月 7 日）

由图 20.4-3 可知，2014 年 9 月 16 日Ⅰ型小雨事件中，SS、COD、Cu、Pb、Cr、Cd 的质量浓度随降雨强度波动明显，径流开始 60min 左右达到峰值，滞后于降雨强度峰值约 10min 后出现，此后质量浓度逐渐下降并在后段趋于平稳。Ⅰ型降雨事件因雨量小、降雨强度小，无法实现对路面沉积物的有效冲刷，出现降雨强度峰值时冲刷作用加强，较多污染物进入径流，整场径流各污染指标质量浓度相对较高，总体污染较为严重。溶解态污染物，包括溶解态 COD 及重金属，尽管降雨强度较小但质量浓度峰值均在径流初期 10min 左右出现，此后逐渐降低直至径流结束，末期质量浓度约为峰值质量浓度的 1/2～1/3，整场径流质量浓度均保持较高水平。

图 20.4-4 所示 2014 年 8 月 7 日Ⅱ型降雨事件中，因初期降雨强度较大即对地面形成

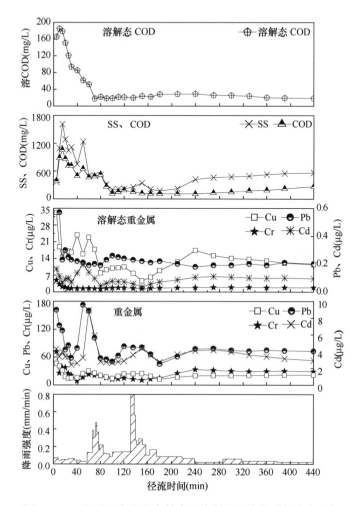

图 20.4-5　Ⅲ型雨水径流事件降雨特征及污染物质量浓度变化

了有效冲刷，SS、COD、Cu、Pb、Cr、Cd 的质量浓度均在径流开始 15min 左右达到峰值，受初期高降雨强度径流强劲冲刷的影响，峰值后污染物质量浓度迅速下降达到底值，由于降雨强度大、径流量大使路面得到彻底冲刷，污染物质量浓度在末期处于较低水平，因该场降雨历时较长，雨期交通即时排放的污染物在后期被逐渐带入径流使得后期径流质量浓度有所升高；溶解态污染物质量浓度峰值均在径流初期 10min 以内出现，此后迅速降低达到底值，中后期受雨期交通即时排污影响略有升高。

图 20.4-5 所示 2014 年 8 月 12 日Ⅲ型降雨事件，该场降雨整体强度较大，平均降雨强度达 0.093mm/min。初期降雨强度较大且在径流中期出现 2 次典型雨峰。SS、COD 质量浓度随降雨强度呈现波动变化，重金属 Cu、Pb、Cr、Cd 与降雨强度呈现更好的相关性。因初期降雨强度较大，对地面形成有效冲刷，径流开始后较短时间各污染物质量浓度均达到峰值，此后在下降过程中受降雨强度变化导致的径流冲刷能力变化影响而呈锯齿形

波动，两次典型雨峰过后质量浓度趋于平稳，因降雨历时长，中后期可能受雨期交通即时排污影响略有升高；溶解态污染物则呈现相似排放规律，即在初期质量浓度达到最大，其后随降雨强度变化呈轻微锯齿形波动，后期受雨期交通即时排污影响，污染物质量浓度略有升高。

综上可见，以降雨强度、降雨量、降雨历时等指标表征的降雨特征及污染物赋存类型均对径流过程污染物质量浓度变化产生影响。降雨强度表征着径流冲刷地表的能量，只有当降雨强度和径流流速超过地表物质的启动流速时，颗粒态污染物才会从地表剥离、被径流裹挟，所以足够大的降雨强度出现的时段影响着径流中颗粒态污染物的输出，显著表现为颗粒态污染物质量浓度峰值出现时间均略滞后于足够大的降雨强度峰值，但溶解态污染物均在径流初期达到峰值，不受降雨强度大小表征的径流冲刷能力大小的影响，表明溶解态污染物容易从路面剥离进入径流，其受降雨强度影响较小；降雨历时也对径流污染质量浓度具有一定影响，若降雨历时短，路面累积的污染物尚未被完全冲刷干净，则末期径流仍保持较高浓度，若降雨历时长且期间有较大雨峰出现，强劲的径流冲刷可将前期累积于地表的大部分污染物携带进入径流，浓度峰值过后迅速下降，中后期维持较低水平，表明前期累积的路面污染物被冲刷殆尽，此后若降雨过程继续，则雨期交通污染源即时排污产生的影响逐步显现，表现为径流后期污染物质量浓度略有增加；降雨量与降雨强度、降雨历时相关，其对径流污染的影响较为复杂，当降雨强度增大、降雨量增大时，一方面径流冲刷地表的能力增加，径流能够裹挟、夹带更多的污染物，但降雨量越大稀释作用愈明显，污染物质量浓度也可能降低。

20.4.4 降雨特征对路面雨水径流污染负荷排放的影响

基于 3 场典型径流事件全程污染物质量浓度和降雨量测试结果，绘制不同类型降雨事件同类污染物的 $M(v)$ 曲线见图 20.4-6，以分析比较降雨特征对路面雨水径流污染负荷排放的影响。

由图 20.4-6 可知，Ⅰ、Ⅱ型降雨事件较Ⅲ型降雨，SS、COD、Cu、Pb、Cr、Cd 的负荷初期冲刷效应更明显，表明降雨特征对上述污染物负荷排放具有显著影响，也即上述污染物的污染负荷是否不成比例地由初期径流携带与降雨特征密切相关，初期降雨强度大的Ⅱ型降雨事件较雨量小、降雨强度小且平均的Ⅰ型径流事件初期冲刷效应更加明显。而溶解态污染物的出流受降雨特征的影响较小，均在径流初期达到浓度峰值而与降雨强度大小及降雨量大小无关，故图 20.4-6 中溶解态污染物呈现出初期冲刷效应受雨型影响不大的规律。

20.4.5 污染物类型对路面雨水径流污染负荷排放的影响

基于 13 场径流事件各污染指标及降雨量测试结果，采用式（20.4-3）计算各场次径流各污染物的 FF_{30}，并对计算结果进行统计分析，分析结果见图 20.4-7。

由图 20.4-7 可见，路面雨水径流污染初期冲刷效应并非普遍存在，同类污染物在不同径流事件中呈现截然不同的初期冲刷程度，表现为图中各箱体高度的宽幅变化。但测试

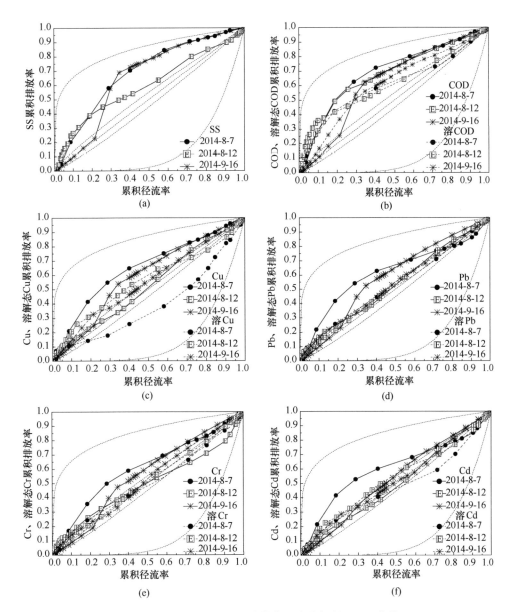

图 20.4-6　不同雨型径流事件各污染指标的 $M(v)$ 曲线

的 13 场径流事件所有污染指标均未出现 $FF_{30} > 0.8$ 的强烈初期冲刷，部分污染物出现中等和微弱程度初期冲刷，多数溶解态污染物部分径流场次无初期冲刷现象出现。该研究结果与 Lee "初期 30% 径流至少携带 80% 污染物发生的概率仅为 1%" 的研究结论吻合，表明尽管多数场次径流初期污染物质量浓度较高，但其并未不成比例地携带更多的污染负荷，故仅处理初期径流无法实现对路面雨水径流污染的有效控制。此外，由图 20.4-7 可知，SS、COD、溶解态 COD 的 FF_{30} 中值均大于 0.45 且明显高于其他污染物，表明上述污染物较易出现初期冲刷，也即在径流初期负荷比例较其他污染物高，各重金属总量的初

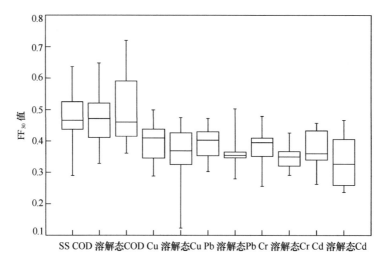

图 20.4-7 13 场路面雨水径流事件各污染指标 FF_{30} 分布图

期负荷率也高于其相应溶解态含量，总体而言，路面雨水径流各污染物的初期冲刷程度排序依次为 COD＞SS＞溶解态 COD＞Cu＞Pb＞Cr＞溶解态 Cu＞Cd＞溶解态 Pb＞溶解态 Cr＞溶解态 Cd。

20.5 分析与讨论

（1）西安市城市道路径流污染严重，变化显著，SS、COD 是主要污染物，其 EMC 值远超《污水综合排放标准》GB 8978—1996 中二级标准值，需重点关注；重金属污染也不容忽视，Pb、Cr 污染水平较高，不经处理直接排放对受纳水体环境质量造成严重影响。

（2）径流过程中污染物质量浓度变化与降雨特征及污染物的赋存状态密切相关。溶解态污染物排放不受降雨强度大小表征的径流冲刷能力大小影响，均在径流初期达到质量浓度峰值随即持续降低，而颗粒态污染物的质量浓度峰值出现在足够大的降雨强度峰值之后，径流过程中随降雨强度变化波动显著；降雨历时和降雨量也对径流过程污染物浓度变化产生影响。

（3）降雨特征对溶解态污染物污染负荷排放的影响较小，但对颗粒态污染物污染负荷排放具有显著影响。较之Ⅲ型降雨，Ⅰ、Ⅱ型降雨事件 SS、COD、Cu、Pb、Cr、Cd 的负荷初期冲刷效应更明显。

（4）路面雨水径流负荷初期冲刷效应并非普遍存在，监测的 13 场径流所有监测指标均未出现强烈初期冲刷，各污染物的初期冲刷程度排序为 COD＞SS＞溶解态 COD＞Cu＞Pb＞Cr＞溶解态 Cu＞Cd＞溶解态 Pb＞溶解态 Cr＞溶解态 Cd。

第21章 西安市某文教区典型下垫面雨水径流污染特征调查

21.1 调 查 目 的

为探明西安市文教区3类主要下垫面径流污染特征，本研究选择西安市某文教区3类典型下垫面路面、屋面和绿地设径流采样点，对2016年8月～2017年2月的3场雨水径流和2场融雪径流进行采样测试，研究各下垫面雨水径流污染水平及出流规律，比较不同下垫面雨水径流和融雪径流污染特征，以期为西安市典型小区径流污染控制和雨水资源的集蓄利用提供参考。

21.2 实施调查单位/人员及调查时间

实施调查单位/人员：吴亚刚、陈莹等；
实施调查时间：2016年8月～2017年2月。

21.3 调 查 方 法

21.3.1 样品采集概况

1. 采样区域及具体地点

小区是城市的主要构成单元，占据城市下垫面较大的比例，而路面、屋面和绿地是小区内3类典型下垫面。为探明城市主要构成单元——城市小区3类主要下垫面径流污染特征，本研究选择西安市某文教区3类典型下垫面设径流采样点，雨期采用人工时间间隔采样法采集径流全程样品，采样点特征见表21.3-1。

径流采样点概况　　　　　　　　　　表21.3-1

下垫面类型	代号	所在位置	材质	汇流面积(m²)	清扫方式
路面	L	东西主干道主楼前东侧路段雨水口	沥青混凝土	420	定期洒水和人工清扫
屋面	W	桥梁结构安全技术国家工程实验室雨落管出口	沥青油毡	108	不清扫
绿地	D	教学楼后草坪泄水口	—	24	—

2. 采样时间及降雨情况

采样期间使用 JDZ01-1 型数字雨量计对降雨特征同步监测，3 场降雨事件降雨特征及 2 场降雪事件统计结果见表 21.3-2，3 场降水均为该地区出现频次较高的降水类型，具有较好的代表性。

采样时间与降雨情况统计表　　　　　表 21.3-2

采样日期 （年-月-日）	降水量 （mm）	平均降雨强度 （mm/min）	最大降雨强度 （mm/min）	降雨历时 （min）	前期晴天数 （h）	降水类型	采样点
2016-8-2	33.6	0.472	0.958	67	169	暴雨	L、W、D
2016-9-18	24.5	0.121	0.673	202	122	大雨	L、W、D
2016-9-26	3.3	0.025	0.086	130	47	小雨	L、W
2016-11-22	13.7	—	—	840	358	中雪	L、W
2017-2-20	4.2	—	—	540	297	小雪	L、W

21.3.2　样品采集方式

降雨期间采用人工时间间隔采样法在 3 类下垫面集水口采集雨水径流。采样原则为：径流开始 30min 内用棕色玻璃瓶每 5min 采样一次，30min～1h 每 10min 采样一次，1～2h 每 20min 采样一次，2～3h 每 30min 采样一次，此后每 1h 采样一次直至径流结束，采样时若降雨强度变化较大则随机加密采样次数，每次采样 1000mL。2 场融雪径流采样原则为：降雪结束且融雪开始后每 30min 采样一次，具体采样时间间隔根据径流量大小随机调整，径流结束后将径流样品带回实验室分析水质。2016 年 9 月 26 日降雨事件、2 场降雪事件绿地均未产生径流，故绿地仅有 2 次雨水径流测试结果。

21.3.3　检测方法

水质测试指标选择径流的典型污染物，即表征颗粒物及其粒径的 SS 和 d50，表征有机污染物的 COD 和溶解态 COD（SCOD），表征营养物质的 TN 和 TP，表征重金属的 Pb、Zn、Cu、Cd、Ni、Cr 及其溶解态，美国国家环境保护局优控的 16 种多环芳烃（PAHs）及其溶解态。测试方法：SS 采用重量法，TN 采用碱性过硫酸钾消解-紫外线分光光度法，TP 采用钼酸铵分光光度法，COD 采用快速密闭催化消解法，重金属采用 ICP-MS 测定，PAHs 采用 GC-MS 测定，d50 采用激光粒度仪测定，溶解态污染物需将水样经 0.45μm 滤膜过滤后测定。

21.3.4　分析方法

1. EMC 和 EMCs 估计

由事件平均浓度（EMC）的定义，采用式（21.3-1）近似估算场次径流 EMC；多场雨水径流事件平均浓度（EMCs）采用式（21.3-2）计算，公式如下：

$$EMC = \frac{M}{V} = \frac{\int_0^T C(t)Q(t)\,dt}{\int_0^T Q(t)\,dt} \approx \frac{\sum_{t=1}^n C_i V_i}{\sum_{i=1}^n V_i} \tag{21.3-1}$$

$$EMCs = \frac{\sum_{j=1}^m EMC_j}{m} \tag{21.3-2}$$

式中　M——场次径流排放某污染物的总质量，g；

　　　V——场次径流总体积，m³；

　　$C(t)$——径流过程某污染物浓度随时间 t 的分布，mg/L；

　　$Q(t)$——t 时刻的径流量，m³/s；

　　　T——场次径流总历时，s；

　　　n——时间分段数；

　　　C_i——第 i 时间段样品某污染物的浓度，mg/L；

　　　V_i——第 i 时间段的径流体积，即上次采样至本次采样时段内的径流量，m³；

　　EMC_j——第 j 场径流事件的 EMC；

　　　m——径流事件次数。

2. 径流量估算

受条件限制，本研究未能实测路面和屋面径流量，因路面和屋面为内渗量与蒸发量很小的硬质下垫面，且采样时记录了降雨开始与径流形成时间，进而可计算消除径流的滞后性，各采样时段径流体积可用扣除产流时间的各时段的降雨量与集雨面积的乘积估算。绿地因渗透率大、出水口处径流量较小，故分时段收集了各时段的全部径流统计径流量。

21.4　调查数据及分析

21.4.1　雨水径流污染水平分析

路面、屋面和绿地是城市小区内 3 类主要下垫面，其径流污染来源不尽相同，屋面受外界干扰相对较小，其污染主要源自大气干湿沉降；路面除大气干湿沉降外，交通排污、人类活动、绿化行为和道路清扫等因素对污染物的累积影响较大；绿地为透水性下垫面，污染累积、排放规律更加复杂，西安市典型小区 3 类下垫面径流污染测试结果见表21.4-1。

由本研究测试结果可知，西安市文教区路面、绿地、屋面径流 SS 的 EMC 值分别为 113.4～622.7mg/L、201.4～257.6mg/L 和 17.9～124.2mg/L，其 EMCs 值分别为 418.7mg/L、229.5mg/L 和 63.5mg/L，路面和绿地径流 SS 的 EMCs 值超过《污水综合排放标准》GB 8978—1996 中二级标准值，污染较为严重。

表 21.4-1

不同下垫面降水径流污染测试结果

采样日期(年-月-日)	类型	数量	项目	SS (mg/L)	COD (mg/L)	SCOD (mg/L)	TN (mg/L)	TP (mg/L)	Pb (μg/L)	溶解态Pb (μg/L)	Zn (μg/L)	溶解态Zn (μg/L)	Cu (μg/L)	溶解态Cu (μg/L)	Cr (μg/L)	溶解态Cr (μg/L)	Ni (μg/L)	溶解态Ni (μg/L)	Cd (μg/L)	溶解态Cd (μg/L)	PAHs (ng/L)	S-PAHs (ng/L)	d50 (μm)
2016-8-2	路面	10	峰值	2038.0	1396.8	159.0	15.7	0.16	171.7	*	621.1	27.4	110.8	5.4	242.1	*	131.7	7.0	1.90	0.25	—	—	27.5
			底值	10.7	50.3	9.9	2.2	0.01	45.4	*	258.4	11.8	36.2	0.4	71.0	*	39.4	1.3	0.78	0.01	—	—	11.1
			EMC	519.9	385.9	54.5	6.4	0.08	81.5	—	353.2	16.8	58.1	2.6	122.3	—	62.0	2.8	1.01	0.07	—	—	—
	屋面	12	峰值	571.0	960.6	697.0	34.9	0.20	313.6	2.1	1767.6	519.4	227.5	15.5	1197.5	3.3	172.6	23.0	11.65	3.49	—	—	171.6
			底值	3.0	11.9	5.2	9.5	0.01	15.8	*	117.9	27.3	21.1	1.3	70.9	*	49.9	1.0	0.42	0.11	—	—	14.4
			EMC	124.2	179.0	123.7	16.3	0.05	71.5	—	549.9	110.1	78.7	4.6	384.4	—	87.5	5.0	2.52	0.72	—	—	—
	绿地	5	峰值	369.0	168.3	41.8	7.3	0.23	70.9	*	324.0	6.5	49.6	3.2	122.6	*	82.8	2.8	1.05	0.01	—	—	11.7
			底值	113.0	47.4	13.9	3.5	0.09	35.5	*	134.8	2.1	33.0	1.8	70.2	*	61.0	1.5	0.79	*	—	—	9.9
			EMC	257.6	94.1	22.4	4.8	0.14	47.2	*	241.0	3.2	43.0	2.4	94.1	—	69.8	1.9	0.94	—	—	—	—
2016-9-18	路面	17	峰值	1528.0	138.5	113.9	15.3	0.33	870.3	0.5	1616.4	13.7	200.0	15.0	117.9	7.7	33.1	3.3	9.58	0.10	712.4	106.3	145.6
			底值	2.4	21.3	9.9	5.1	0.06	35.7	*	167.9	4.6	11.0	2.7	29.9	3.2	6.4	0.5	1.00	0.03	171.5	34.9	14.2
			EMC	622.7	59.4	44.3	10.7	0.18	325.7	10.1	579.0	9.8	69.1	7.1	68.8	4.9	19.0	1.6	3.93	0.05	389.6	78.9	—
	屋面	16	峰值	128.7	1010.7	701.6	86.6	0.96	274.7	10.1	756.0	144.5	120.8	59.9	52.5	6.1	33.2	16.2	9.24	1.71	469.4	122.7	168.7
			底值	2.8	15.9	10.5	3.8	0.02	48.9	*	117.6	10.4	10.9	1.0	20.8	*	5.4	*	0.93	0.09	137.2	48.7	12.4
			EMC	48.5	157.5	123.2	28.9	0.34	92.9	0.7	320.6	44.5	42.0	9.5	32.0	—	15.8	—	2.82	0.38	303.0	90.4	—
	绿地	5	峰值	347.0	75.4	37.7	12.0	1.00	157.2	0.4	266.4	10.7	106.8	7.2	97.3	*	26.4	3.8	5.88	0.08	340.6	96.0	14.0
			底值	96.0	43.9	24.6	3.2	0.47	67.0	*	136.7	7.9	41.2	4.8	31.6	*	11.0	2.4	2.57	0.05	164.1	58.7	9.6
			EMC	201.4	59.2	31.3	6.6	0.64	108.2	—	191.9	9.0	68.7	6.1	67.8	—	19.1	3.0	3.73	0.07	231.2	80.5	—
2016-9-26	路面	14	峰值	188.0	140.0	106.2	12.1	0.14	633.3	0.7	1327.6	6.3	199.9	23.6	145.6	13.1	50.5	6.9	6.25	1.01	489.9	187.9	26.5
			底值	54.0	51.0	37.0	2.1	0.03	123.4	*	155.8	1.9	72.6	10.7	53.9	6.0	14.0	3.2	1.09	0.07	169.0	65.3	10.6
			EMC	113.4	94.4	69.6	7.1	0.06	286.5	—	653.6	4.5	131.1	16.6	105.9	9.7	30.8	4.9	3.42	0.37	266.8	98.4	—

续表

采样日期(年-月-日)	类型	数量	项目	SS(mg/L)	COD(mg/L)	SCOD(mg/L)	TN(mg/L)	TP(mg/L)	Pb(μg/L)	溶解态Pb(μg/L)	Zn(μg/L)	溶解态Zn(μg/L)	Cu(μg/L)	溶解态Cu(μg/L)	Cr(μg/L)	溶解态Cr(μg/L)	Ni(μg/L)	溶解态Ni(μg/L)	Cd(μg/L)	溶解态Cd(μg/L)	PAHs(ng/L)	S-PAHs(ng/L)	d_{50}(μm)
2016-9-26	屋面	13	峰值	41.0	120.7	92.5	19.9	0.09	97.0	0.7	234.2	47.6	73.3	9.4	75.2	*	32.4	3.4	7.49	0.36	403.2	123.8	34.3
			底值	3.7	33.5	20.6	5.6	0.03	12.1	0.3	105.0	20.8	9.7	4.0	30.2	*	6.8	1.7	0.26	0.14	128.3	43.8	13.1
			EMC	17.9	78.2	53.8	11.9	0.05	50.2	0.5	173.2	33.5	41.6	6.5	46.3	—	13.8	2.6	2.76	0.24	254.9	89.3	—
2016-11-23	路面	14	峰值	337.0	208.0	180.2	11.1	0.19	994.5	6.5	1583.0	23.5	258.4	26.2	540.5	12.2	76.1	10.4	7.02	0.54	135.0	46.0	0.4
			底值	400.0	129.2	104.6	8.8	0.02	213.3	0.5	361.2	11.1	106.9	19.6	123.3	7.9	32.1	4.7	2.15	0.19	47.1	13.7	0.3
			均值	538.9	184.3	148.7	10.0	0.09	512.8	3.3	932.7	15.7	167.6	24.3	321.2	9.9	53.2	7.0	4.02	0.33	90.0	29.6	—
	屋面	13	峰值	42.3	37.7	26.0	9.6	0.08	70.3	0.5	274.2	15.5	16.3	3.3	94.7	*	27.3	1.4	1.64	0.14	92.0	14.4	6.2
			底值	4.3	13.2	11.2	5.3	0.02	11.8	*	34.3	7.5	11.6	1.4	46.0	*	5.3	0.8	0.18	0.04	23.9	11.0	0.4
			均值	20.5	24.5	19.0	7.1	0.04	21.5	—	76.6	10.2	13.9	2.3	54.6	*	10.3	1.0	0.52	0.10	37.8	12.9	—
2017-2-20	路面	5	峰值	≤52.1	813.1	701.8	12.0	1.10	—	—	—	—	—	—	—	—	—	—	—	—	—	—	1.0
			底值	322.9	451.7	319.0	7.1	0.53	—	—	—	—	—	—	—	—	—	—	—	—	—	—	0.3
			均值	387.5	632.4	510.4	9.3	0.86	—	—	—	—	—	—	—	—	—	—	—	—	—	—	—
	屋面	7	峰值	31.5	65.7	50.8	11.7	0.26	—	—	—	—	—	—	—	—	—	—	—	—	—	—	12.8
			底值	9.3	21.0	13.2	4.7	0.06	—	—	—	—	—	—	—	—	—	—	—	—	—	—	0.2
			均值	52.0	52.5	34.0	9.0	0.18	—	—	—	—	—	—	—	—	—	—	—	—	—	—	—
《污水综合排放标准》GB 8978—1996标准值			一级	70	100			0.1	1000		2000		500		1500				100				
			二级	150	150			0.1	—		5000		1000		—				—				
			三级	400	500			0.3	—		5000		2000		—				—				
《地表水环境质量标准》GB 3838—2002Ⅲ级水质标准值				20			1.0	0.2	50		1000		1000		50				5				

S-PAHs为溶解态PAHs，"*"表示未检出，"—"表示无相关数值（标准）。

有机物也是雨水径流的主要污染物，城市地表径流对受纳水体有机物污染的贡献不容忽视。相关研究表明，径流中的有机物多为难生物降解的有机污染物，常用 COD 来表征。本研究测试结果表明，西安市文教区 3 类下垫面雨水径流 COD 污染严重，路面、屋面和绿地径流 COD 的 EMC 值分别为 59.4～385.9mg/L、78.2～179.0mg/L 和 59.2～94.1mg/L，其 EMCs 值分别为 179.9mg/L、138.2mg/L 和 76.7mg/L，均超过《地表水环境质量标准》GB 3838—2002 中Ⅲ类水质标准值，路面和屋面径流的值甚至超过《污水综合排放标准》GB 8978—1996 中一级标准值。

营养物是引起水体富营养化的主要因素，城市地表径流对受纳水体 N、P 有较大输入贡献。本研究结果表明，西安市文教区路面、屋面和绿地径流 TN 的 EMCs 值分别为 8.1mg/L，19.1mg/L 和 5.7mg/L，均超出《地表水环境质量标准》GB 3838—2002 中Ⅲ类水质标准值，而 TP 污染相对较轻，仅部分场次屋面和绿地径流 EMC 值超过《地表水环境质量标准》GB 3838—2002 中Ⅲ类水质标准值。

重金属因具有污染的累积性、不可降解性，一直是环境科学领域研究的热点，路面雨水径流因其携带大量的重金属，一直被相关学者广泛关注。本研究测试的西安市文教区路面、屋面和绿地径流中 Pb 的 EMCs 值分别为 231.2μg/L，71.5μg/L 和 77.7μg/L，Cr 的 EMCs 值分别为 99.0μg/L，154.2μg/L 和 81.0μg/L，Cu 的 EMCs 值分别为 86.1μg/L、54.1μg/L 和 55.9μg/L。三类下垫面雨水径流 Pb、Cr 均超过《地表水环境质量标准》GB 3838—2002 中Ⅲ类水质标准值。

21.4.2 路面和屋面雨水径流污染比较

本研究所监测的 3 场路面和屋面降雨径流事件各污染物 EMCs 值对比如图 21.4-1 所示，由图可知，路面雨水径流 SS、COD、Zn、Pb、Cu、PAHs 等污染物的 EMCs 值大于屋面径流，其中 SS、Pb 是屋面径流的 6.6 倍、3.2 倍，表明交通污染源对其贡献显著；路面雨水径流中 Zn 和 PAHs 的 EMCs 略大于屋面径流，表明大气干湿沉降可能是其主要

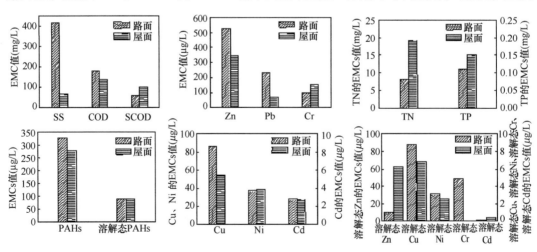

图 21.4-1 路面和屋面雨水径流污染物 EMCs 比较

来源；路面雨水径流 COD、SCOD 的 EMCs 值分别为 179.9mg/L，56.1mg/L，SCOD 占 COD 的 31.2%，表明交通行为和人类活动排放的有机物以颗粒态为主，屋面径流 COD、SCOD 的 EMCs 值分别为 138.2mg/L，100.2mg/L，SCOD 占 COD 的 72.5%，表明大气干湿沉降带来的有机物主要以溶解态存在；路面和屋面径流 Ni、Cd、溶解态 Ni、溶解态 Cd 的 EMCs 值接近，路面雨水径流 TN、TP、Cr 的 EMCs 值略低于屋面径流，表明径流中 Ni、Cd、N、P、Cr 主要来源于大气干湿沉降，交通排放对其贡献很小。

21.4.3 不同下垫面雨水径流污染排放特征

雨水径流污染排放受前期污染物累积和降雨特征等因素综合影响，机制复杂。分析本研究所测 3 场降雨径流事件各污染物质量浓度随径流时间变化可知，不同场次降雨径流事件各污染物浓度存在较大差异，但同类型下垫面具有相似的沿程变化特征，选择 2016 年 9 月 18 日降雨径流事件绘制径流污染物浓度变化曲线。

由图 21.4-2 可见，路面和屋面径流中颗粒物、营养物、重金属、多环芳烃等污染物均具有初期径流污染物浓度较大，之后呈锯齿形波动逐步降低并趋于稳定的排放特征，其中，路面雨水径流受雨期交通排污及降雨强度变化影响，污染物浓度沿程波动较剧烈，而屋面径流因降雨期间无外源污染物输入基本呈现冲刷模型所描述的"一衰到底"的排放规律；绿地因具有较高的渗透率，当降雨强度超过土壤入渗率后才会产生径流，故径流开始

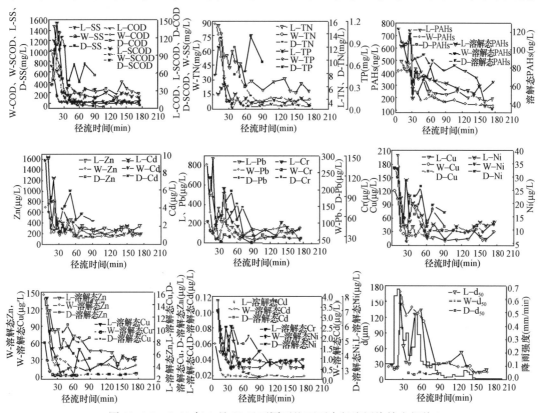

图 21.4-2 2016 年 9 月 18 日不同下垫面雨水径流污染输出规律

时间较降雨时间有所延迟且径流历时较短，各污染物浓度沿程变化相对较小，COD、TP等污染物末期浓度反而有所升高，这可能与土壤中有机质、营养物的溶出有关。

此外，总量污染物与溶解态污染物的排放特征也存在一定差异，总量污染物浓度随降雨强度变化波动较大，表现为路面和屋面径流过程颗粒物粒径 d_{50} 与降雨强度呈现良好的相关性，而溶解态污染物浓度受降雨强度变化影响相对较小。降雨强度决定着径流冲刷地表的能量，降雨强度越大，径流冲刷地表的能力越强，更大粒径的颗粒物能够被径流裹挟从地表输出，从而影响径流中污染物的浓度，表现为降雨强度较大时，径流中颗粒物粒径 d_{50} 的增大及 SS、TP、重金属等污染物浓度的增高，这也揭示出颗粒物是径流中多种污染物的载体，径流中 TP、重金属、多环芳烃等多以颗粒态赋存。

21.4.4 雨水径流和融雪径流污染比较

2016 年 11 月～2017 年 2 月对相同地点的 2 场路面和屋面融雪径流进行了监测，其测试统计结果见表 21.4-1。为比较雨水径流和融雪径流污染特征，将 2 场融雪径流各污染物浓度均值与 3 场雨水径流各污染物 EMCs 值比较，结果如图 21.4-3、图 21.4-4 所示。由图可知，除 PAHs 和溶解态 PAHs 外，路面融雪径流其余污染物均比雨水径流污染严重，其中 COD、SCOD、TP、Pb、Cr 的平均浓度分别为 408.34mg/L、329.54mg/L、0.48mg/L、512.84μg/L、321.18μg/L，分别是雨水径流的 2.3 倍、5.9 倍、4.4 倍、2.2 倍和 3.2 倍，而屋面融雪径流水质相对较好。分析认为，因降雪过程降雪可将大气中的颗粒物裹挟沉降至下垫面，降雪期间汽车和行人排放的污染物在路面持续累积，且冬季路面枯枝落叶较多，而融雪时径流量相对较小，故路面融雪径流比雨水径流污染更加严重，而屋面因仅存在大气干湿沉降贡献，且融雪径流量小、冲刷裹挟能力较弱，较难将屋面沉积的污染物全部带入径流，故屋面融雪径流水质优于雨水径流，表现为雪后屋面仍存有大量灰尘未被融雪径流冲刷干净。

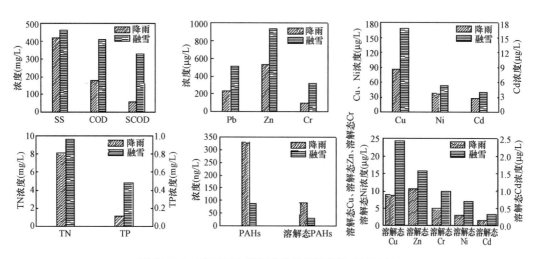

图 21.4-3 路面雨水径流和融雪径流污染水平比较

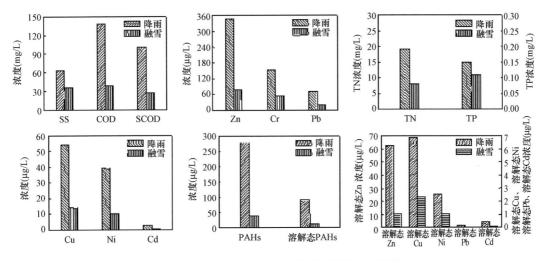

图 21.4-4 屋面雨水径流和融雪径流污染水平比较

21.5 分析与讨论

（1）西安市文教区 3 类典型下垫面雨水径流主要污染物为 SS、COD、TN、Pb、Cr，路面和绿地径流 SS 的 EMCs 值均超过《污水综合排放标准》GB 8978—1996 中二级标准值，3 类下垫面雨水径流 COD、TN、Pb、Cr 的 EMCs 值均超过《地表水环境质量标准》GB 3838—2002 中Ⅲ类水质标准值，路面、屋面和绿地径流 PAHs 的 EMC 值分别为 266.8～389.8ng/L、254.9～303.0ng/L 和 231.2ng/L，与国内相关研究相比属于中等污染水平。

（2）路面雨水径流 SS、COD、Zn、Pb、Cu、PAHs 等浓度高于屋面径流，而 TN、TP、Cr 等指标则相反，表明径流中 TN、TP、Cr 主要源于大气干湿沉降，而交通排污对 SS、COD、Zn、Pb、Cu、PAHs 等有较大输入贡献。

（3）不同下垫面雨水径流污染输出规律差异显著。路面雨水径流污染物初期浓度较大，受雨期交通排污影响中后段波动剧烈，屋面径流污染物浓度随径流历时持续降低且趋于稳定，绿地径流污染物浓度沿程变化相对较小；降雨强度对总量污染物浓度输出的影响大于溶解态污染物，表现为降雨强度较大时，径流中颗粒物粒径 d_{50} 的增大及 SS、TP、重金属等污染物浓度的增高。

（4）因降雪期间污染物持续累积且径流量较小，路面融雪径流污染程度远大于雨水径流，而屋面融雪径流携带污染物的能力较弱使得水质优于雨水径流。

第 22 章 天津市第二新华中学海绵城市设施雨水控制效果调查与评估

22.1 项 目 背 景

2016 年 4 月，天津市被财政部、住房和城乡建设部、水利部列为全国第二批海绵城市建设试点城市。试点区总面积是 39.5km²，其中解放南路片区 16.7km²，已建成区约 13km²，该区整体为老城区改造区，区内已建区约 13km²（含老工业区、公建及居住）。其中南部起步区及复兴河片区已基本完成更新或已出让，共约 7.04km²，其余待改造老城区、老工业区约 6km²；现状下垫面中，公建及居住、道路占比较高，不透水下垫面占比较高，大约占比 84.8%。

为推进海绵城市试点区建设，选择了部分老旧小区、公建、道路、公园、河道等开展海绵城市建设试点，公建项目选择了位于西青区淇水道以南、梅林路以西的天津市第二新华中学，项目占地面积为 5.4hm²，第二新华中学是天津市首个采用海绵城市理念设计的学校，采用了包括下凹式绿地、透水铺装、雨水桶、旱溪、雨水调蓄池、植草沟等多种低影响开发（LID）设施，增加对雨水的滞蓄、净化和利用，实现了"源头减排、过程控制、末端调蓄"的雨水径流管理理念。图 22.1-1 为第二新华中学内部分 LID 设施照片。

主要示范技术包括生物滞留设施、下凹式绿地、生态树池、旱溪、雨水桶、调蓄模块等。表 22.1-1 给出了第二新华中学海绵城市设施的规模和数量情况。

第二新华中学 LID 设施一览表　　　　　　　　　　　表 22.1-1

序号	LID 设施	数量（个）	规格
1	植草沟	9	2670m²
2	下凹式绿地	13	922.2m²
3	透水铺装	12	3110m²
4	旱溪	1	1345m²
5	雨水调蓄池	3	969.71 m³
6	雨水桶	4	4000 L
7	LID 树池	4	—
8	透水混凝土	—	5900m²
9	生物滞留设施	1	207.8m²

第二新华中学内海绵城市设施建设完成后，课题组于 2019 年 6 月～2020 年 8 月对中学内 LID 设施对雨水径流污染控制效果进行了检测，重点对雨水径流中 SS，COD，NH_3-N、TN，TP 等进行了检测分析。

(a) 下凹式绿地

(b) 透水铺装

(c) 雨水蓄水模块(检查口)

(d) 旱溪

(e) 绿色屋顶1

(f) 绿色屋顶2

图 22.1-1 第二新华中学内部分 LID 设施

22.2 实施调查单位/人员及调查时间

实施调查单位/人员:

南开大学:李铁龙、焦永利、刘金鹏、王海涛、王新宇、朱光全、席雯、李冰洁、高超林、王玥、苏珩;

天津市政工程设计研究总院有限公司:赵乐军、宋现财、李喆;

实施调查时间：2017年6月~2020年8月。

22.3 调 查 方 法

22.3.1 技术路线

雨水径流污染特性调查的技术路线如图22.3-1所示

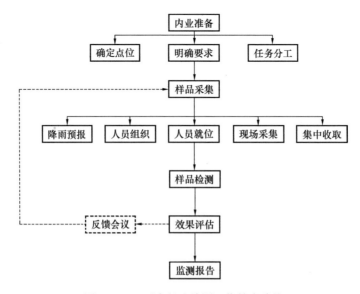

图 22.3-1 雨水径流检测工作技术路线

雨水径流检测最重要的是样品代表性和有效性。每一场降雨采样前都要再次确认采样目标、采样点位、采样要求，对全体采样人员落实采样方案，具体点位负责人明确采样类型、采样时间、采样频次、采样体积、测定指标以及样品保存与运输要求等；每年雨季前对采样人员进行专业的采样培训以及质控要求培训。

根据气象预报信息做好每一次采样的准备与过程管控。采样出发前一定要做好充分的采样准备，将采样必需的设备、容器以及工具等物资准备好，备好采样车辆等交通工具，并将上述采样物资在降雨前2h内运至采样点现场。

依据采样点位和类型落实安排采样人员，实行两人一点的管理方法，每一个点位固定2名采样人员，负责全过程以及整个雨季的采样过程，采样过程中对采样时间、点位以及类型在样品瓶上做好记录。

采样过程中有专人进行协调与质控监督，以保证示范区采样的有效性、代表性与准确性。采样结束后，采样人员依据约定地点对样品进行集中收取，并交付第三方对水质进行检测分析。

每次采样结束后，依据采样结果组织反馈会议，对本次采样工作进行总结提升，对采样过程中出现的问题提出解决方案与措施。

22.3.2 降雨量检测

降雨量的检测工作主要依靠雨量计进行检测记录。在片区内设置两个雨量计以全面检测片区内降雨事件的降雨量、降雨历时等降雨特征，雨量计精度应不低于 0.1～0.2 mm。在 2020 年 5～10 月对降雨情况进行不间断检测，以完整反映本年度雨季片区内的降雨特征。

表 22.3-1 为中国气象局降水强度等级划分，表 22.3 2 为本研究中的降雨情况。

中国气象局降水强度等级划分表 表 22.3-1

降水等级	12h 降水总量（mm）	24h 降水总量（mm）
小雨、阵雨	0.1～4.9	0.1～9.9
小雨～中雨	3.0～9.9	5.0～16.9
中雨	5.0～14.9	10.0～24.9
中雨～大雨	10.0～22.9	17.0～37.9
大雨	15.0～29.9	25.0～49.9
大雨～暴雨	23.0～49.9	38.0～74.9
暴雨	30.0～69.9	50.0～99.9
暴雨～大暴雨	50.0～104.9	75.0～174.9
大暴雨	70.0～139.9	100.0～249.9
大暴雨～特大暴雨	105.0～169.9	150.0～239.9
特大暴雨	≥140.0	≥250.0

部分降雨场次降雨情况 表 22.3-2

降雨场次	降雨日期（年-月-日）	降雨量（mm）	降雨强度（mm/h）	降雨类型
1	2019-7-6	2.0	0.6	小雨
2	2019-7-29	35.8	12.0	大雨
3	2019-8-3	45.0	15.0	大雨
4	2019-8-10	8.0	3.0	大雨
5	2019-8-11	7.4	2.5	大雨
6	2020-6-1	1.7	1.7	小雨
7	2020-7-3	21.8	10.9	大雨
8	2020-7-5	25.1	12.6	大雨～暴雨
9	2020-7-9	3.4	0.57	小雨～中雨
10	2020-8-1	21.7	14.5	大雨
11	2020-8-12	9.9	8.9	中雨
12	2020-8-12	9.9	0.25	小雨
13	2020-8-18	17.5	10.5	大雨

22.3.3 示范工程检测方案

表 22.3-3 为示范工程检测方案表。

示范工程检测方案 表 22.3-3

点位名称	编号	检测要求	检测频次
降雨量	XHY1	翻斗式雨量计，精度 0.1～0.2 mm	5～10 月连续检测，保证数据无间断
出口排水量 1	XHP1	至少 6 场降雨事件，大雨中雨至少各 2 次	每次降雨事件，自排口出流始，无明显出流止；连续流量测量，流量数据精度 5min 以内
出口排水量 2	XHP2	至少 6 场降雨事件，大雨中雨至少各 2 次	每次降雨事件，自排口出流始，无明显出流止；连续流量测量，流量数据精度 5min 以内
出口排水量 3	XHP3	至少 6 场降雨事件，大雨中雨至少各 2 次	每次降雨事件，自排口出流始，无明显出流止；连续流量测量，流量数据精度 5min 以内
出口水质 1	XHZ1	至少 6 场降雨事件，大雨中雨至少各 2 次	取样频率为单次降雨 5min、10min、15min、20min、30min、1h、2h、3h、6h、12h、24h（直至降雨结束）
出口水质 2	XHZ2	至少 6 场降雨事件，大雨中雨至少各 2 次	取样频率为单次降雨 5min、10min、15min、20min、30min、1h、2h、3h、6h、12h、24h（直至降雨结束）
出口水质 3	XHZ3	至少 6 场降雨事件，大雨中雨至少各 2 次	取样频率为单次降雨 5min、10min、15min、20min、30min、1h、2h、3h、6h、12h、24h（直至降雨结束）
透水铺装水质	XHZ4	至少 6 场降雨事件，大雨中雨至少各 2 次	取样频率为单次降雨 5min、10min、15min、20min、30min、1h、2h、3h、6h、12h、24h（直至降雨结束）
绿化屋顶水质	XHZ5	至少 6 场降雨事件，大雨中雨至少各 2 次	取样频率为单次降雨 5min、10min、15min、20min、30min、1h、2h、3h、6h、12h、24h（直至降雨结束）
下凹式绿地入流水质	XHZ6	至少 6 场降雨事件，大雨中雨至少各 2 次	取样频率为单次降雨 5min、10min、15min、20min、30min、1h、2h、3h、6h、12h、24h（直至降雨结束）
下凹式绿地溢流水质	XHZ7	至少 6 场降雨事件，大雨中雨至少各 2 次	取样频率为单次降雨 5min、10min、15min、20min、30min、1h、2h、3h、6h、12h、24h（直至降雨结束）

具体的采样点位布置如图 22.3-2 所示，各采样点采样情况如图 22.3-3 所示。

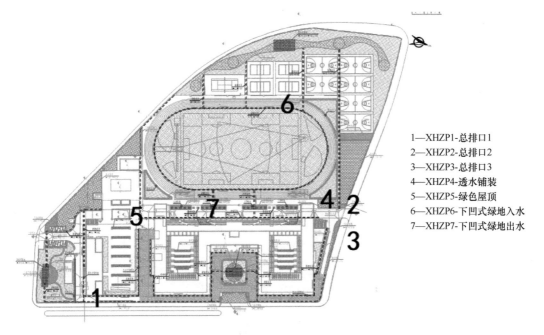

1—XHZP1-总排口1
2—XHZP2-总排口2
3—XHZP3-总排口3
4—XHZP4-透水铺装
5—XHZP5-绿色屋顶
6—XHZP6-下凹式绿地入水
7—XHZP7-下凹式绿地出水

图 22.3-2　第二新华中学示范工程雨水采样点示意图

22.3.4　采样方法

1. 天然雨水

在第二新华中学空旷的区域放置广口聚乙烯塑料桶，每次降雨开始时，立即将清洁的采样器放置在预定的采样点支架上，采集全过程雨样。取样频率为单次降雨 5min、10min、15min、20min、30min、1h、2h、3h、6h、12h、24h（直至降雨结束）。

2. 路面雨水径流

普通道路采样点选择雨水口处，按照海绵城市理念设计的道路采样点选择溢流口处。在路面有明显产流时开始采样并记录时间，为保障采集到初期径流并兼顾整场降雨采样的完整性，在径流产生初期，用样品桶（1.0L）直接在雨水口收集第 1 个水样，取样频率为单次降雨 5min、10min、15min、20min、30min、1h、2h、3h、6h、12h、24h（直至降雨结束）进行取样，记录采样起止时间、采样地点等，以备实验室分析使用，具体采样频次视降雨历时与降雨强度而定。

3. 屋面径流

屋面径流采样点选择在屋面雨水管出口处，在屋面开始形成径流时，在建筑物的雨落管出水口用样品桶（1.0L）收集第 1 个水样，取样频率为单次降雨 5min、10min、15min、20min、30min、1h、2h、3h、6h、12h、24h（直至降雨结束），记录采样起止时间、采样地点等，以备实验室分析使用，具体采样频次视降雨历时与降雨强度而定。

(a) 雨水出水口n采样点 　　　　　　　　(b) 在线流量计

(c) 绿色屋顶出水采样点 　　　　　　　　(d) 径流对照点采样

(e) 透水铺装采样 　　　　　　　　(f) 总排口采样

(g) 在线流量计数据读取 　　　　　　　　(h) 总排口2-3采样

图 22.3-3　第二新华中学示范工程总排水口 n 采样点

4. 下凹式绿地

下凹式（下沉式）绿地径流采样点一般应设置在溢流口（如雨水口）处。在开始形成径流时，在采样点收集第 1 个水样，取样频率为单次降雨 5min、10min、15min、20min、30min、1h、2h、3h、6h、12h、24h（直至降雨结束），记录采样起止时间、采样地点等，以备实验室分析使用，具体采样频次视降雨历时与降雨强度而定。

5. 透水铺装采样

透水铺装径流采样点选择在透水基层内排水管或排水板出口处。在透水铺装开始形成径流时，用自制草坪径流收集器在采样点收集第 1 个水样，取样频率为单次降雨 5min、10min、15min、20min、30min、1h、2h、3h、6h、12h、24h（直至降雨结束），记录采样起止时间、采样地点等，以备实验室分析使用，具体采样频次视降雨历时与降雨强度而定。

6. 学校雨水排水口

在学校雨水总排口处加装在线流量计，测定雨水径流总流量，并采集径流水样。在开始形成径流时，用径流收集器在采样点收集第 1 个水样，取样频率为单次降雨 5min、10min、15min、20min、30min、1h、2h、3h、6h、12h、24h（直至降雨结束后 0.5～1.0h），记录采样起止时间、采样地点等，以备实验室分析使用，具体采样频次视降雨历时与降雨强度而定。

7. 流量检测

流量检测时，在检测方案要求的重要节点处对流量进行连续检测。在每次降雨事件发生后，自排口或重要节点出流开始检测记录，在降雨事件结束后，各节点或排口无明显出流结束，进行连续的流量测量，流量数据的精度需要在 5min 以内。重要节点需安装流量计进行流量的检测和记录工作。

22.3.5 分析指标及检测方法

为全面、准确了解雨水径流污染物种类，说明雨水径流污染物的特征，根据《地表水环境质量标准》GB 3838—2002 并参考相关标准，确定了相关指标进行水质检测，主要检测指标种类及测试方法见表 22.3-4。

检测指标及测试方法　　　　　　　　　　　　　表 22.3-4

序号	基本项目	检测方法	方法来源
1	SS	重量法	《水质 悬浮物的测定 重量法》GB/T 11901—1989
2	COD	COD 速测法	《COD 光度法快速测定仪技术要求及检测方法》HJ 924—2017
3	总氮	过硫酸钾消解紫外分光光度法	《水质 总氮的测定 碱性过硫酸钾消解紫外分光光度法》HJ 636—2012
4	氨氮	纳氏试剂分光光度法	《水质 氨氮的测定 纳氏试剂分光光度法》HJ 535—2009
5	总磷	钼酸铵分光光度法	《水质 总磷的测定 钼酸铵分光光度法》GB/T 11893—1989

22.4 降雨强度影响调查及分析

22.4.1 LID 设施出水水质

通过多次对不同 LID 设施出水径流的追踪检测，探讨降雨强度对各种 LID 设施出水水质的影响，检测的 LID 设施主要有绿色屋顶、下凹式绿地、透水铺装以及中学雨水出口。图 22.4-1～图 22.4-6 为不同降雨强度、降雨量对径流水质的影响。对于降雨量大、初期降雨强度大的降雨事件，径流污染物初期 COD 浓度范围为 13～40mg/L；出水雨水径流中 SS 平均浓度小于 7mg/L，LID 设施总体出水水质较为稳定。

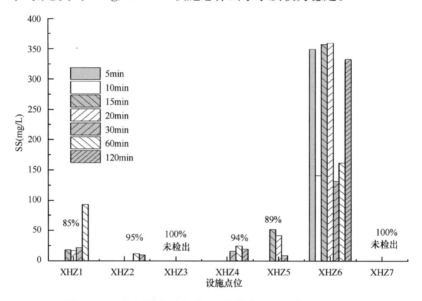

图 22.4-1 降雨强度对径流 SS 的影响（2020 年 7 月 3 日）

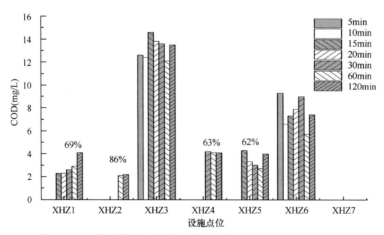

图 22.4-2 降雨强度对径流 COD 的影响（2020 年 7 月 3 日）

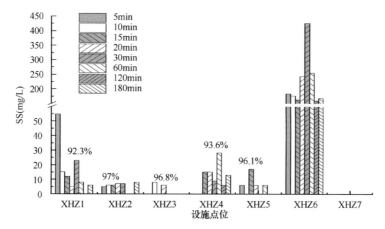

图 22.4-3　降雨强度对径流 SS 的影响（2020 年 8 月 1 日）

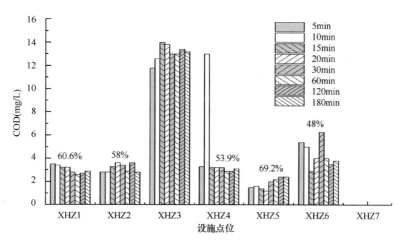

图 22.4-4　降雨强度对径流 COD 的影响（2020 年 8 月 1 日）

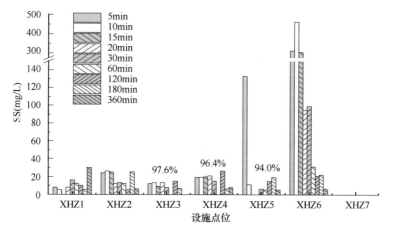

图 22.4-5　降雨强度对径流 SS 的影响（2020 年 8 月 18 日）

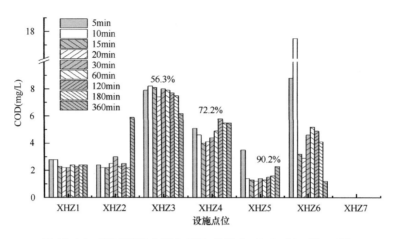

图 22.4-6　降雨强度对径流 COD 的影响（2020 年 8 月 18 日）

由图 22.4-1～图 22.4-6 可知，LID 设施出水水质随降雨量、降雨强度等变化较大。降雨强度大于 8mm/h 时，对 SS、COD 的控制率分别小于 86% 和 66.6%；降雨强度小于 0.5mm/h 时，对 SS、COD 的控制率可达到 99% 和 72%；这是因为强降雨事件，初期降雨强度较大，雨水径流冲刷效应比较强烈，径流污染物浓度高；随着降雨量增加，沉积污染物减少，径流中污染物浓度也随之降低并趋于稳定。

22.4.2　绿色屋顶出水水质

1. 绿色屋顶出水 SS 浓度

绿色屋顶（XHZ5）出水 SS 浓度见表 22.4-1。

绿色屋顶（XHZ5）出水 SS 浓度（mg/L）　　　　　　　表 22.4-1

降雨历时 (min)	降雨日期(年-月-日)												
	2019-7-6	2019-7-29	2019-8-3	2019-8-10	2019-8-11	2020-6-1	2020-7-3	2020-7-5	2020-7-9	2020-8-1	2020-8-12(1)	2020-8-12(2)	2020-8-18
5	6.7	5.0	5.0	5.0	5.0	—	—	—	—	6.0	124.0	ND	133.0
10						—	—	—	—	ND	38.0	ND	11.0
15	6.0	5.0	6.0	7.0	5.0	29.0	52.0		—	17.0	24.0	ND	ND
20						25.0	42.0	140.0	—	6.0	14.0	ND	ND
30	6.0	5.0	5.0	8.4	5.0	13.0	9.0	86.0	—	ND	21.0	ND	6.0
60	6.0	5.0	5.0	5.0	5.0	ND	ND	50.0	—	6.0	55.0	ND	5.0
120	6.4	5.0	5.0	5.0	5.0		ND	43.0	—	ND		5.0	15.0
180	5.0	5.0	5.0	5.0	5.0				—	ND	ND		19.0
360									—			ND	5.0
EMC 值	5.0	5.0	5.2	5.9	5.0	—	9.0	79.8	—	10.7	46.0	ND	27.7
浓度削减率	98.6%	98.6%	98.6%	98.3%	98.6%	100.0%	97.5%	77.7%	100.0%	97.0%	87.1%	100.0%	92.2%

"—"表示未产生径流；"ND"表示有水样但未检出；"空白"表示未取样；2019 年降雨 10min 与 20min 未取样。

2. 绿色屋顶出水 COD 浓度

绿色屋顶（XHZ5）出水 COD 浓度见表 22.4-2。

绿色屋顶（XHZ5）出水 COD 浓度（mg/L）　　　　　　　　　　表 22.4-2

降雨历时 (min)	降雨日期(年-月-日)												
	2019-7-6	2019-7-29	2019-8-3	2019-8-10	2019-8-11	2020-6-1	2020-7-3	2020-7-5	2020-7-9	2020-8-1	2020-8-12(1)	2020-8-12(2)	2020-8-18
5	30.1	27.1	24.0	6.0	7.0	—	—	—		1.5	7.9	3.4	3.5
10						—	—	—	—	1.6	3.1	2.5	1.4
15	28.3	27.1	26.0	7.0	4.0	4.9	4.3			1.4	2.4	3.0	1.3
20						3.2	3.3	14.4	—	1.2	2.2	3.1	1.2
30	28.9	21.7	26.0	9.0	5.0	2.7	3.0	8.2		2.0	2.0	3.0	1.4
60	29.6	21.7	24.0	9.3	14.0	2.8	2.7	4.8		2.2	1.6	3.1	1.3
120	25.8	16.5	23.0	6.0	29.0		4.0	3.7		2.4		3.2	1.5
180	17.8	16.3	24.0	11.0	11.0				3.7	2.4		3.3	1.6
360												2.9	2.3
EMC 值	26.8	21.7	24.5	8.1	11.7	2.2	2.9	4.4	0.4	1.8	3.2	3.1	1.7
浓度削减率	41.7%	45.7%	45.6%	56.5%	38.6%	79.4%	61.8%	66.7%	95.5%	58.2%	33.3%	78.8%	73.1%

"—"表示未产生径流；"ND"表示有水样但未检出；"空白"表示未取样；2019 年降雨 10min 与 20min 未取样。

3. 绿色屋顶对雨水径流中 SS、COD 浓度削减率

绿色屋顶对雨水径流中 SS、COD 的平均浓度削减率见表 22.4-3。

绿色屋顶对雨水径流中 SS、COD 平均浓度削减率　　　　　　表 22.4-3

年度	SS 平均浓度削减率	COD 平均浓度削减率
2019	98.5%	45.6%
2020	94.0%	68.0%
总体	95.7%	59.6%

调查发现，当降水强度为小雨（降雨强度小于 1.7mm/h）及以下时，绿色屋顶大约在降雨 180min 后产生径流，这种情况下绿色屋顶对雨水径流中污染物浓度削减率较高，对 SS 浓度削减效果约为 99%，对 COD 浓度削减效果约为 95%；对于雨水水量的控制率可达到 100%；中雨（降雨强度 5.0mm/h）时，绿色屋顶一般会在 15min 产生径流，绿色屋顶对 SS 的浓度削减效果为 97%～99%，对 COD 的浓度削减效果为 61.8%～79.4%；对于在 20min 产生径流的降雨，对 SS 的浓度削减效果为 87%～99%，对 COD 的浓度削减效果为 33%～78%；大雨（降雨强度大于 6.0mm/h）或暴雨（降雨强度大于 8.0mm/h）时，绿色屋顶 5min 就可产流，绿色屋顶对 SS 的浓度削减效果为 77.7%，对 COD 的浓度削减效果为 66.7%。

22.4.3 透水铺装出水水质

1. 透水铺装出水 SS 浓度

透水铺装（XHZ4）出水 SS 浓度见表 22.4-4。

透水铺装（XHZ4）出水 SS 浓度（mg/L）　　　　　　表 22.4-4

降雨历时 (min)	降雨日期(年-月-日)												
	2019-7-6	2019-7-29	2019-8-3	2019-8-10	2019-8-11	2020-6-1	2020-7-3	2020-7-5	2020-7-9	2020-8-1	2020-8-12(1)	2020-8-12(2)	2020-8-18
5	5.4	5.0	6.0	5.0	5.0	—	—		—	ND	ND	ND	19.0
10						—	—		—	ND	ND	ND	19.0
15	5.0	5.0	5.0	7.2	5.0	—	—		—	15.0	ND	ND	20.0
20						—	—		—	15.0	ND	ND	21.0
30	5.0	5.0	5.0	10.0	5.0	—	16.0		—	9.0	7.0	ND	15.0
60	6.0	5.0	5.0	5.0	5.0	—	25.0	22.0	—	28.0	ND	ND	ND
120	5.0	5.2	5.0	5.0	5.0	—	20.0		—	6.0		ND	26.0
180	5.0	5.0	5.0	5.0	13.0	—			—	13.0		ND	6.0
360												ND	8.0
EMC 值	5.0	5.0	5.2	6.2	6.3	—	9.0	22.0	—	10.7	7.0	ND	16.8
浓度削减率	98.6%	98.6%	98.6%	98.3%	98.2%	100.0%	97.5%	93.8%	100.0%	97.0%	98.0%	100.0%	95.3%

"–"表示未产生径流；"ND"表示有水样但未检出；"空白"表示未取样；2019 年降雨 10min 与 20min 未取样。

2. 透水铺装出水 COD 浓度

透水铺装（XHZ4）出水 COD 浓度见表 22.4-5。

透水铺装（XHZ4）出水 COD 浓度（mg/L）　　　　　　表 22.4-5

降雨历时 (min)	降雨日期(年-月-日)												
	2019-7-6	2019-7-29	2019-8-3	2019-8-10	2019-8-11	2020-6-1	2020-7-3	2020-7-5	2020-7-9	2020-8-1	2020-8-12(1)	2020-8-12(2)	2020-8-18
5	28.6	16.6	13.0	11.0	13.0	—	—		—	3.3	7.8	13.1	5.1
10						—	—		—	3.0	3.6	10.9	4.6
15	27.2	14.8	16.0	15.0	12.0	—	—		—	3.2	4.2	11.8	4.0
20						—	—		—	3.2	3.9	12.6	4.1
30	27.9	15.3	14.0	16.0	11.0	—	4.2		—	3.2	12.0	13.0	4.4
60	23.2	17.1	14.0	17.0	11.0	—	4.1	6.2	—	2.9	12.4	12.1	4.9
120	16.7	17.8	15.0	18.0	13.0	—	4.1		—	2.9		11.1	5.8
180	17.1	15.9	15.0	14.0	14.0	—			—	3.1		11.6	5.5
360									—			11.5	5.5
EMC 值	23.4	16.2	14.5	15.2	12.3	—	4.1	6.2	—	3.1	7.3	12.0	4.9
浓度削减率	48.9%	59.4%	23.7%	18.0%	35.1%	100%	45.6%	53.0%	100.0%	29.5%	49.2%	16.9%	23.8%

"–"表示未产生径流；"ND"表示有水样但未检出；"空白"表示未取样；2019 年降雨 10min 与 20min 未取样。

3. 透水铺装对雨水径流中 SS、COD 浓度削减率

透水铺装对雨水径流中 SS、COD 的平均浓度削减率见表 22.4-6。

透水铺装对雨水径流中 SS、COD 平均浓度削减率　　　　表 22.4-6

年度	SS 平均浓度削减率	COD 平均浓度削减率
2019	98.4%	37.0%
2020	98.0%	52%
总体	98.0%	46.4%

调查发现，当降水强度为小雨（降雨强度小于 1.7mm/h）及以下时，在 60min 内透水铺装对于径流污染物 SS 和 COD 的浓度削减效果几乎为 100%，在整个降雨过程中几乎不产流；对于水量的控制率可达到 100%；中雨（降雨强度 5.0mm/h）时，透水铺装一般在 30~60min 左右开始产流，对 SS 的浓度削减率为 95%~99%，对 COD 的浓度削减率为 45%~53%；大雨（降雨强度大于 6.0mm/h）或暴雨（降雨强度大于 8.0mm/h）时，透水铺装 5min 就可产流，对于 SS 的浓度削减率为 93%~97%，对 COD 的浓度削减率为 16.9%~29.5%。

22.4.4 下凹式绿地出水水质

1. 下凹式绿地出水 SS 浓度

下凹式绿地（XHZ7）出水 SS 浓度见表 22.4-7。

下凹式绿地（XHZ7）出水 SS 浓度（mg/L）　　　　22.4-7

降雨历时（min）	降雨日期（年-月-日）												
	2019-7-6	2019-7-29	2019-8-3	2019-8-10	2019-8-11	2020-6-1	2020-7-3	2020-7-5	2020-7-9	2020-8-1	2020-8-12(1)	2020-8-12(2)	2020-8-18
5	5.0	5.0	5.0	5.0	5.0	--	--	--	--	--	--	--	--
10						--	--	--	--	--	--	--	--
15	6.0	5.0	5.0	5.0	5.0	--	--	--	--	--	--	--	--
20						--	--	--	--	--	--	--	--
30	5.0	5.0	5.0	5.0	5.2	--	--	--	--	--	--	--	--
60	5.0	5.0	5.0	5.0	5.0	--	--	--	--	--	--	--	--
120	5.0	5.0	5.0	5.0	5.0	--	--	--	--	--	--	--	--
180	5.0	5.0	5.0	5.0	5.0	--	--	--	--	--	--	--	--
360						--	--	--	--	--	--	--	--
EMC 值	5.2	5.0	5.0	5.0	5.0	--	--	--	--	--	--	--	--
浓度削减率	98.5%	98.6%	98.6%	98.6%	98.6%	100.0%	100.0%	100.0%	100.0%	100.0%	100.0%	100.0%	100.0%

"—"表示未产生径流；"ND"表示有水样但未检出；"空白"表示未取样；2019 年降雨 10min 与 20min 未取样。

2. 下凹式绿地出水 COD 浓度

下凹式绿地（XHZ7）出水 COD 浓度见表 22.4-8。

下凹式绿地（XHZ7）出水 COD 浓度（mg/L）　　　　表 22.4-8

降雨历时（min）	降雨日期(年-月-日)												
	2019-7-6	2019-7-29	2019-8-3	2019-8-10	2019-8-11	2020-6-1	2020-7-3	2020-7-5	2020-7-9	2020-8-1	2020-8-12(1)	2020-8-12(2)	2020-8-18
5	27.1	19.6	46.0	15.0	25.0	–	–	–	–	–	–	–	–
10						–	–	–	–	–	–	–	–
15	25.6	20.1	42.0	15.0	29.0	–	–	–	–	–	–	–	–
20						–	–	–	–	–	–	–	–
30	15.5	18.4	40.0	15.1	33.0	–	–	–	–	–	–	–	–
60	24.1	15.3	41.0	16.0	22.0	–	–	–	–	–	–	–	–
120	17.4	26.5	39.0	16.0	21.0	–	–	–	–	–	–	–	–
180	22.7	15.7	39.0	14.0	25.0	–	–	–	–	–	–	–	–
360										–			
EMC 值	22.1	19.3	41.2	15.2	25.8	–	–	–	–	–	–	–	–
浓度削减率	51.9%	58.0%	10.3%	66.9%	43.7%	100%	100%	100%	100%	100%	100%	100%	100%

"–"表示未产生径流；"ND"表示有水样但未检出；"空白"表示未取样；2019 年降雨 10min 与 20min 未取样。

3. 下凹式绿地对雨水径流中 SS、COD 浓度削减率

下凹式绿地对雨水径流中 SS、COD 的平均浓度削减率见表 22.4-9。

下凹式绿地对雨水径流中 SS、COD 浓度削减率　　　　表 22.4-9

年度	SS 平均浓度削减率	COD 平均浓度削减率
2019	98.6%	46.2%
2020	100.0%	100.0%
总体	99.5%	79.3%

2020 年未产生径流，平均浓度削减率按照 100%考虑。

　　调查发现，下凹式绿地内即使产生径流，流速缓慢，SS 容易沉积到底部，因此，下凹式绿地对于 SS 浓度削减率可以达到 98.5%以上，对于 COD 浓度削减率在 10%～69%之间，可能是对溶解性 COD 去除能力有限。由于 2020 年雨季前对下凹式绿地进行过整改，降雨即使形成径流，也很快下渗，检测期间未产生明显径流和积水，可以认为对 COD 和 SS 的浓度削减率接近 100%。

22.4.5　LID 设施出水特征分析

　　LID 设施出水污染物浓度见表 22.4-10。

LID 设施出水污染物浓度（mg/L）　　　　　　　　　　　　表 22.4-10

检测点	XHZ1		XHZ2		XHZ3		XHZ4		XHZ5		XHZ7		LHL	
降雨日期（年-月-日）	COD	SS	COD	SS	COD	SS	COD	SS	COD	SS	COD	SS	COD	SS
2019-7-6	20.9	5.3	—	—	—	—	23.4	5.2	26.8	6.0	22.1	5.2	49.9	5.8
2019-7-29	11.3	5.2	—	—	—	—	16.2	5.0	21.7	5.0	19.3	5.0	31.6	5.0
2019-8-3	15.3	5.2			14.5	5.2	24.5	5.2	41.2	5.0	19.0	5.0		
2019-8-10	14.8	5.2	—	—	—	—	16.9	6.2	8.1	5.9	15.2	5.0	16.0	5.0
2019-8-11	14.8	5.0	—	—	—	—	12.3	6.3	11.7	5.0	25.8	5.0	27.5	5.0
2020-6-1	4.6	70.0	1.9	ND	—	—	—	—	3.4	22.3	—	—	—	—
2020-7-3	2.8	37.5	2.2	11.0	13.2	ND	4.1	20.3	3.5	34.6			5.0	25.0
2020-7-5	3.6	10.6	2.8	19.0	41.2	24.2	6.2	22.0	7.8	79.8			41.0	155.0
2020-7-9	3.5	6.5	—	—	2.9	10.0	—	—	3.7	ND				
2020-8-1	3.0	17.7	3.2	6.5	13.1	7.0	4.4	14.3	1.8	8.8				
2020-8-12(1)	2.8	7.0	1.9	14.0	2.5	23.7	7.3	7.0	3.2	46.0				
2020-8-12(2)	3.4	6.0	2.9	ND	3.0	9.3	12.0	ND	3.1	5.0			11.8	53.0
2020-8-18	2.4	9.1	2.4	17.8	7.8	11.0	4.8	18.0	1.7	31.5			2.6	180.0
平均值	7.9	14.6	2.5	13.7	12.0	14.2	11.1	11.0	9.3	21.2	9.5	5.0	15.7	48.8
浓度削减率	53.3%	95.9%	85.5%	96.2%	29.7%	96.0%	46.4%	98.0%	59.0%	95.7%	79.3%	99.5%	7.6%	86.3%

"LHL"为学校附近一条按照海绵城市理念建设的道路，取水点在道路雨水口，用于对照；"—"表示未产生径流；"ND"表示有水样未检出；"空白"表示未取样。

各 LID 设施 2019～2020 年对 SS、COD 浓度削减率结果见表 22.4-11。其中浓度削减率的计算方法是以普通混凝土地面雨水径流中污染物浓度为分母，以普通混凝土地面雨水径流中的污染物浓度与 LID 设施出水径流中污染物浓度的差作为分子进行求算。

$$\text{浓度削减率} = \frac{(\text{普通混凝土地面雨水径流污染物浓度} - LID\ \text{设施出水径流污染物浓度})}{\text{普通混凝土地面雨水径流污染物浓度}}$$

$$\times 100\% \tag{22.4-1}$$

各 LID 设施对 SS、COD 浓度削减率　　　　　　　　　表 22.4-11

年度	透水铺装		绿色屋顶		下凹式绿地	
	SS 截留率	COD 截留率	SS 截留率	COD 截留率	SS 截留率	COD 截留率
2019	37.0%	98.4%	98.5%	45.6%	98.6%	46.2%
2020	52%	98.0%	94.0%	68.0%	100.0%	100.0%
总体	46.4%	98.0%	95.7%	59.6%	99.5%	79.3%

综合现场调查结果和检测数据，当降雨为小雨（降雨强度小于 1.7mm/h）或者降雨历时≤60min 时，下凹式绿地与透水铺装一般不产生径流，可认为对 SS、COD 全部截留。

小雨：由表 22.4-4 和表 22.4-5 数据分析可以得到，降雨强度小于 1.7mm/h 的降雨，透水铺装和下凹式绿地不产生径流，对于雨水径流调控效果较好，而且 60min 之内对于污染物截留效果可达 99％以上。

中雨：当降雨强度小于 5.0mm/h 左右时，透水铺装一般 30min 会产生径流，对 SS 的控制率可以达到 90％以上；下凹式绿地未产生径流。

大雨：晴天累积天数小于 1，且当降雨强度大于 6mm/h 时，透水铺装很快进入饱和状态，降雨 5min 便可产生径流，而且对于 SS 的平均控制率可以达到 94％以上；对于 COD 截留效果最好可以达到 60％，透水铺装在大雨情况下对于 COD 的截留效率达到 72％；下凹式绿地未产生径流。

暴雨：当降雨强度大于 8mm/h 时，透水铺装很快进入饱和状态，降雨 5min 便可产生径流，而且对于污染物 SS 的削减效果也较为理想，平均控制率可以达到 90％以上；对于 COD 截留效果可以达到 40％以上，下凹式绿地未产生径流。

22.5　降雨历时影响调查及分析

22.5.1　LID 设施出水水质

2019 年，对第二新华中学内绿色屋顶、透水铺装和下凹式绿地等 LID 设施出水污染物浓度随降雨历时变化进行了检测，共进行了 5 场（2019 年 7 月 6 日、2019 年 7 月 29 日、2019 年 8 月 2 日、2019 年 8 月 10 日、2019 年 8 月 11 日）有效降雨检测，检测指标为 SS、COD、NH$_3$-N、TN、TP 等，采样及分析方法见 22.3.5 节，重点研究各污染物浓度随降雨历时变化，结果如图 22.5-1～图 22.5-5 所示。

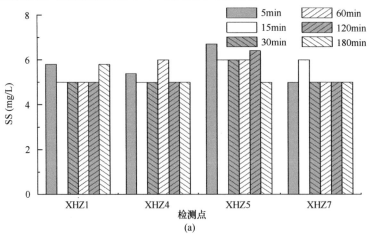

图 22.5-1　降雨各 LID 设施出水 SS、COD、NH$_3$-N、
TN、TP 浓度（2019 年 7 月 6 日）（一）

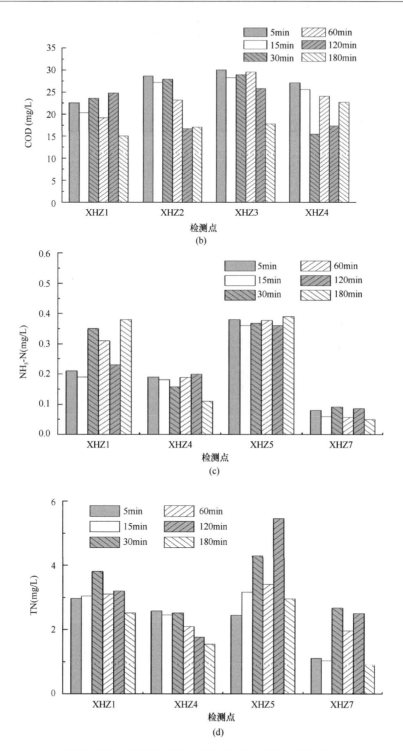

图 22.5-1　降雨各 LID 设施出水 SS、COD、NH₃-N、
TN、TP 浓度（2019 年 7 月 6 日）（二）

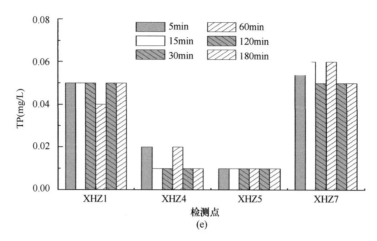

(e)

图 22.5-1　降雨各 LID 设施出水 SS、COD、NH₃-N、
TN、TP 浓度（2019 年 7 月 6 日）（三）

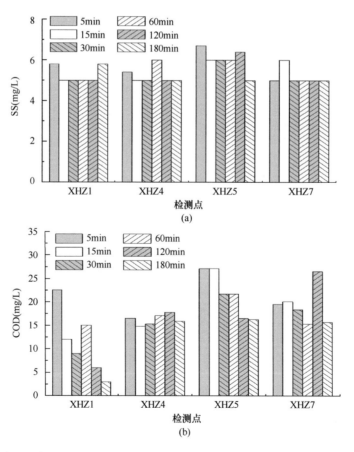

(a)

(b)

图 22.5-2　降雨各 LID 设施出水 SS、COD、NH₃-N、
TN、TP 浓度（2019 年 7 月 29 日）（一）

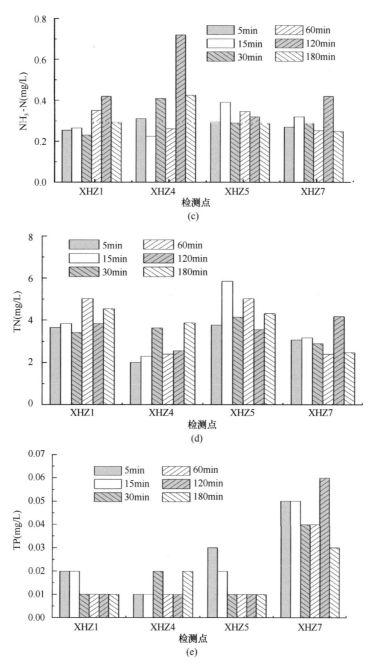

图 22.5-2　降雨各 LID 设施出水 SS、COD、NH$_3$-N、
TN、TP 浓度（2019 年 7 月 29 日）（二）

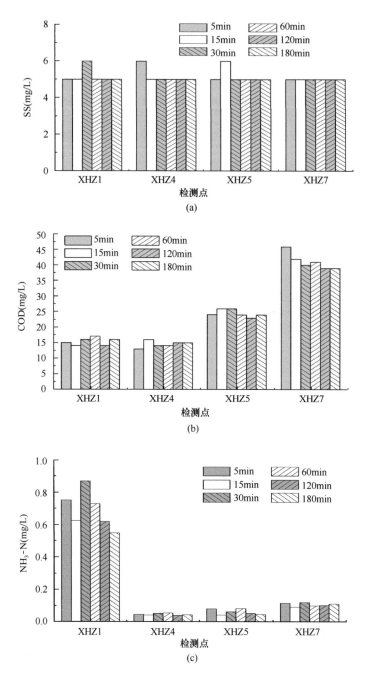

图 22.5-3 降雨各 LID 设施出水 SS、COD、NH₃-N、
TN、TP 浓度（2019 年 8 月 2 日）（一）

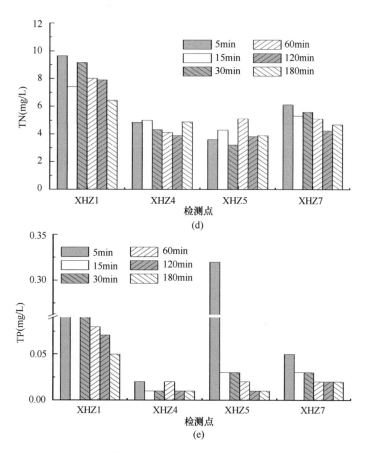

图 22.5-3 降雨各 LID 设施出水 SS、COD、NH₃-N、
TN、TP 浓度（2019 年 8 月 2 日）（二）

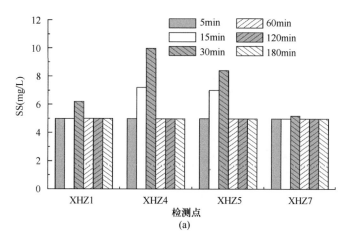

图 22.5-4 降雨各 LID 设施出水 SS、COD、NH₃-N、TN、
TP 浓度（2019 年 8 月 10 日）（一）

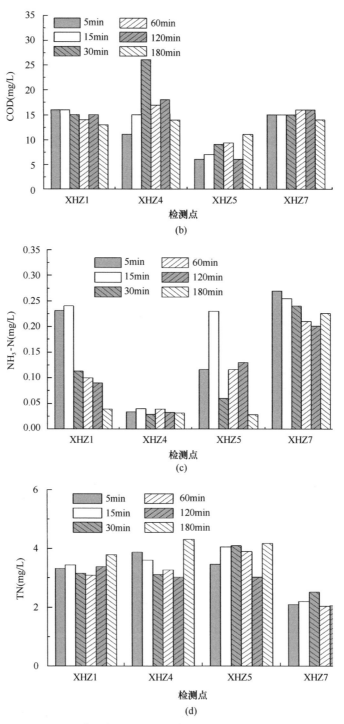

图 22.5-4 降雨各 LID 设施出水 SS、COD、NH$_3$-N、TN、TP 浓度（2019 年 8 月 10 日）（二）

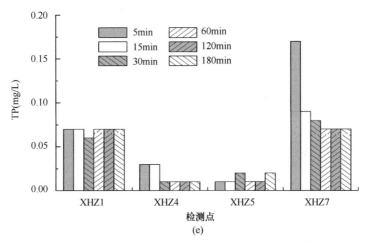

图 22.5-4　降雨各 LID 设施出水 SS、COD、NH₃-N、TN、
TP 浓度（2019 年 8 月 10 日）（三）

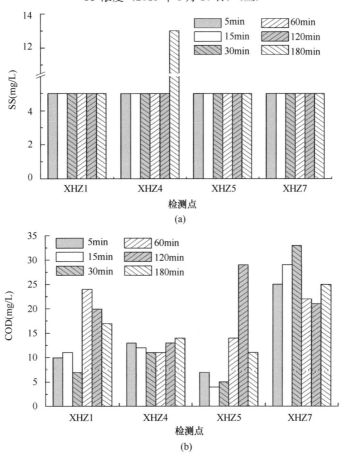

图 22.5-5　降雨各 LID 设施出水 SS、COD、NH₃-N、TN、
TP 浓度（2019 年 8 月 11 日）（一）

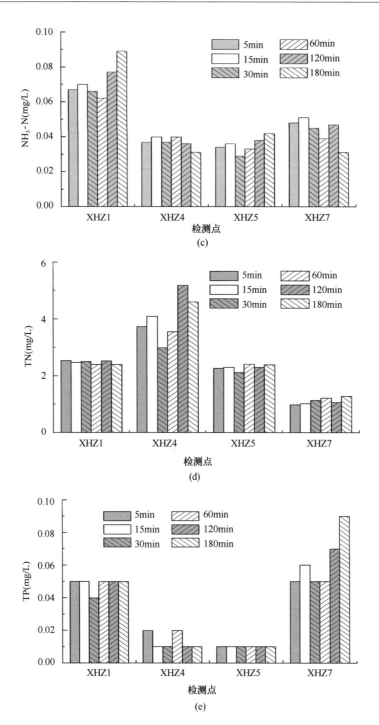

图 22.5-5 降雨各 LID 设施出水 SS、COD、NH₃-N、TN、
TP 浓度 (2019 年 8 月 11 日) (二)

对透水铺装出水径流进行检测分析发现，当降雨到 180min 的时候，由于降雨强度较大（降雨量为 7.4mm/h，雨情属于大雨），且历时较长，透水铺装可能是达到了最大截留量，出水径流中 SS 浓度突然变高到 13mg/L。

通过对 2019 年 5 次降雨雨水径流水样的测试与分析，整体来看所有的 LID 海绵设施出水 SS 指标较好，平均值为 5mg/L，COD 指标浓度范围为最高值不超过 50mg/L，整体出水水质较好，而且出水水质随降雨历时波动不大，比较平稳。

22.5.2 绿色屋顶出水水质

以降雨开始时刻作为采样记录时间的起始点（下同），以 2022 年 8 月 18 日降雨（降雨量 17.5mm，降雨强度 10.5mm/h）为例，对雨水径流中 SS 和 COD 浓度随降雨历时的变化过程进行分析，结果如图 22.5-6、图 22.5-7 所示。

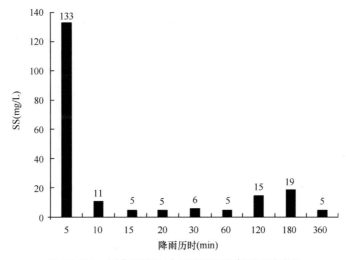

图 22.5-6　绿色屋顶雨水径流 SS 随降雨历时变化

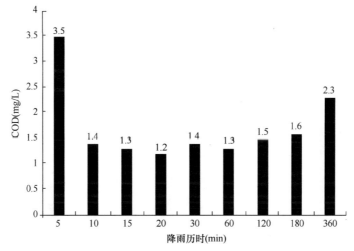

图 22.5-7　绿色屋顶雨水径流 COD 随降雨历时变化

国内一些学者在对雨水径流水质检测数据分析的基础上提出较小规模的下垫面（如道路、屋面）的径流污染物浓度 $C(t)$ 符合一阶冲刷模型，并给出了 $C(t)$ 随降雨历时、降雨量变化的一般表达形式，即：

$$C(t) = C_0 e^{-kt} \tag{22.5-1}$$
$$C(t) = C_0 e^{-kh} \tag{22.5-2}$$

式中　C_0——径流中污染物质的初始浓度，mg/L；

　　　　t——降雨历时，min；

　　　　h——t 时刻的降雨深度，mm；

　　　　k——以降雨历时、降雨量为变量的综合冲刷系数，与降雨特征、下垫面性质以及污染物性状等因素有关，min^{-1}或 mm^{-1}。

根据前期研究结论，雨水径流中 SS 与其他主要污染物之间具有较好的线性相关关系，因此以径流中 SS 浓度随降雨历时的变化来描述径流的冲刷规律。

利用不同降雨历时所对应的绿色屋顶径流中的 SS 浓度，根据式（22.5-1）可计算出 SS 的平均综合冲刷系数 k 值和模拟曲线与实测曲线的拟合系数 K 值，K 值的均值为 0.185，降雨强度、屋面污染、降雨历时、雨型等自然因素的影响造成了 k 值的变化起伏，而从拟合系数角度分析，拟合方程的拟合度均较好，拟合结果显示绿色屋顶径流中 SS 浓度随降雨历时延长呈显著的指数下降趋势。

因初期冲刷效应，径流开始 SS 浓度最大，但污染物浓度变化幅度相对较小，这可能与污染物主要源于大气干湿沉降，总体污染负荷量较小，而且粗糙度明显低于地面，较易受到冲刷有关。

22.5.3　透水铺装出水水质

以降雨开始时刻作为采样记录时间的起始点（下同），以 2020 年 8 月 18 日降雨（降雨量 17.5mm，降雨强度 10.5mm/h）为例，由 22.3.2 节分析可知，此次雨情降雨强度为 10.5mm/h＞8mm/h，属于暴雨，此种情况下透水铺装在 5min 便可产生雨水径流。对雨水径流中 SS 和 COD 浓度随降雨历时的变化过程进行分析，结果如图 22.5-8、图 22.5-9 所示。

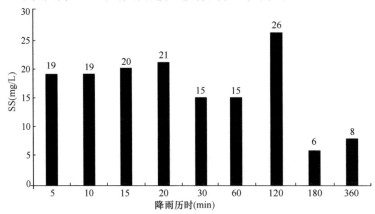

图 22.5-8　透水铺装雨水径流 SS 随降雨历时变化

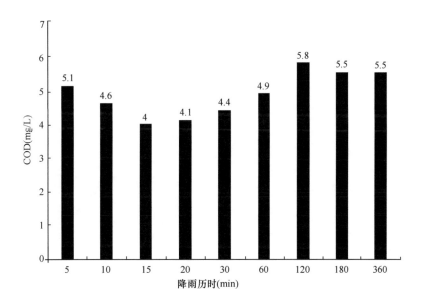

图 22.5-9 透水铺装雨水径流 COD 随降雨历时变化

由不同降雨历时对应的 SS 浓度，根据式（22.5-1）可得到检测期间 5 场降雨事件屋面径流中 SS 的平均综合冲刷系数 k 值和模拟曲线与实测曲线的拟合 K 值，K 值的均值为 0.032，透水铺装出水 SS 相对稳定，说明雨水径流中污染物大部分被有效截留。

由图 22.5-8、图 22.5-9 可知，随着降雨历时延长，降雨强度下降，SS 和 COD 浓度总体保持稳定，在较小的范围内呈现出波动。可能的原因是前期降雨强度较大，冲刷作用明显，大量污染物被雨水径流裹挟带走，但透水铺装能够有效截留大部分污染物；后期降雨强度降低，雨水径流水质趋于稳定，污染负荷量较小。

22.5.4 下凹式绿地出水水质

对下凹式绿地入流（XHZ6）共检测 6 场降雨事件，分别为 2020 年 6 月 1 日、2020 年 7 月 2 日、2020 年 8 月 1 日、2020 年 8 月 12 日（1）、2020 年 8 月 12 日（2）、2020 年 8 月 18 日降雨事件，其中小雨 1 场，中雨 2 场，大雨 3 场，各降雨事件污染物浓度变化如图 22.5-10 所示。

调查发现，在检测的降雨情况下下凹式绿地对雨水径流截留效果较好，无明显出流；入流污染物浓度峰值基本一般出现在 5～10min，SS 最高达 462mg/L，后逐渐稳定在 10mg/L。COD 变化规律和 SS 相似。

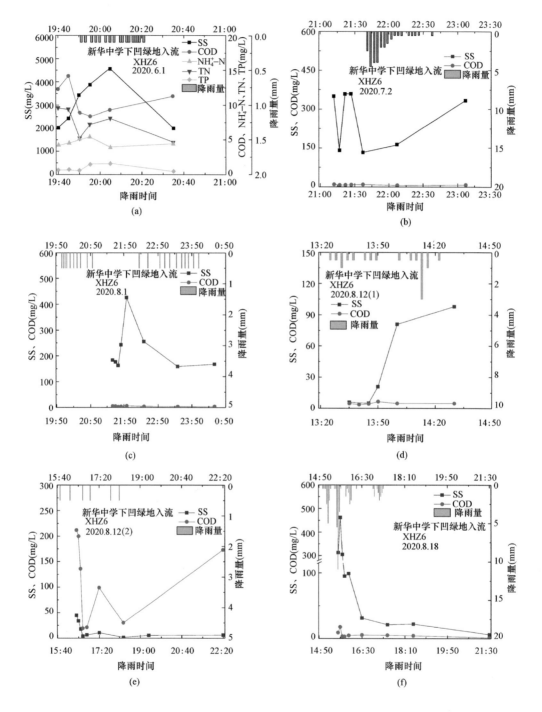

图 22.5-10 第二新华中学下凹绿地入流（XHZ6）不同降雨事件污染物过程

第 23 章　天津市解放南路海绵城市试点区雨水泵站污染调查

23.1　调查目的

对天津市第二批海绵城市试点城市—解放南路一带试点区范围内大沽南路、太湖路、郁江道、复兴门和洞庭路 5 个泵站的初期雨水中主要污染物质进行检测分析，掌握其中污染物的种类及含量，并分析各个泵站排水水质的时间分布特征，研究结果可为存在雨污串接、混接、雨水径流污染严重的雨水泵站排水治理方案制定提供技术支撑。

23.2　实施调查单位/人员及调查时间

实施调查单位/人员：

天津大学环境科学与工程学院：王芬；

天津市政工程设计研究总院有限公司：赵乐军、宋现财、李喆；

实施调查时间：2018 年 7 月～8 月。

23.3　调查方法

23.3.1　样品采集概况

1. 采样区域及具体地点

本研究以泵站为节点，对雨水水质进行调查分析。结合代表性、操作难易程度等因素，从片区内 7 个泵站中选取大沽南路、太湖路、郁江道、复兴门和洞庭路 5 个雨水泵站进行雨水水质调查，具体位置如图 23.3-1 所示。其中大沽南路泵站服务面积 2.19km²，出水排入海河；太湖路泵站服务面积 2.4km²，出水排入复兴河；郁江道泵站服务面积 2.15km²，出水排入复兴河；复兴门泵站服务面积 3.13km²，出水排入海河；洞庭路泵站服务面积 5.01km²，出水排入长泰河。5 个泵站受纳水体执行《地表水环境质量标准》GB 3838—2002 中Ⅳ类与Ⅴ类水质标准。

2. 采样时间及降雨情况

2018 年 7 月 8 日，白天中到大阵雨，降雨量 30.1mm；夜间中到大阵雨，降雨量 9.8mm。气温 23～28℃。此次降雨仅太湖路泵站开泵排水；采集太湖路泵站样品 5 个，测试 SS、TCOD、SCOD、TN、DTN、NH_3-N、NO_3^--N、NO_2^--N、TP、溶解性磷酸盐

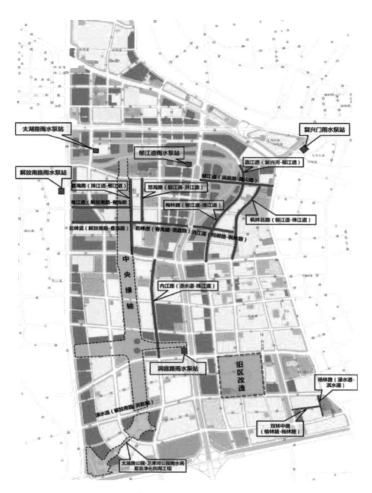

图 23.3-1　解放南路示范区雨水泵站位置示意图

（SRP）和 PO_4-P。

2018 年 7 月 24 日，中雨，降雨量 128.1mm，气温 26～30℃。此次降雨解放南路片区 5 个雨水泵站全部开启排水；分别采集复兴门泵站、大沽南路泵站、太湖路泵站、郁江道泵站和洞庭路泵站样品 7 个、10 个、8 个、9 个和 7 个，测试 SS、TCOD、SCOD、TN、DTN、NH_3-N、NO_3^--N、NO_2^--N、TP、SRP 和 PO_4-P。

2018 年 8 月 8 日，雷阵雨，降雨量 64.2mm，气温 25～34℃。此次降雨解放南路片区 5 个雨水泵站全部开启排水；分别采集复兴门泵站、大沽南路泵站、太湖路泵站、郁江道泵站和洞庭路泵站样品 9 个、8 个、9 个、7 个和 6 个，测试 SS、TCOD、SCOD、TN、DTN、NH_3-N、NO_3^--N、NO_2^--N、TP、SRP 和 PO_4-P。

2019 年 7 月 30 日，雷阵雨，降雨量 61.5mm，气温 26～33℃。此次降雨解放南路片区 5 个泵站全部开启排水；分别采集复兴门泵站、大沽南路泵站、太湖路泵站、郁江道泵站和洞庭路泵站样品 15 个、11 个、9 个、8 个和 10 个，测试 SS、TCOD、SCOD、TN、

DTN、NH$_3$-N、NO$_3^-$-N、NO$_2^-$-N、TP、SRP 和 PO$_4$-P。

2019 年 8 月 11 日，小雨，降雨量 10.7mm，气温 23～26℃。此次降雨解放南路片区 4 个雨水泵站开启排水，分别为太湖路、郁江道、复兴门、洞庭路泵站；分别采集复兴门泵站、太湖路泵站、郁江道泵站和洞庭路泵站样品 9 个、5 个、6 个和 9 个，测试 SS、TCOD、SCOD、TN、DTN、NH$_3$-N、NO$_3^-$-N、NO$_2^-$-N、TP、SRP 和 PO$_4$-P。

2020 年 7 月 6 日，雷阵雨，降雨量 34.2mm，气温 23～32℃，洞庭路泵站开启排水。采集洞庭路泵站样品 7 个，测试 SS 和 TCOD。

2020 年 8 月 1 日，雷阵雨，降雨量 23.6mm，气温 26～34℃，洞庭路泵站开启排水。采集洞庭路泵站样品 11 个，测试 SS 和 TCOD 指标。

2020 年 8 月 10 日，中雨，降雨量 14.5mm，气温 24～32℃。洞庭路泵站开启排水；采集洞庭路泵站样品 10 个，测试 SS 和 TCOD 指标。

2020 年 8 月 12 日，大雨，降雨量 25.8mm，气温 24～32℃。洞庭路泵站开启排水；采集洞庭路泵站样品 6 个，测试 SS 和 TCOD 指标。

2020 年 8 月 19 日，中雨，降雨量 14.7mm，气温 25～26℃。洞庭路泵站开启排水；采集洞庭路泵站样品 10 个，测试 SS 和 TCOD 指标。

23.3.2 样品采集方式

样品的采集主要由人工在各泵站前池进行。自开泵开始，按照 10min、20min、30min、60min、90min、120min、150min、180min、210min 分别采集初期雨水样品，并放入 1L 的水样瓶中。采集后的水样储存于 4℃ 的冰柜中待分析，水样采集后 2d 内分析完毕。

在各泵站前池安装在线流量计，检测雨水流量。

23.3.3 检测方法

各指标的分析方法参照《水和废水监测方法》（第四版），具体方法见表 23.3-1。

各指标分析方法　　　　　　　　　　　　　　　　　　　　表 23.3-1

水质指标	分析方法
SS	重量法
总化学需氧量（TCOD）	重铬酸钾法，未过膜
SCOD	过 0.45μm 滤膜后清液，重铬酸钾法
TN	过硫酸钾氧化 紫外分光光度法
溶解性总氮（DTN）	过 0.45μm 滤膜后清液，过硫酸钾氧化-紫外分光光度法
氨氮（NH$_3$-N）	过 0.45μm 滤膜后清液，纳氏试剂光度法
硝氮（NO$_3^-$-N）	过 0.45μm 滤膜后清液，紫外分光光度法
亚硝氮（NO$_2^-$-N）	过 0.45μm 滤膜后清液，N-（1-萘基）-乙二胺分光光度法
TP	过硫酸钾氧化-钼锑抗分光光度法
溶解性磷酸盐（SRP）	过 0.45μm 滤膜后清液，过硫酸钾氧化-钼锑抗分光光度法
正磷酸盐（PO$_4$-P）	过 0.45μm 滤膜后清液，钼锑抗分光光度法

23.4　调查数据及分析

23.4.1　数据计算方法

1. 初期雨水污染物浓度计算与污染评价方法

EMC（Event mean concentration）为任意一场降雨所引起的地表径流中排放的某污染物的质量除以总的径流体积。EMC 的计算公式如下：

$$\text{EMC} = \frac{M}{V} = \frac{\int_0^T c_t Q_t \, \mathrm{d}t}{\int_0^T Q_t \, \mathrm{d}t} \tag{23.4-1}$$

式中　M——某场雨水径流所排放的某污染物的总量；

V——某场降雨所引起的总的地表径流体积；

c_t——某污染物在 t 时的浓度；

Q_t——地表径流在 t 时的径流排水量；

T——某场降雨的总历时。

目前，对水环境质量现状的描述和评价通常采用两种方法，一是定性评价，即实测值与国家环境质量标准值相比较，进行水质类别的判定；二是定量评价，即对水环境各污染指标的浓度值无量纲化并加和，据此便于不同空间、不同时间的水环境水质进行比较，即综合污染指数法。

2. 内梅罗综合污染指数计算方法

$$P_{ij} = \frac{C_{ij}}{C_{io}} \tag{23.4-2}$$

$$P_j = \frac{1}{n} \sum_{i=1}^n P_{ij} \tag{23.4-3}$$

$$P = \sqrt{\frac{P_j^2 + (P_{i,\max})^2}{2}} \tag{23.4-4}$$

式中　C_{ij}——j 次采样 i 项污染指标的浓度值；

C_{io}——某泵站 j 次采样 i 项污染指标的评价标准值（选取《地表水环境质量标准》GB 3838—2002 中 V 类水质标准值）；

P_{ij}——某泵站 j 次采样 i 项污染指标的污染指数；

n——选取污染指标的项数（5 项指标，分别为 SS、TCOD、NH_3-N、TN、TP）；

P_j——某泵站单项污染指数的平均值；

$P_{i,\max}$——n 项指标中单项污染指数最大值；

P——内梅罗污染指数。

内梅罗综合污染指数分级标准见表 23.4-1。

内梅罗综合污染指数分级标准表 23.4-1

等级划分	内梅罗综合污染指数	污染水平
1	$P<1$	清洁
2	$1<P<2$	轻度污染
3	$2<P<3$	污染
4	$3<P<5$	重污染
5	$P>5$	严重污染

23.4.2 雨水泵站水质检测与评价

1. 2018～2020 年雨水泵站初期雨水水质检测结果

2018～2020 年泵站监测的 SS、TCOD、SCOD、TN、DTN、NH_3-N、NO_3^--N、NO_2^--N、TP、SRP 和 PO_4-P 的 EMC 值如图 23.4-1 所示。

SS 的 EMC 值为 9.0～1196.2 mg/L，TCOD 的 EMC 值为 8.2～438.5mg/L，SCOD 的 EMC 值为 14.5～140.0mg/L，TN 的 EMC 值为 7.4～148.6mg/L，DTN 的 EMC 值为 2.6～22.3mg/L，NH_3-N 的 EMC 值为 2.3～16.2mg/L，NO_3^--N 的 EMC 值为 0～1.6mg/L，NO_2^--N 的 EMC 值为 0～1.2mg/L，TP 的 EMC 值为 0.3～3.8mg/L，SRP 的 EMC 值为 0～4.4mg/L，PO_4-P 的 EMC 值为 0～2.2mg/L，各泵站污染指标的 EMC 值变化无明显规律。

2018 年 7 月 24 日降雨期间复兴门、大沽南路、郁江道泵站 SS 的 EMC 值高于天津市典型主干道雨水径流中的 SS，2019 年 7 月 30 日降雨期间复兴门、洞庭路泵站 SS 的 EMC 值高于天津市典型主干道雨水径流中的 SS；2018 年 7 月 24 日降雨期间复兴门、大沽南路泵站和 2019 年 7 月 30 日降雨期间复兴门、大沽南路和洞庭路泵站 TCOD 的 EMC 值高于天津市典型主干道雨水径流中的 TCOD；5 个泵站 TN 的 EMC 值均高于典型主干道雨水径流中的 TN；TP 的 EMC 值多数高于典型主干道雨水径流中的 TP。相比于天津市典型主干道雨水径流，泵站收集的初期雨水污染较严重。可见，受管道沉积物影响，雨水泵站初期雨水中各项指标平均浓度数值均超过《地表水环境质量标准》GB 3838—2002 中Ⅴ类水质标准值，且多数指标均高于天津市典型主干道污染物平均浓度，雨水泵站初期雨水水质差，若未经处理直接排入受纳水体，会造成水体污染。

泵站初期雨水中 NH_3-N 与 TN 的比值为 0.27，DTN 与 TN 的比值为 0.33，NH_3-N 与 DTN 的比值为 0.81，氮污染以不溶性氮为主，DTN 中主要为 NH_3-N。SRP 与 TP 的比值为 0.48，PO_4-P 与 TP 的比值为 0.26，PO_4-P 与 TP 的比值为 0.54，磷污染中 SRP 和颗粒态磷各占一半，SRP 中 PO_4-P 约占一半。

2018～2020 年泵站检测的 SS、TCOD、TN、NH_3-N 和 TP 的 EMC 值见表 23.4-2。洞庭路泵站 2018～2020 年 SS 的 EMC 值分别为 418.2mg/L、704.5mg/L 和 50.0mg/L，TCOD 的 EMC 值分别为 111.0mg/L、143.9mg/L 和 46.7mg/L，2019 年 SS 和 TCOD 值最大，2020 年洞庭路泵站初期雨水中 SS 和 TCOD 大幅减少，水质改善明显。

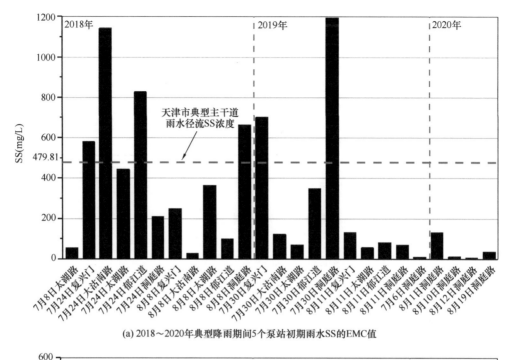

(a) 2018~2020年典型降雨期间5个泵站初期雨水SS的EMC值

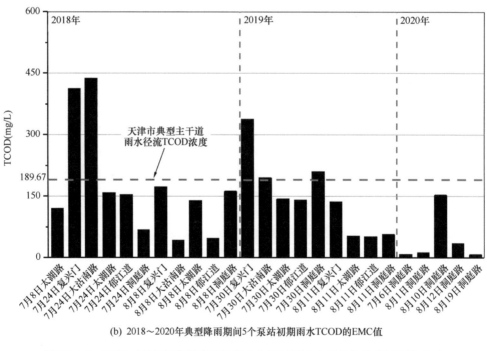

(b) 2018~2020年典型降雨期间5个泵站初期雨水TCOD的EMC值

图 23.4-1　2018~2020 年典型降雨期间 5 个泵站雨水中污染物的 EMC 值（一）

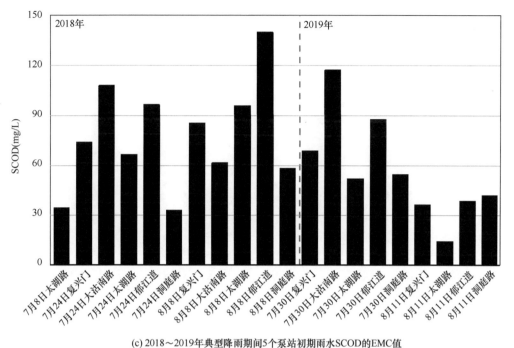

(c) 2018~2019年典型降雨期间5个泵站初期雨水SCOD的EMC值

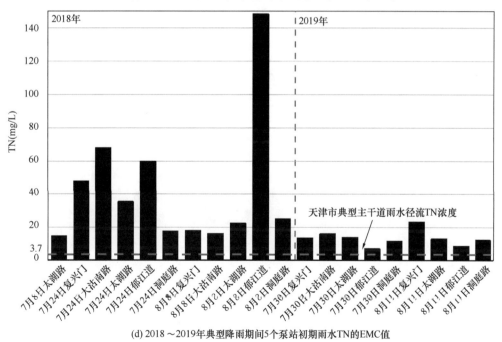

(d) 2018~2019年典型降雨期间5个泵站初期雨水TN的EMC值

图 23.4-1 2018~2020 年典型降雨期间 5 个泵站雨水中污染物的 EMC 值（二）

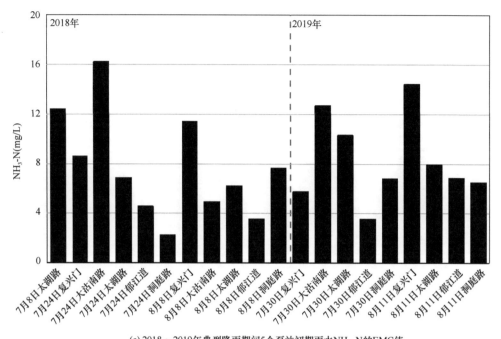

(e) 2018～2019年典型降雨期间5个泵站初期雨水NH$_3$-N的EMC值

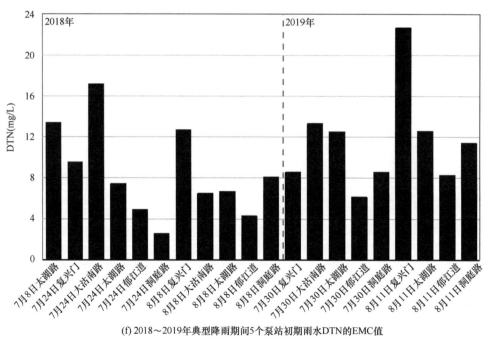

(f) 2018～2019年典型降雨期间5个泵站初期雨水DTN的EMC值

图 23.4-1 2018～2020 年典型降雨期间 5 个泵站雨水中污染物的 EMC 值（三）

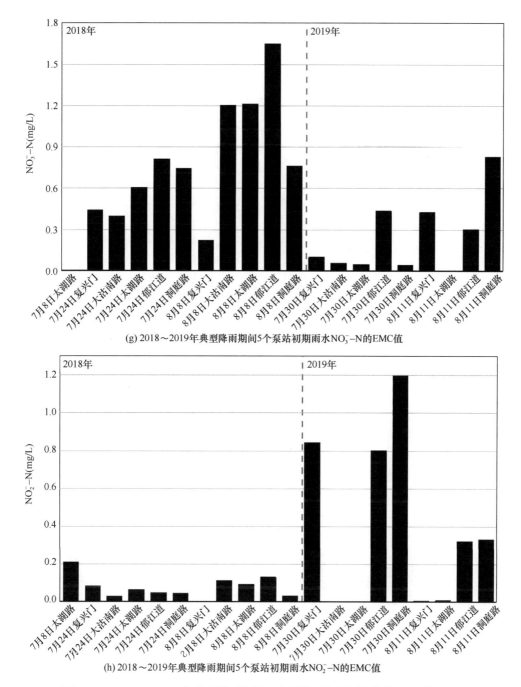

(g) 2018～2019年典型降雨期间5个泵站初期雨水NO_3^-–N的EMC值

(h) 2018～2019年典型降雨期间5个泵站初期雨水NO_2^-–N的EMC值

图 23.4-1　2018～2020 年典型降雨期间 5 个泵站雨水中污染物的 EMC 值（四）

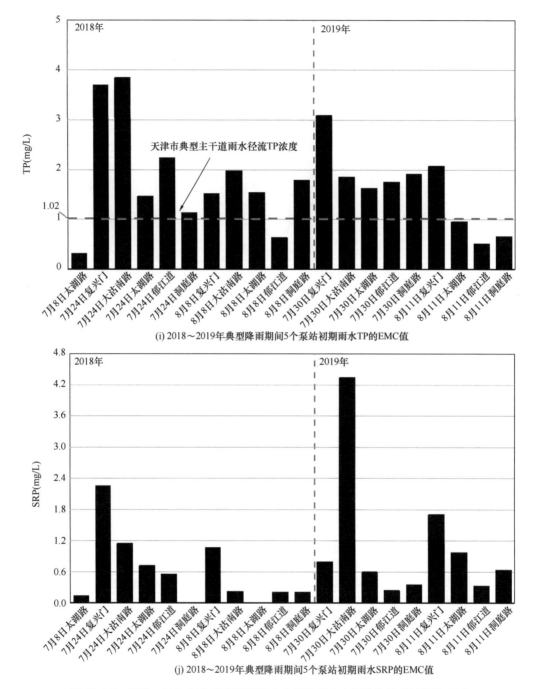

(i) 2018～2019年典型降雨期间5个泵站初期雨水TP的EMC值

(j) 2018～2019年典型降雨期间5个泵站初期雨水SRP的EMC值

图 23.4-1 2018～2020 年典型降雨期间 5 个泵站雨水中污染物的 EMC 值（五）

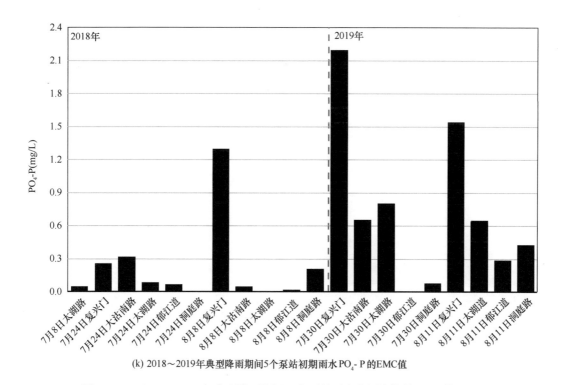

(k) 2018～2019年典型降雨期间5个泵站初期雨水PO₄-P的EMC值

图 23.4-1 2018～2020 年典型降雨期间 5 个泵站雨水中污染物的 EMC 值（六）

2018 年～2020 年典型降雨期间 5 个泵站雨水中污染物的 EMC 值（mg/L） 表 23.4-2

年份	泵站	指标				
		SS	TCOD	NH₃-N	TN	TP
2018 年	复兴门	392.1	276.7	10.1	31.9	2.5
	大沽南路	655.1	265.2	10.9	43.7	3.0
	太湖路	329.7	143.7	7.8	25.7	1.3
	郁江道	516.6	108.7	4.2	97.9	1.6
	洞庭路	418.2	111.0	4.7	21.2	1.4
2019 年	复兴门	495.7	265.1	8.9	17.3	2.7
	大沽南路	124.2	196.0	12.7	16.2	1.9
	太湖路	66.7	113.4	9.6	13.8	1.4
	郁江道	238.6	103.8	5.0	8.0	1.2
	洞庭路	704.5	143.9	6.7	12.1	1.4
2020 年	洞庭路	50.0	46.7	—	—	—

5个泵站初期雨水各污染物指标之间 Pearson 相关系数值 表 23.4-3

Pearson 相关性系数	SS	TCOD	SCOD	TN	NH₃-N	DTN	NO₃⁻-N	NO₂⁻-N	TP	SRP	PO₄-P
SS	1	.705**	.270	.145	.069	−.061	−.121	.415	.672**	−.045	−.049
TCOD	.705**	1	.323	.102	.437	.282	−.335	.146	.890**	.393	.281
SCOD	.270	.323	1	.660**	−.003	−.202	.422	−.077	.321	.272	−.134
TN	.145	.102	.660**	1	−.097	−.190	.606**	−.264	.096	−.041	−.238
NH₃-N	.069	.437	−.003	−.097	1	.914**	−.519*	−.319	.289	.535**	.363
DTN	−.061	.282	−.202	−.190	.914**	1	−.511**	−.215	.209	.480*	.520*
NO₃⁻-N	−.121	−.335	.422	.606**	−.519*	−.511**	1	−.262	−.142	−.371*	−.445*
NO₂⁻-N	.415	.146	−.077	−.264	−.319	−.215	−.262	1	.072	−.240	.086
TP	.672**	.890**	.321	.096	.289	.209	−.142	.072	1	.364	.280
SRP	−.045	.393	.272	−.041	.535**	.480*	−.371*	−.240	.364	1	.331
PO₄-P	−.049	.281	−.134	−.238	.363	.520*	−.445*	.086	.280	.331	1

"**"表示在0.01水平（双侧）上显著相关；"*"表示在0.05水平（双侧）上显著相关。

5个泵站初期雨水各污染物指标之间 Pearson 相关性见表 23.4-3。由表可知，SS 与 TCOD、TP 在 0.01 水平上显著正相关，这是因为雨水中的 SS 大部分为有机物，且雨水中的磷大部分为颗粒态磷；TCOD 与 TP 在 0.01 水平上显著正相关；SCOD 与 TN 在 0.01 水平上显著正相关；TN 与 NO₃⁻-N 在 0.01 水平上显著正相关；NH₃-N 与 DTN、SRP 在 0.01 水平上显著正相关，与 NO₃⁻-N 在 0.05 水平上显著负相关；DTN 与 NO₃⁻-N 在 0.01 水平上显著负相关，与 SRP，PO₄-P 在 0.01 水平上显著正相关，与 PO₄-P 在 0.05 水平上显著正相关；NO₃⁻-N 与 SRP、PO₄-P 在 0.05 水平上显著负相关。

综合来看，SS 与有机物、磷污染关系密切，雨水中的 SS 大部分为有机物，且包含颗粒态磷，是造成初期雨水污染严重的主要原因，应针对性控制雨水径流中 SS 的污染。

2. 2018～2020 年雨水泵站初期雨水水质评价

2018～2020 年各泵站的污染物指标评价指数如表 23.4-4 和图 23.4-2 所示。复兴门泵站和大沽南路泵站的各项指标均为严重污染，太湖路泵站、郁江道泵站和洞庭路泵站的 SS 和 TN 污染严重，TCOD、NH₃-N 和 TP 污染相对较轻；2020 年几次典型降雨，洞庭路泵站 SS 和 TCOD 的 EMC 值较小，内梅罗综合污染指数下降，污染等级降为重污染。

3. 雨水泵站排水水质的时间分布特征

水体受到的污染冲击是受污染物总量及排水量（即补充水量）等因素的影响。因此，使用 PEMC 值进行分析。PEMC 的本质是动态流量加权平均值，是综合了水质污染指标与排水量的结果，反映了单位流量下污染物排放量的变化规律，它能够更加客观地定量比较不同开泵时间点的污染物浓度变化。2018～2020年，各场次降雨、各泵站、主要污染指标的PEMC变化规律如图23.4-3～图23.4-8所示。

2018年～2020年各泵站污染物指标评价指数　　　　　表23.4-4

评价指数	年份	指标 泵站	SS	TCOD	NH₃-N	TN	TP	综合污染指数
单项污染指数	2018年	复兴门	39.21	6.92	5.06	15.93	6.32	29.61
		大沽南路	65.51	6.63	5.46	21.87	7.42	48.73
		太湖路	32.97	3.59	3.89	12.85	3.15	24.64
		郁江道	51.66	2.72	2.08	48.93	3.90	39.66
		洞庭路	41.82	2.78	2.36	10.62	3.59	30.81
	2019年	复兴门	49.57	6.63	4.47	8.67	6.81	36.67
		大沽南路	12.42	4.90	6.36	8.12	4.64	10.18
		太湖路	6.67	2.84	4.78	6.88	3.52	5.99
		郁江道	23.86	2.59	2.48	4.02	3.11	17.63
		洞庭路	70.45	3.60	3.36	6.04	3.44	51.31
	2020年	洞庭路	5.00	1.17	—	—	—	4.15
污染等级	2018年	复兴门	严重污染	严重污染	严重污染	严重污染	严重污染	严重污染
		大沽南路	严重污染	严重污染	严重污染	严重污染	严重污染	严重污染
		太湖路	严重污染	重污染	重污染	严重污染	重污染	严重污染
		郁江道	严重污染	污染	污染	严重污染	重污染	严重污染
		洞庭路	严重污染	污染	污染	严重污染	重污染	严重污染
	2019年	复兴门	严重污染	严重污染	重污染	严重污染	严重污染	严重污染
		大沽南路	严重污染	重污染	严重污染	严重污染	重污染	严重污染
		太湖路	严重污染	污染	重污染	严重污染	重污染	严重污染
		郁江道	严重污染	污染	污染	重污染	重污染	严重污染
		洞庭路	严重污染	重污染	重污染	严重污染	重污染	严重污染
	2020年	洞庭路	严重污染	污染	—	—	—	重污染

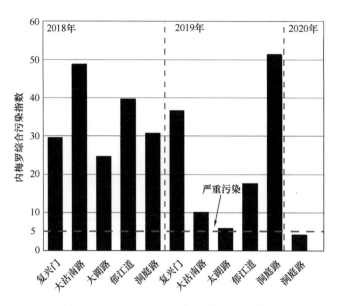

图 23.4-2 2018~2020 年 5 个泵站雨水中
污染物的内梅罗综合污染指数

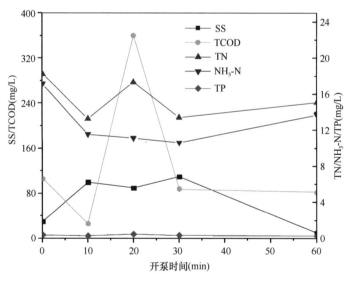

图 23.4-3 2018 年 7 月 8 日降雨期间太湖
路泵站污染指标 PEMC 变化

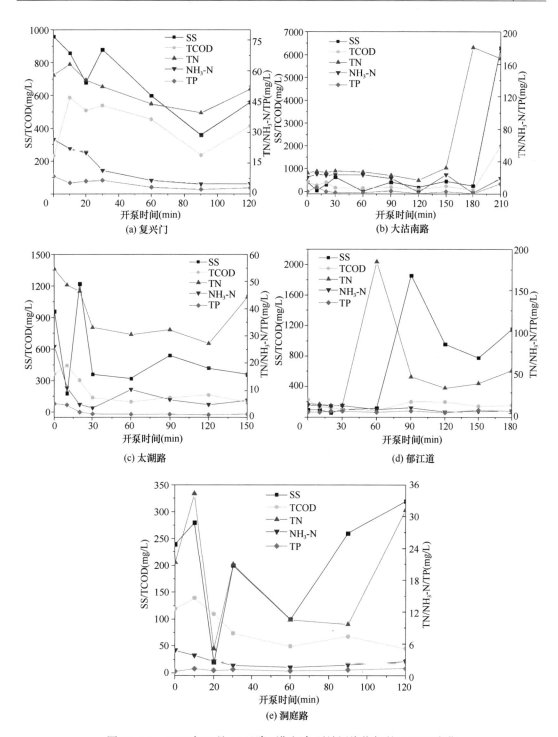

图 23.4-4　2018 年 7 月 24 日降雨期间各泵站污染指标的 PEMC 变化

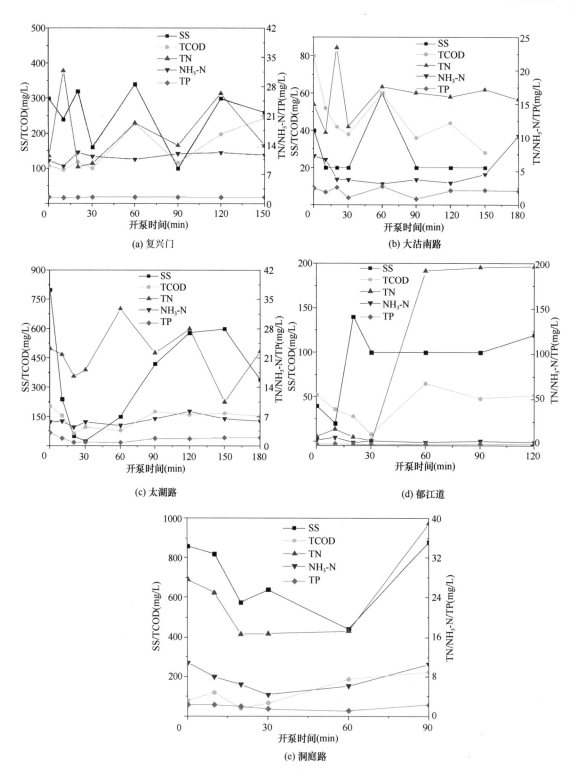

图 23.4-5 2018 年 8 月 8 日降雨期间各泵站污染指标的 PEMC 变化

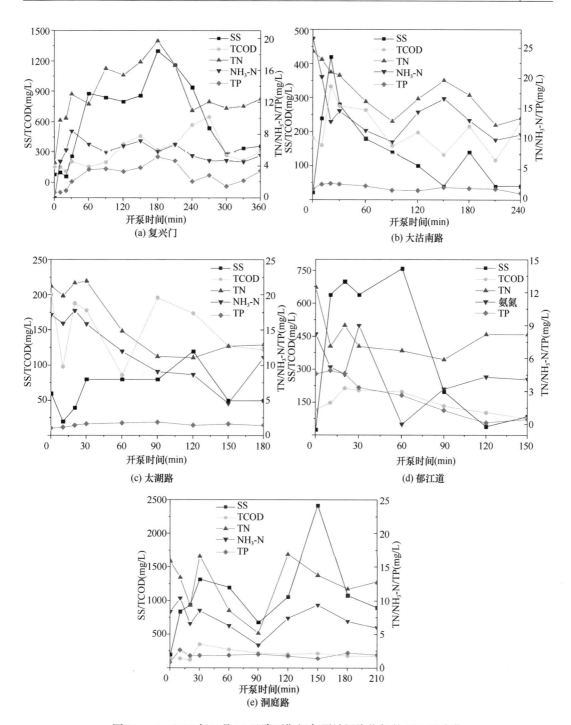

图 23.4-6　2019 年 7 月 30 日降雨期间各泵站污染指标的 PEMC 变化

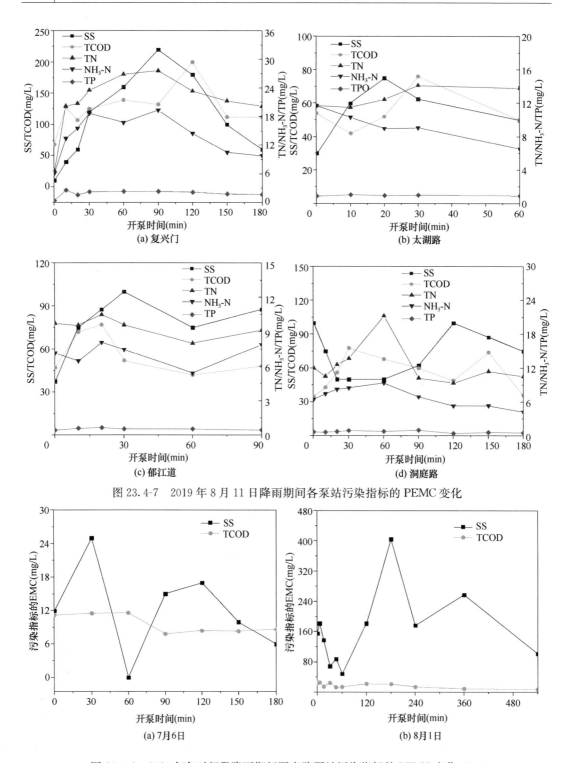

图 23.4-7 2019 年 8 月 11 日降雨期间各泵站污染指标的 PEMC 变化

图 23.4-8 2020 年各时间段降雨期间洞庭路泵站污染指标的 PEMC 变化（一）

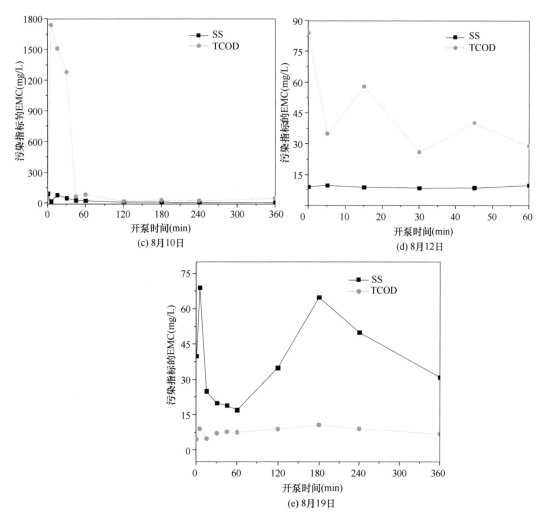

图 23.4-8 2020 年各时间段降雨期间洞庭路泵站污染指标的 PEMC 变化（二）

由各污染指标的 PEMC 随时间的变化可以看出，各泵站 SS 在不同时间变化较大，呈现不规律的波动。

泵站污染物变化规律可分为四种形式：始端效应，峰值效应，末端效应以及无效应。始端效应表明雨前累积的污染负荷，包括前次雨水径流远大于雨水汇流的污染负荷，随着泵站排出的雨水量增加，泵站排水的 PEMC 逐渐降低；峰值效应的出现表明雨水径流存在初期冲刷效应，末端效应表明了冲刷效应的延后；无效应说明雨水径流污染与泵站累计污染负荷基本一致，前后降雨过程中的污染负荷无明显变化。洞庭路泵站排水的不同规律出现的频次见表 23.4-5。洞庭路泵站 SS，TCOD，TN 和 NH_3-N 的 PEMC 多呈现峰值效应和始端效应，表明雨水径流存在冲刷效应和前次累积的污染负荷。

2018～2020 年洞庭路泵站排水的不同规律出现的频次　　　　表 23.4-5

	始端效应	峰值效应	末端效应	无效应
SS	2	4	1	2
TCOD	5	2	1	1
TN	0	2	2	0
NH$_3$-N	2	2	0	0
TP	0	1	0	3
总计	9	11	4	6

注：始端效应是指雨水泵站开始接收管道内雨水时，雨水中污染物浓度最高，之后随着进水时间延长，污染物浓度逐渐降低。末端效应是指雨水泵站接收管道内雨水前期，雨水中污染物浓度最低，随着进水时间延长，污染物浓度逐渐增加，并在降雨后期达到最高。

　　大沽南路泵站 SS、TCOD、TN 和 TP 不存在初期冲刷效应，郁江道 SS，TCOD 和 TP 不存在初期冲刷效应；复兴门泵站 SS，TCOD 存在初期冲刷效应；太湖路泵站的 TP 存在初期冲刷效应；洞庭路泵站各污染指标在降雨初期存在冲刷效应，TCOD 在降雨全过程中存在明显的冲刷效应。研究表明，降雨前后，老旧管道中存在的大量沉积物的粒径及浓度会发生变化。降雨过程中的初始冲刷效应会明显增加泵站雨水中的污染物浓度，而随时间延长，冲刷效应减弱，导致各项污染物浓度逐渐降低。

4. 洞庭路泵站在不同降雨场次的排水水质变化规律

　　本研究在 2018～2020 年对洞庭路泵站的多场降雨进行了监测，该泵站排水 EMC 值随降雨场次的变化规律如图 23.4-9 所示。

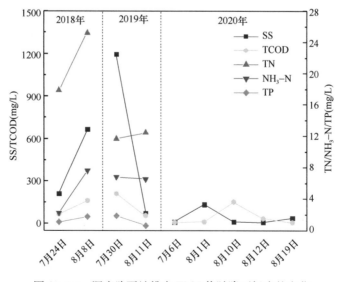

图 23.4-9　洞庭路泵站排水 EMC 值随降雨场次的变化

　　以往研究认为，雨水泵站排水在每年首场降雨时产生的污染负荷较高。而本研究以洞庭路泵站为例表明,首次降雨过后,EMC 依然保持较高的水平。说明管网、泵站的污染积累情况不容忽视,首场降雨不能作为污染物控制的唯一目标。

23.5 小 结

(1)将调查排水区内五个泵站初期雨水水质监测结果与《地表水环境质量标准》GB 3838—2002 比较发现,研究区域初期雨水中 SS、COD、TN、TP 和 NH_3-N 平均浓度分别为 407.5mg/L、223.6mg/L、38.0mg/L、11.0mg/L 和 3.0mg/L,五个泵站中监测的数值均超过《地表水环境质量标准》中 V 类水质标准值,且除 SS 外,其余指标均高于天津市典型主干道污染物平均浓度。

(2)对各个污染物进行的相关性分析表明,TN 与 TP、SS 与 COD、COD 与氨氮之间具有显著正相关性。可以选择沉淀工艺削减雨水中 SS,以达到控制初期雨水污染的目的。

(3)本研究结果表明,洞庭路泵站在经历首次降雨过后,EMC 依然保持较高的水平。因此,管网、泵站的污染积累情况不容忽视,首场降雨并不能作为污染物控制的唯一目标。

附录 主要成果来源

报告汇编的主要成果来源见附表。

附表 主要成果来源

序号	文献名称	调查城市	来源期刊	第一/通信作者	作者单位
1	天津市典型下垫面雨水径流污染调查报告	天津	"十一五"水专项报告	李铁龙	南开大学
2	天津城区道路雨水径流污染调查报告	天津	"十一五"水专项报告	李铁龙	南开大学
3	天津市解放南路海绵城市试点区老旧小区雨水径流污染调查报告	天津	"十三五"水专项报告	李铁龙	南开大学
4	天津海绵城市建设试点区居住区不同下垫面雨水径流污染调查报告	天津	"十三五"水专项报告	邱春生	天津城建大学
5	SBS屋面径流生物毒性分析与检测；屋面径流污染特性及回用分析；用SOS/umu试验评价降雨径流遗传性的变化	天津	现代化工中国农村水利水电生态毒理学报	金星龙	天津理工大学
6	城市降雨屋面、路面径流水文水质特征研究	北京	环境科学	杜鹏飞	清华大学环境科学与工程系
7	石家庄市区道路径流雨水污染特征调查	河北	河北科技大学学报	张春会	河北科技大学
8	高地下水位地区透水铺装控制径流污染的现场实验	上海	环境科学	李田	同济大学 环境科学与工程学院
9	苏州市枫桥工业园区非点源污染特性研究	江苏	中国给水排水	李田	同济大学 环境科学与工程学院
10	镇江城市降雨径流营养盐污染特征研究	江苏	环境科学	边博	河海大学环境科学与工程学院
11	济南市雨水径流水质变化趋势及回用分析	山东	环境污染与防治	李梅	山东建筑大学市政与环境工程学院

续表

序号	文献名称	调查城市	来源期刊	第一/通信作者	作者单位
12	澳门城市暴雨径流污染特征研究	澳门	中国给水排水	杜鹏飞	清华大学环境科学与工程系
13	城市雨水口地面暴雨径流浓度模型研究	重庆	环境科学与技术	曾晓岚	重庆大学三峡库区生态环境教育部重点实验室
14	滇池北岸面源污染的时空特征与初期冲刷效应	云南	中国给水排水	何佳	昆明市环境科学研究院
15	滇池流域城市降雨径流污染负荷定量化研究	云南	环境监测管理与技术	何佳	昆明市环境科学研究院
16	城市道路路面径流水质特性及排污规律	西安	长安大学学报（自然科学版）	赵剑强	长安大学环境工程学院
17	高速公路路面径流水质特性及排污规律	西安	中国环境科学	赵剑强	长安大学环境工程学院
18	西安市城市主干道路面径流污染特征研究	西安	中国环境科学	陈莹	长安大学环境科学与工程学院
19	降雨特征及污染物赋存类型对路面径流污染排放的影响	西安	环境科学	陈莹	长安大学环境科学与工程学院
20	西安市某文教区典型下垫面径流污染特征	西安	中国环境科学	陈莹	长安大学环境科学与工程学院
21	天津市第二新华中学海绵城市设施雨水控制效果调查与评估	天津	"十三五"水专项报告	李铁龙	南开大学
22	天津市解放南路海绵城市试点区雨水泵站污染调查	天津	"十三五"水专项报告	王芬	天津大学环境科学与工程学院

参 考 文 献

[1]　Athayde D N, Healy R P, Field R. Preliminary results of the nationwide urban runoff program[J]. US Environmental Protection Agency, Water Planning Division, Washington, DC, 1982, 2.

[2]　United States. Environmental Protection Agency. Water Planning Division. Results of the nationwide urban runoff program[M]. United States: Water Planning Division, US Environmental Protection Agency, 1982.

[3]　Smullen J T, Shallcross A L, Cave K A. Updating the US nationwide urban runoff quality data base [J]. Water Science and Technology, 1999, 39(12): 9-16.

[4]　Stotz G. Investigations of the properties of the surface water run-off from federal highways in the FRG[J]. Science of the Total Environment, 1987, 59: 329-337.

[5]　Dannecker W, Au M, Stechmann H. Substance load in rainwater runoff from different streets in Hamburg[J]. Science of the Total Environment, 1990, 93: 385-392.

[6]　Gromaire-Mertz M C, Garnaud S, Gonzalez A, et al. Characterisation of urban runoff pollution in Paris[J]. Water Science and Technology, 1999, 39(2): 1-8.

[7]　夏青. 城市径流污染系统分析[J]. 环境科学学报, 1982(04): 271-278.

[8]　罗声远, 廖国豪, 姜国光. 长沙市降雨径流污染的初步研究[J]. 环境科学丛刊, 1983(02): 21-24.

[9]　温灼如, 苏逸深, 刘小靖, 等. 苏州水网城市暴雨径流污染的研究[J]. 环境科学, 1986(6): 4-8.

[10]　赵剑强, 刘珊, 刘英聆, 等. 城市路面径流雨水水质特性分析[J]. 西安公路交通大学学报, 1999, (S1): 31-33.

[11]　车武, 汪慧珍, 任超, 等. 北京城区屋面雨水污染及利用研究[J]. 中国给水排水, 2001, 17 (06): 57-61.

[12]　任玉芬, 王效科, 韩冰, 等. 城市不同下垫面的降雨径流污染[J]. 生态学报, 2005(12): 3225-3230.

[13]　言野, 李娜, 刘楠楠, 等. 利用改进的 SOS/umu 方法检测水处理过程中污染物的遗传毒性效应 [J]. 生态毒理学报, 2013, 8(06): 909-916.